安吉白茶气象服务手册

金志凤 等◎编著

U0348795

气象出版社
China Meteorological Press

内容简介

本书以多年观测和研究实践为基础,系统总结了影响白茶生产的安吉县农业气候资源现状、气象灾害、主要天气系统和高影响天气,详细介绍了安吉白茶从种到收的标准化田间生产技术以及开展气象指数保险的主要做法和成效,全面阐述了全国首创的白茶开采期预报技术和气候适宜度评价方法,为开展茶叶气候品质评价和全方位气象服务提供了科学依据和实证分析。

本手册资料可靠,实用性强,可供气象、农业等相关科技人员参考使用,也可作为高校应用气象、农林、保险等专业的教学参考。

图书在版编目（ＣＩＰ）数据

安吉白茶气象服务手册 / 金志凤等编著. -- 北京 ：
气象出版社，2021.4
ISBN 978-7-5029-7562-3

Ⅰ．①安… Ⅱ．①金… Ⅲ．①茶叶－农业气象－气象
服务－安吉县－手册 Ⅳ．①S165-62

中国版本图书馆CIP数据核字(2021)第198078号

Anji Baicha Qixiang Fuwu Shouce
安吉白茶气象服务手册

出版发行：气象出版社
地　　址：北京市海淀区中关村南大街 46 号　　　　邮政编码：100081
电　　话：010-68407112（总编室）　010-68408042（发行部）
网　　址：http://www.qxcbs.com　　　　E-mail：qxcbs@cma.gov.cn
责任编辑：张锐锐　吕厚荃　　　　　　　终　审：吴晓鹏
责任校对：张硕杰　　　　　　　　　　　责任技编：赵相宁
封面设计：地大彩印设计中心
印　　刷：北京地大彩印有限公司
开　　本：710 mm×1000 mm　1/16　　　印　张：14
字　　数：300 千字
版　　次：2021 年 4 月第 1 版　　　　　印　次：2021 年 4 月第 1 次印刷
定　　价：69.00 元

编　委　会

　　山高露润出奇葩,古树原生白嫩芽。地处长三角地理中心的安吉县,适宜的气候资源、优良的空气质量、洁净的水土环境,造就了安吉白茶优质高效。一片叶子富了一方百姓。安吉白茶已成为村民携手致富和乡村振兴的"绿色银行"。

　　近年来,在全球气候变暖的大背景下,低温冰冻、高温干旱等极端气候事件频发重发,一定程度上制约了安吉白茶产业的健康发展。为此,加强安吉白茶生产防灾减灾能力建设,建立安吉白茶气象服务技术体系,提升气象为特色优势农业服务技能。

　　本书针对安吉白茶生产面临的关键问题,开展安吉白茶种植资源、生产现状、灾害防御、气候品质等研究和服务指导。在开展安吉白茶种植气候资源、茶叶生产现状、主要气象灾害的基础上,构建了安吉白茶气象灾害精细化监测预报、春茶开采期预报、气候适宜度、气候品质指数等技术方法,提出了霜冻害防御、生产管理技术、低温气象指数保险等白茶生产应对措施,建立了安吉白茶全程气象服务体系。该书对从事茶叶气象服务、茶叶生产等领域的科技人员都具有很好的应用价值。

　　作者累积了多年气象工作研究和实践,编写了《安吉白茶气象服务手册》一书。该书内容丰富,从茶树的气候生态条件到气候适宜性评价,从灾害精细化预报到防控应对,既有理论又有实践,对未来安吉白茶产业的可持续健康发展具有良好的指导作用。

　　作者要我写序,我欣然同意,是为序。

陈京燮

2021.2.11

安吉白茶是指采摘于浙江省湖州市安吉县现辖行政区域内白叶一号茶树品种根据国家标准《地理标志产品　安吉白茶》加工而成的茶叶。安吉县属亚热带季风气候，光照充足，气候温和，雨量充沛，四季分明，造就了安吉白茶优良品质。安吉白茶因其较高的经济效益和良好的生态效益，在安吉县社会经济中占有重要地位，在乡村振兴精准扶贫中发挥了重要的作用。

安吉白茶生产与气象密切相关。茶树种植、茶芽生长发育、独特品质和产量的形成等都需要特定的气候条件。然而，在气候变化大背景下，低温冰冻、高温干旱等气象灾害风险加大，因此，充分利用气候资源，科学合理开展安吉白茶气象服务，为新型农业经营主体提供精准的气象信息，是保障安吉白茶优质高效生产的重要措施。本书立足于安吉县茶叶气象服务需求，主要包括三方面内容：安吉白茶生产气候资源、主要气象灾害种类和监测预报、气候品质评价。

《安吉白茶气象服务手册》一书，是浙江省科技重点研发计划"农业气象监测关键技术研究与靶向服务—茶叶气象监测关键技术研究与靶向服务"、国家重点研发计划"主要经济作物优质高产与产业提质增效科技创新"项目第3课题"热带与特色林果气象灾害监测预警技术与业务平台"、2020年浙江省气象局"茶叶气象服务中心能力建设"等多个项目的研究成果，以及浙江省气象局茶叶气象创新团队多年茶叶气象服务经验的基础上编著而成。本书共分12章，第1章由陈中赟、盛琼编写；第2章由许金萍、赖建红、杨聃编写；第3章由雷媛、金志凤编写；第4章由雷媛、高大伟编写；第5章由陈中赟、盛琼、金志凤编写；第6章由王治海、李时睿、胡淳焓编写；第7章由胡永光、鹿永宗、王纪章、李萍萍编写；第8章由陈中赟、金志凤、马于茗、郝璐编写；第 9 章由王治海、胡淳焓、李时睿编写；第 10 章由金志凤、李时睿、王治海编写；第 11 章由俞燎远、赖建红编写；第 12 章由许金萍、李云、陆德彪、柳丽萍编写。

限于编者的水平，书中不当之处在所难免，敬请读者不吝批评指正！

作者
2021 年 3 月

目　录

第1章　安吉县农业气候资源

　　农业气候资源,是指一个地区的气候条件对农业生产发展的潜在能力,包括能为农业生产所利用的气候要素中的物质和能量,它是农业自然资源的组成部分,也是农业生产的基本条件。农业气候资源由光资源、热量资源、水分资源、大气资源和风资源等组成。安吉县素有"中国白茶之乡"的美誉,地理环境优越,气候条件适宜,为优质高效的安吉白茶生产提供了得天独厚的环境条件。本章从安吉县域概况、主要气候特点、气候资源特征、生产气象条件、区域环境条件5个方面,分析安吉白茶生产区域气候资源的时空分布特征和演变规律,有利于安吉白茶生产充分利用气候资源优势。

1.1　安吉县域概况

　　安吉县隶属浙江省湖州市,与湖州市吴兴区、德清县、长兴县,杭州市余杭区、临安区和安徽省宁国市、广德市为邻,位于 119°14′—119°53′E,30°23′—30°53′N,县域面积为 1886 km²,户籍人口为 47 万,下辖 8 个镇、3 个乡、4 个街道,215 个行政村(社区)。

　　安吉县境内天目山脉自西南入境,分东西两支环抱县境两侧,呈三面环山、中间凹陷,东北开口的"畚箕形"辐聚状盆地地形。地势西南高、东北低,县境南端龙王山是境内最高山,海拔为 1587.4 m,也是浙北最高峰。山地分布在县境南部、东部和西部,丘陵分布在中部,岗地分布在中北部,平原分布在西苕溪两岸河漫滩,所占面积分别为 11.5%、50.0%、13.1% 和 25.4%。

1.2　主要气候特点

　　安吉县属北亚热带季风气候区,气候特点是:季风显著、四季分明;雨热同季、降水充沛;光温同步、日照较多;气候温和、空气湿润;地形起伏高差大、垂直气候较明显;风向季节变化明显,夏季盛行东南风,冬季盛行西北风。

　　(1)季风显著,四季分明。受季风进退的影响,安吉县冬半年盛行西北风,气候干冷,夏半年盛行东南风,气候湿热,这种冬夏季风的交替转换形成了明显的气候季节变化,季节不同,气候各异。以候平均气温低于 10 ℃ 为冬季,高于 22 ℃ 为夏季,介于 10～22 ℃ 为春、秋季。安吉县冬夏长、春秋短,冬季一般始于 11 月下旬,止于次年

3 月中、下旬；夏季始于 5 月下旬，止于 9 月中、下旬。

（2）雨热同季，降水充沛。安吉县降水充沛，开春后温度呈波状上升，雨量也同步增加，雨热同步性明显。全年降水量主要集中在春雨、梅雨和秋雨期，但由于每年季风强弱和进退迟早的变化，造成降水年际间波动较大，降水过多或过少会引发洪涝或干旱灾害的发生。各季降水基本上随着温度升高而增加，随着温度下降而减少，雨热基本同步，春季，随气温回升降水逐渐增加，4 至 5 月为春雨期；夏季是一年中温度最高的季节，也是降水量最多的季节，6 月中旬至 7 月上旬适逢梅雨期，雨量较多；秋季，气温渐渐下降，9 月为秋雨期；此后，随着北方冷空气势力加强南侵，10 月起气温下降较快，降水明显减少，冬季降水量最少，温度也最低。

（3）光温同步，日照较多。太阳辐射是气候形成的最基本因素，也是作物生长重要的能量来源。太阳辐射的多少，除了取决于地理纬度、太阳高度角外，还与大气透明度、云量等气象条件密切相关。一年内太阳辐射量的分布以夏季最强，冬季最弱，与气温的年变化基本一致。冬季，太阳辐射量少，温度低；一般 3 月起太阳辐射量逐月增多，温度回升；6 月处于梅雨季节，多阴雨，少日照，太阳辐射量相对减少；7 月、8 月，晴天多，太阳辐射最强，温度高；9 月起，太阳直射点逐渐南移，太阳辐射量逐月明显减少。由此可见，太阳辐射量的多少与温度高低变化一致，光温同步，有利于光能的充分利用，对于粮食和多种经济作物生长发育十分有利，也是安吉县气候资源主要优势之一。但由于每年气候各异，气象条件多变，使得日照时数年际间差异也较大。

（4）气候温和，空气湿润。安吉县属于温和气候型，冬冷夏热，气温适中，空气湿润，适宜于多种作物生长。一年之中，夏季最热，但高温持续时间不长，平均在 31 d 左右，40 ℃以上高温只有极少年份出现；冬季最冷，低温持续日数较长，平均在 42 d 左右。初霜期一般在 11 月上中旬，终霜期在 3 月中下旬。

（5）地形起伏高差大，垂直气候较明显。安吉县山地面积较大，地形起伏，类型多样，垂直气候差异较明显。这种差异首先表现在季节的分布上，一般随高度升高，夏季缩短，冬季延长，因此，山区具有冬长夏短的特点。其次，随高度升高气温降低、积温减少，因此，山区从低到高经历着温、凉、冷的变化，同地异季，即便是同一高度，还会因坡向、坡度及山峰、山谷、岗地、盆地等不同地形而有局地气候的差异。再次，山区有丰富的降水资源，一般先随着海拔的升高降水量增加，再随着海拔的进一步升高，降水量有所减少。丰富多样的山地气候为众多的生物提供了广泛的适生生态条件，为择优发展多种经济作物提供了有利的农业气候条件。

1.3　气候资源特征

　　某地光、热、水、风等气候资源的时空分布特点可以通过对平均气温、最高气温、最低气温、降水量、平均相对湿度、云量、辐射、日照时数和风等气象要素的统计分析得到。

安吉县现有国家气象观测站 1 个(安吉站),白茶产区有区域自动气象站 18 个(溪龙、孝丰、章村、天荒坪、山川、杭垓、郭吴、梅溪、大溪、双一、昆铜、高禹、皈山、报福、上墅、港口、赤坞、高庄)。本节对安吉站 1990—2019 年、区域站 2010—2019 年逐日气象资料进行了较全面的分析,并简要阐述了气象条件对农业生产的可能影响。

1.3.1　热量资源

热量资源是构成一地气候的重要因素,也是重要的气候资源,直接关系到作物布局、品种搭配、引种改制等重大农业生产问题。安吉县热量资源丰富且稳定,积温高,无霜期长,有利于喜温作物的生长和农业气候资源潜力的开发与利用。

1.3.1.1　平均气温

因受地理位置、地形、海拔高度和下垫面等因素影响,安吉县各地平均气温差异较为显著,垂直差异大于水平差异。

安吉县年平均气温为 13.0 ℃(天荒坪)~16.8 ℃(安吉),空间分布呈现出:南部海拔较高的山区在 15.0 ℃以下,低值中心位于天荒坪;中部广大的低丘平原地区为 15.0~16.0 ℃;中北部地区在 16.0 ℃以上。

各地四季平均气温中,最低的是冬季,在 2.0 ℃(天荒坪)~5.3 ℃(安吉);其次是春季,为 12.9 ℃(天荒坪)~16.5 ℃(安吉);再次为秋季,为 14.2 ℃(天荒坪)~18.0 ℃(安吉);最高的是夏季,为 22.8 ℃(天荒坪)~27.3 ℃(高禹)。

各月平均气温中,1 月最低,为 0.8 ℃(天荒坪)~4.1 ℃(安吉);2 月为 2.4 ℃(天荒坪)~5.8 ℃(安吉);3 月为 7.4 ℃(天荒坪)~10.8 ℃(安吉);4 月为 13.4 ℃(天荒坪)~16.8 ℃(安吉);5 月为 17.8 ℃(天荒坪)~21.7 ℃(安吉);6 月为 20.4 ℃(天荒坪)~24.5 ℃(高禹);7 月最高,为 24.4 ℃(天荒坪)~28.9 ℃(高庄);8 月为 23.5 ℃(天荒坪)~28.5 ℃(高禹);9 月为 19.1 ℃(天荒坪)~23.7 ℃(高禹);10 月为 14.1 ℃(天荒坪)~18.0 ℃(安吉);11 月为 9.4 ℃(天荒坪)~12.6 ℃(安吉);12 月为 2.8 ℃(天荒坪)~5.9 ℃(安吉)。

安吉站近 30 年平均气温呈显著上升趋势(图 1.1),增温速率达到 0.4 ℃/10 a。20 世纪 90 年代年平均气温波动较大,总体偏低,1993 年是最冷的一年,年平均气温仅为 15.2 ℃;21 世纪开始进入明显的偏暖阶段,且波动较小,2007 年是最暖的一年,年平均气温达 17.5 ℃,最冷年与最暖年差距达 2.3 ℃。

1.3.1.2　平均最高气温

安吉县各地年平均最高气温为 17.5 ℃(天荒坪)~23.0 ℃(高庄);南部山区受地势影响温度偏低,在 20 ℃以下;北部偏高,在 22 ℃以上。

各地四季平均最高气温中,夏季最高,为 27.2 ℃(天荒坪)~33.5 ℃(高庄);秋季次之,为 18.4 ℃(天荒坪)~24.2 ℃(高庄);再次是春季,为 17.8 ℃(天荒坪)~23.3 ℃(高庄);冬季最低,为 6.2 ℃(天荒坪)~10.7 ℃(高庄)。

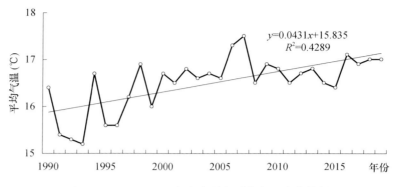

$$y=0.0431x+15.835$$
$$R^2=0.4289$$

图 1.1　1990—2019 年安吉站年平均气温变化特征

各月平均最高气温中,1 月最低,为 4.9 ℃(天荒坪)~9.2 ℃(孝丰);2 月为 6.7 ℃(天荒坪)~11.1 ℃(孝丰);3 月为 12.4 ℃(天荒坪)~17.5 ℃(高庄);4 月为 18.5 ℃(天荒坪)~23.9 ℃(高庄);5 月为 22.5 ℃(天荒坪)~28.4 ℃(高庄);6 月为 24.6 ℃(天荒坪)~30.1 ℃(高庄);7 月最高,为 29.0 ℃(天荒坪)~35.5 ℃(高庄);8 月为 27.9 ℃(天荒坪)~34.8 ℃(高庄);9 月为 23.1 ℃(天荒坪)~29.7 ℃(高庄);10 月为 18.4 ℃(天荒坪)~24.3 ℃(高庄);11 月 13.8 ℃(天荒坪)~18.6 ℃(高庄);12 月为 7.1 ℃(天荒坪)~11.8 ℃(孝丰)。

从安吉站年平均最高气温 30 年的变化情况来看(图 1.2),总体呈上升趋势。20 世纪 90 年代波动较大,整体偏低,1991 年为最低值,年平均最高气温仅为 20.9 ℃;21 世纪初迅速上升,2007 年为最高值,年平均最高气温达 23.1 ℃;2007—2015 年略有下降;2015 年后又呈上升趋势。

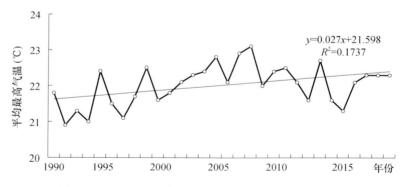

$$y=0.027x+21.598$$
$$R^2=0.1737$$

图 1.2　1990—2019 年安吉站年平均最高气温变化特征

1.3.1.3　平均最低气温

安吉县各地年平均最低气温大都为 9.9 ℃(天荒坪)~12.9 ℃(安吉);南部山区受地势影响温度偏低,在 11 ℃以下;北部偏高,在 12 ℃以上。

各地四季平均最低气温中,夏季最高,为 19.9 ℃(天荒坪)～23.7 ℃(高禹);秋季次之,为 11.3 ℃(天荒坪)～14.3 ℃(安吉);再次是春季,为 9.2 ℃(天荒坪)～11.9 ℃(安吉);冬季最低,为−1.0 ℃(天荒坪)～1.8 ℃(安吉)。

各月平均最低气温中,1 月最低,为−2.2 ℃(天荒坪)～0.8 ℃(安吉);2 月为−0.8 ℃(天荒坪)～2.4 ℃(安吉);3 月为 3.8 ℃(天荒坪)～6.5 ℃(安吉);4 月为 9.4 ℃(天荒坪)～11.9 ℃(安吉);5 月为 14.3 ℃(天荒坪)～17.2 ℃(安吉);6 月为 17.5 ℃(天荒坪)～21.2 ℃(梅溪);7 月最高,为 21.3 ℃(天荒坪)～25.0 ℃(高禹);8 月为 20.8 ℃(天荒坪)～24.8 ℃(高禹);9 月为 16.5 ℃(天荒坪)～20.3 ℃(高禹);10 月为 11.1 ℃(天荒坪)～14.1 ℃(安吉);11 月为 6.3 ℃(天荒坪)～8.7 ℃(安吉);12 月为−0.3 ℃(天荒坪)～2.0 ℃(安吉)。

从安吉站年平均最低气温 30 年的变化情况来看(图 1.3),呈显著上升趋势,增温速率达到 0.6 ℃/10 a。20 世纪 90 年代波动较大,1992 年为最低值,年平均最低气温仅为 10.6 ℃;21 世纪以来呈迅速上升态势,其中 2007 年为最高值,年平均最低气温达 13.3 ℃。

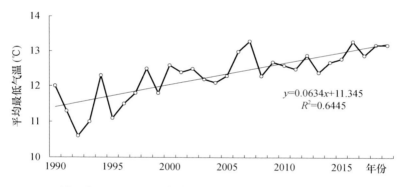

$$y=0.0634x+11.345$$
$$R^2=0.6445$$

图 1.3　1990—2019 年安吉站年平均最低气温变化特征

1.3.1.4　极端最高气温

安吉县各地年极端最高气温大都为 37.3 ℃(天荒坪)～45.7 ℃(皈山);南部山区受地势影响,温度偏低,在 40 ℃以下;北部偏高,在 45 ℃以上。

从安吉站年极端最高气温 30 年的变化情况来看(图 1.4),呈缓慢上升趋势。20世纪 90 年代整体偏低,其中 1996 年为最低值,年极端最高气温仅为 37.2 ℃;21 世纪开始上升较明显,2013 年为最高值,年极端最高气温达 42.1 ℃;2014 年明显下降,其后波动较大。

1.3.1.5　极端最低气温

安吉县各地年极端最低气温为−17.2 ℃(山川)～−8.7 ℃(梅溪);南部山区受地势影响温度偏低,在−14 ℃以下;北部偏高,在−10 ℃以上。

从安吉站年极端最低气温 30 年的变化情况来看(图 1.5),变幅较大,其中 1991

年为最低值,年极端最低气温仅－12.4 ℃;2019 年为最高值,年极端最低气温达
－3.6 ℃,最低和最高相差 8.8 ℃。

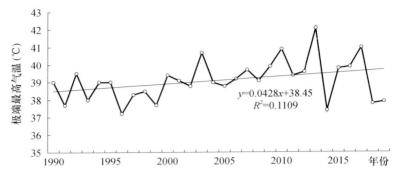

图 1.4　1990—2019 年安吉站逐年极端最高气温分布图

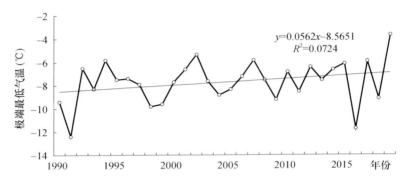

图 1.5　1990—2019 年安吉站逐年极端最低气温分布图

1.3.1.6　高温日数

安吉县各地年高温日数(日最高气温≥35 ℃)为 1.4 d(天荒坪)～46.9 d(高
庄)。南部山区受地势影响高温日数偏少,在 20 d 以下;北部偏多,在 35 d 以上。高
温日主要出现在每年的 6 月至 9 月,7 月、8 月最为集中,6 月、9 月相对较少,个别年
份 4 月就会有高温天气出现,最晚 10 月也会有高温天气。

从安吉站年高温日数 30 年的变化情况来看(图 1.6),变幅较大。20 世纪 90 年
代至 21 世纪初,高温日数总体偏少,波动较大,21 世纪以来总体偏多,其中,1999 年
是最少的一年,仅为 12 d;2013 年和 1994 年是最多的年份,均达 49 d。

1.3.1.7　低温日数

安吉县各地年低温日数(日最低气温≤0 ℃)为 34.3 d(梅溪)～66.9 d(天荒
坪)。南部山区受地势影响,低温日数偏多,在 50 d 以上;平原偏少,在 40 d 以下。
低温日主要出现在每年的 11 月至次年 3 月,12 月、1 月、2 月最为集中,这也是安吉

县一年中最冷的时节,冷空气活动频繁,经常会带来寒潮、大雪、大风等灾害性天气,霜冻或冰冻天气较为频繁。最早的年份 10 月就会有低温日出现,最晚的年份 4 月也会出现。

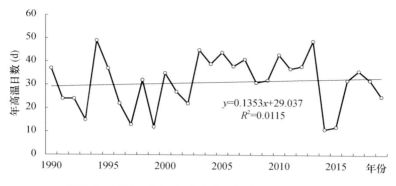

图 1.6　1990—2019 年安吉站逐年高温日数分布图

从安吉站年低温日数 30 年的变化情况来看(图 1.7),波动较大,总体呈减少趋势。20 世纪 90 年代低温日数偏多,平均每年为 50 d,1993 年为最多的一年,达 64 d;21 世纪以来低温日数明显减少,平均每年为 37 d,2019 年为最少的一年,仅为 16 d。其中 2008 年低温日数达 60 d,主要原因是 1 月中旬到 2 月初安吉县出现了强度大、范围广、持续时间长、历史罕见的连续低温雨雪冰冻天气。

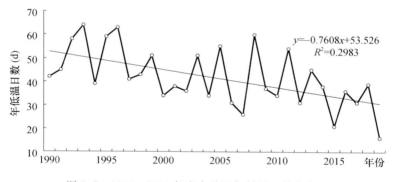

图 1.7　1990—2019 年安吉站逐年低温日数分布图

1.3.1.8　初终霜日和无霜期

统计 1990—2019 年安吉站逐年初终霜日,初霜日基本出现在 10 月下旬至 11 月下旬之间,最早出现在 10 月 22 日(1994 年),最晚出现在 12 月 14 日(2018 年),平均初霜日为 11 月 10 日;终霜日基本出现在 2 月下旬至 4 月上旬之间,最早出现在 2 月 21 日(1997 年),最晚出现在 4 月 12 日(1995 年),平均终霜日为 3 月 21 日。

1990—2019 年安吉站平均无霜期为 233.5 d,最短出现在 1995 年仅为 203 d,最长出现在 2019 年为 265 d。从安吉站无霜期 30 年的变化情况来看(图 1.8),呈缓慢增加趋势。其中,1997—2004 年和 2015—2019 年无霜期日数偏多,平均每年为 248 d;1990—1996 年和 2005—2014 年无霜期日数偏少,平均每年为 223 d。

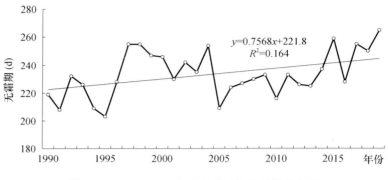

图 1.8 1990—2019 年安吉站逐年无霜期分布图

1.3.1.9 农业界限温度

农业气候上常用的界限温度有日平均温度 0 ℃、5 ℃、10 ℃、15 ℃、20 ℃等。界限温度的出现日期、持续日数对确定地区的作物布局、耕作制度、品种搭配等都具有十分重要的意义。

0 ℃是喜凉作物的生长起始温度。春季日平均气温稳定通过 0 ℃,标志着冰雪开始融化,土壤解冻,早春作物开始播种,多年生植物开始萌动,农事活动开始。冬季日平均气温稳定低于 0 ℃,标志着越冬作物进入休眠期,大田农事活动基本结束。因此,习惯上将≥0 ℃的时期称为“农耕期”。5 ℃的初日表示喜凉作物开始播种。5 ℃的终日表示越冬作物进入冬前的抗寒锻炼阶段。≥5 ℃的持续日数可以作为喜凉作物生长期长短的指标。10 ℃是一个很重要的指标温度。春季日平均温度稳定通过 10 ℃,标志着喜凉作物迅速生长;10 ℃也是一般喜温作物生长的起始温度,茶叶等多年生经济作物开始萌芽生长。秋季日平均气温稳定通过 10 ℃后,喜温作物停止生长,喜凉作物光合作用显著减弱。一般以≥10 ℃的持续日数作为喜温作物的生长期。15 ℃是喜温作物积极活动的界限温度,春季稳定通过 15 ℃,茶叶开始采摘。气温低于 15 ℃,秋收作物基本停止灌浆。但 15 ℃的终日又是越冬作物播种出苗的指标温度,一般以≥15 ℃期间的日数作为双季大田作物的生长期。

初终日计算方法:初终日和初终日间日数可跨年(上跨至上一年的 12 月,下跨至下一年的 2 月)挑取和计算,若初日挑取为 12 月 1 日,则初日作为未出现,若终日挑取为 2 月最后一天,则终日作为未出现。初终日未出现时,初终日间日数和初终日间积温、降水、日照按开始日 1 月 1 日、终止日 12 月 31 日统计。

安吉站各界限温度起始日期随温度的升高逐渐后移,1990—2019 年平均 0 ℃起始日期在 1 月 16 日,5 ℃起始日期在 2 月 23 日,10 ℃起始日期在 3 月 24 日,15 ℃起始日期在 4 月 16 日,20 ℃起始日期在 5 月 17 日。山区受地势影响,各界限温度起始日期相对于其他地区较晚,相对后移趋势比较明显。

安吉站各界限温度终止日期随温度的升高逐渐提前,1990—2019 年平均 0 ℃终止日期在次年 1 月 7 日,5 ℃终止日期在 12 月 8 日,10 ℃终止日期在 11 月 18 日,15 ℃终止日期在 10 月 26 日,20 ℃终止日期在 9 月 26 日。山区受地势影响,各界限温度终止日期较其他地区更早,相对提前趋势比较明显。

界限温度越高,相应的界限温度持续日数越短。1990—2019 年安吉站平均 0 ℃持续日数为 356.6 d,5 ℃持续日数为 289.2 d,10 ℃持续日数为 239.7 d,15 ℃持续日数为 193.4 d,20 ℃持续日数为 133.8 d。在空间分布上,由于山区受地势影响,界限温度持续日数较其他地区日数更少。

1990—2019 年安吉站平均≥0 ℃活动积温年总量为 6016.2 ℃·d,≥5 ℃活动积温年总量为 5687.2 ℃·d,≥10 ℃活动积温年总量为 5240.9 ℃·d,≥15 ℃活动积温年总量为 4597.1 ℃·d,≥20 ℃活动积温年总量为 3464.6 ℃·d。在空间分布上,由于受地势影响,山区活动积温相对更少。

1990—2019 年安吉站平均≥5 ℃有效积温年总量为 4241.4 ℃·d,≥10 ℃有效积温年总量为 2843.9 ℃·d,≥15 ℃有效积温年总量为 1696.1 ℃·d,≥20 ℃有效积温年总量为 787.9 ℃·d。在空间分布上,由于受地势影响,山区有效积温较其他地区总量更少。

1.3.2　水分资源

水分资源是农作物赖以生存的重要环境因子,不仅是作物自身的重要组成和合成原料,也是作物的光合、蒸腾、吸收、传输等生理过程的重要组成部分。一个地区光热资源再充足,若缺少水分,也无法发挥其生产潜力。在光热条件满足的情况下,作物生长发育以及产量形成在一定程度上受水分条件的制约。

安吉县水分资源丰富,适宜安吉白茶生长发育之需,总的特点是年降水量充沛,但地域差异较大,年内分配不均匀,干湿期明显,年际变化不稳定,相对变率较大。

1.3.2.1　降水量

安吉县各地年降水总量为 1298.8 mm(梅溪)～2164.6 mm(天荒坪)。高值区主要分布在南部和西南部山区,降水量高于 1800 mm;低值区分布在中部至北部,降水量低于 1400 mm;其余地区降水在 1400～1800 mm。

四季降水量中,夏季最多,区域差异大,在 515.2 mm(梅溪)～900.1 mm(天荒坪);其次是春季,在 322.4 mm(梅溪)～439.0 mm(天荒坪);再次是秋季,在 256.1 mm(高庄)～575.4 mm(天荒坪);冬季最少,区域差异小,在 212.2 mm(梅溪)～275.4 mm(上墅)。

各月降水量中,1 月最少,区域差异小,在 56.1 mm(天荒坪)～75.0 mm(上墅);2 月在 79.6 mm(梅溪)～115.7 mm(章村);3 月在 100.8 mm(梅溪)～150.3 mm(章

村);4 月在 101.2 mm(昆铜)～140.1 mm(上墅);5 月在 110.7 mm(梅溪)～155.4 mm (章村);6 月最多,在 209.5 mm(梅溪)～278.8 mm(上墅);7 月在 161.3 mm(高庄)～254.2 mm(大溪);8 月区域差别大,在 135.8 mm(梅溪)～382.5 mm(天荒坪);9 月在 105.1 mm(高庄)～241.5 mm(天荒坪);10 月在 80.0 mm(高禹)～237.0 mm(天荒坪);11 月在 56.7 mm(高禹)～96.8 mm(天荒坪);12 月在 61.6 mm(高禹)～101.6 mm(天荒坪)。

从安吉站年降水量 30 年的变化情况来看(图 1.9),1990—2007 年变幅较大,其中 1994 年为降水量最少的一年,仅为 1065.9 mm;2008—2019 年呈缓慢上升趋势,2016 年是降水量最多的一年,达 2003.4 mm。

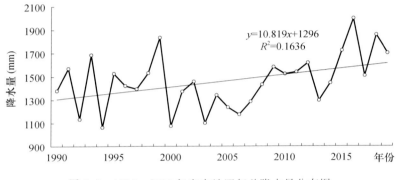

图 1.9   1990—2019 年安吉站逐年总降水量分布图

1.3.2.2   降水日数

安吉县各地年降水日数为 155.2 d(高禹)～195.9 d(天荒坪)。高值区主要分布在南部和西南部山区,年降水日数多于 180 d;低值区分布在中部至北部,年降水日数少于 160 d;其余地区在 160～180 d。

四季降水日数中,夏季最多,为 45.1 d(高庄)～56.2 d(大溪);其次是春季,为 39.5 d(高禹)～50.1 d(天荒坪);再次是冬季,为 34.3 d(安吉)～51.6 d(双一);秋季最少,为 33.2 d(高禹)～46.5 d(天荒坪)。

各月降水日数中,1 月为 11.4 d(安吉)～16.6 d(双一);2 月为 12.5 d(安吉)～17.5 d(双一);3 月为 13.9 d(安吉)～17.6 d(章村);4 月为 12.0 d(高禹)～15.7 d(大溪);5 月为 13.1 d(高禹)～17.5 d(天荒坪);6 月最多,为 16.5 d(高庄)～19.7 d(天荒坪);7 月为 13.6 d(高庄)～17.9 d(大溪);8 月为 14.7 d(梅溪)～19.2 d(大溪);9 月为 11.8 d(高庄)～17.2 d(天荒坪);10 月最少,为 8.9 d(高禹)～13.9 d(天荒坪);11 月为 11.8 d(安吉)～15.4 d(天荒坪);12 月为 9.6 d(高禹)～16.4 d(双一)。

安吉站近 30 年年降水日数变化不明显(图 1.10),但 2010 年以来呈增多趋势。其中,1995 年降水日数最少,仅为 124 d;2012 年降水日数最多,达 181 d。

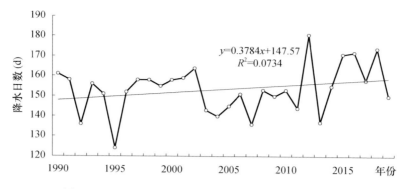

图 1.10　1990—2019 年安吉站逐年总降水日数分布图

1.3.2.3　大雨日数

安吉县各地年大雨日数(日降水量≥25 mm)为 12.1 d(梅溪)～21.7 d(天荒坪)。高值区主要分布在南部山区,多于 20 d;低值区分布在北部,少于 15 d;其余地区为 15～20 d。

1.3.2.4　暴雨日数

安吉县各地年暴雨日数(日降水量≥50 mm)为 3.2 d(梅溪)～6.6 d(大溪)。高值区主要分布在南部山区,多于 6 d;低值区分布在北部,少于 4 d;其余地区为 4～6 d。

1.3.2.5　相对湿度

1990—2019 年安吉站年平均相对湿度为 76.8%,年变化总体呈减小趋势(图 1.11),但 2010 年以来有所增大。其中,2005 年平均相对湿度最小,仅为 70.1%;1991 年平均相对湿度最大,达 82.1%。

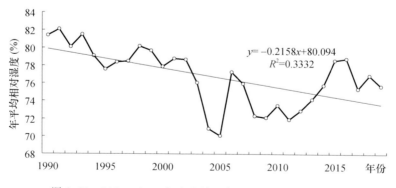

图 1.11　1990—2019 年安吉站逐年平均相对湿度分布图

1.3.2.6　雾

安吉县高山上一年四季常常云雾弥漫。因为有雾,茶树受直射光照射时间短,漫射光多,光照较弱,正好适合茶树的耐阴习性。高山雾日天气多,空气湿度就比较大,长波光被云雾吸收照不到茶树上,而短波光透射力强,可以透过云层照射到植物上,茶树受短波光照射,有利于芳香物质的合成。

1990—2019年安吉站平均年大雾日数为51.2 d,年变化呈先减少后增多的趋势(图1.12)。20世纪90年代处于高值区,平均每年为68 d;2000—2013年处于低值区,平均每年为26 d,其中2012年大雾日数最少,仅为13 d;2014—2019年大雾日数明显增多,其中2016年最多,达104 d。

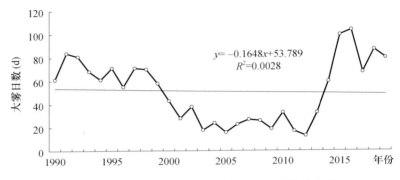

$$y = -0.1648x + 53.789$$
$$R^2 = 0.0028$$

图1.12　1990—2019年安吉站逐年大雾日数分布图

1.3.3　光照资源

万物生长靠太阳,太阳光是能使一切绿色植物进行光合作用的主要能源,也是地球的主要能源。农业生产就是作物通过光合作用将太阳辐射能转化成生物化学能为人类制造农产品的过程,因此,作物的生长发育及产量形成必然与太阳光能直接有关。光照资源是指可以利用的太阳辐射能,其不仅是人类生活生产活动的基本能源,更是一种重要的农业气候资源。

1.3.3.1　辐射

安吉县太阳能资源较丰富,总辐射量的多少和强弱,随季节、纬度、坡度、坡向以及地形遮蔽等因子的变化而变化。总体而言,辐射量夏季最多,其次是春季和秋季,冬季最少。在安吉县南部山区的太阳辐射量受地形影响明显,向阳坡辐射量明显大于背阴坡,其中1月辐射量受坡向影响的变化最大,7月最小。

根据2019年安吉县溪龙乡黄杜村茶园小气候站的监测资料分析,年太阳总辐射量为4697.12 MJ/m²。从月际分布看(图1.13),2月总辐射量最少,为123.58 MJ/m²;8月总辐射量最多,为604.54 MJ/m²。

1.3.3.2　日照

1990—2019年安吉站年平均日照时数为1862.1 h,1991年日照时数最少,仅为1582.0 h;2018年日照时数最多,达2061.5 h。从安吉站年日照时数30年的变化情

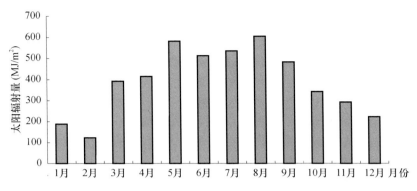

图 1.13　2019 年黄杜茶园小气候站逐月太阳辐射量分布图

况来看(图 1.14),变幅较大。1990—1995 年在波动中上升,1996—2002 年处于低值区,2013—2019 年波动较大,总体偏多。

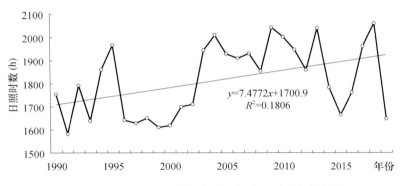

图 1.14　1990—2019 年安吉站逐年总日照时数分布图

1.3.3.3　云

安吉县平均年总云量空间分布较均匀,总体由东北向西南云量逐渐减少。因安吉站无云量观测资料,故利用湖州国家基本站的总云量观测值代入分析。

1990—2019 年湖州站平均年总云量为 64%,2004 年平均总云量最少,仅为55%,2015 年平均总云量最多,为 69%。

四季平均总云量中,夏季最多,30 年平均总云量为 70%,其中 1994 年平均总云量最少,仅为 55%,1993 年平均总云量最多,达 84%;其次是春季,30 年平均总云量为 67%,其中 2005 年平均总云量最少,仅为 57%,1991 年平均总云量最多,达 81%;冬季和秋季相对较少,30 年平均总云量分别为 60% 和 59%。

各月平均总云量中,6 月最多,30 年平均值为 78%,其中 2005 年最少,仅为55%,2015 年最多,达 94%;12 月最少,30 年平均值为 53%,其中 1999 年最少,仅为30%,1994 年最多,为 77%。

1.3.4　风能资源

风是一种空气流动现象,风能调节农田环境条件,影响近地层热量交换、水分循环和空气中的二氧化碳、氧气等输送过程。风对植物体内部机理最重要的影响是具有强烈的干燥作用,带走植物体表面及其附近的湿润空气层,加速蒸散,使植物干化。

安吉县各地年平均风速为 0.4 m/s(港口)～2.7 m/s(天荒坪)。四季平均风速中,春季和冬季偏大,为 0.4 m/s(港口)～3.1 m/s(天荒坪);夏季和秋季偏小,为 0.3 m/s(港口)～2.5 m/s(天荒坪)。

从安吉站年平均风速 30 年的变化情况来看(图 1.15),呈显著增大趋势,增加速率为 0.3 (m/s)/10 a。20 世纪 90 年代到 21 世纪初年平均风速缓慢减小,最小值为 1.0 m/s,出现在 1997 年、1998 年、1999 年、2001 年和 2002 年;2003 年以来呈明显增大趋势,最大值为 2.0 m/s,出现在 2013 年和 2014 年。

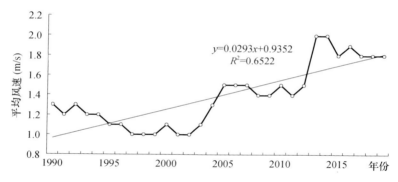

图 1.15　1990—2019 年安吉站逐年平均风速分布图

1.4　生产气象条件

安吉白茶生产区域地形地貌多为丘陵山地,气候资源丰富,适宜的气候和地理条件有利于安吉白茶的优质高产,安吉白茶产业已成为当地发展经济的支柱产业和增加农民收入的民生产业。

1.4.1　安吉白茶生长与气象

茶树是多年生亚热带常绿植物,对气候条件有一定的要求。早在 8 世纪,唐代学者陆羽通过自己的调查和实践就总结出好茶生长在"阳崖阴岭"的环境,并指出"烂石"是最好的立地条件。唐代韩鄂和宋代赵汝砺、宋子安等指出,茶树适宜于多雾露、气候冷凉山区,并提出茶树"畏日""畏寒",不宜太阳直射。一般茶树生长需要平

均气温在 13 ℃ 以上,全年≥10 ℃ 积温在 3000 ℃·d 以上,年最低气温多年均值在
—10 ℃ 以上(—12 ℃ 以下低温会使茶树遭受严重冻害),年降水量为 1150～
1400 mm。

安吉白茶系中国名茶,是我国珍稀茶树良种,属灌木型、中叶类茶树。安吉白茶
喜温凉、潮湿、荫蔽的环境,最好的光照条件是漫射光。春季气温逐渐回升,雨水增
多,安吉白茶进入萌发采摘期;夏季气温进一步上升,有利于安吉白茶干物质积累;
秋、冬季气温下降,安吉白茶树梢逐渐停止生长,茶树进入休眠越冬期。

1.4.2　安吉白茶生产气象条件

3—10 月是安吉白茶主要生育期,期间安吉县光温适宜,雨水充沛。统计近 10 a 安
吉县 18 个区域自动气象站的逐日气象数据,分析得到:3—10 月平均气温为 17.5～
21.5 ℃,呈先升后降的变化趋势,其中 7—8 月平均气温最高;降水量为 1040.9～
1817.7 mm,其中 6—8 月降水量偏多;降水日数为 107.2～137.3 d,各月分布较为均
匀;平均风速为 0.3～2.7 m/s,各月分布比较均匀,3—4 月风速略大。

3—4 月是安吉白茶春茶生产关键期,此时气温逐渐回升,但波动较大,常受冷空
气影响,易出现春霜冻、大风等灾害性天气,对春茶生产影响较大。统计近 10 a 安吉
县 18 个区域自动气象站的逐日气象数据,分析得到:3—4 月平均气温为 10.4～
13.8 ℃,降水量为 211.7～284.4 mm,降水日数为 26.4～33.1 d,平均风速为 0.5～
3.1 m/s。

1.4.2.1　安吉白茶生长热量条件

气温是茶树生命活动的基本条件,它影响着茶树的地理分布,也制约着生育速
度。安吉县属中纬度北亚热带南缘季风区,3—4 月气温回升,茶树开始萌动、生长,
有利于安吉白茶芽叶持续生长,保证其茶芽嫩度。开春后气温回升较缓,持续时间
较长,上年 12 月至当年 2 月平均气温为 0～5 ℃,利于安吉白茶体内营养物质的积
累,减少消耗,是安吉白茶特有品质形成的条件之一。安吉白茶叶张玉白程度与温
度有明显关系,当气温持续高达 25 ℃ 叶张转为绿色。安吉白茶返白现象决定于新生
叶片萌发时的温度,其阈值在 20～22 ℃,其间持续时间越长,安吉白茶返白期也越
长,故安吉白茶在安吉的温度条件下最适宜生长。

热量条件是影响安吉白茶种植、生长发育以及产量和品质形成的关键因子。

(1)热量条件对安吉白茶茶芽萌发和生长的影响

安吉白茶生产区域,春季降水较多,气温是影响茶芽萌发的主导因子。春季气温
回升,当日平均气温≥10 ℃ 时,安吉白茶开始萌动、生长;平均气温维持在 12～19 ℃,
利于芽叶持续生长,并保证其茶芽的嫩均度;当气温低于 4 ℃ 时,会导致茶芽遭受冻害。
夏季,当日平均气温≥30 ℃ 或日最高气温≥35 ℃ 时,安吉白茶生长就会受到抑制,幼嫩
芽叶会灼伤。秋、冬季气温下降到 10 ℃ 以下时,安吉白茶停止生长,进入休眠,生存最

低温度为-10 ℃左右,当气温低于-10 ℃时,茶树地上部分会冻枯甚至死亡。

(2)热量条件对安吉白茶白化的影响

安吉白茶是一个温度敏感的自然突变体。据多年观察表明:日平均气温如果稳定在15 ℃以上达10 d时,叶片达到最白期,之后叶片便逐渐开始复绿;当日平均气温超过23 ℃时,叶渐转花白至绿,4~7 d后叶片就能明显转绿。这种温度效应仅表现在芽萌发初期,已经展开的叶片便不再表达。

(3)热量条件对安吉白茶开采期的影响

安吉白茶开采期的早晚受多种因子影响,其中气温是主导因子。安吉白茶的开采期与2—3月的气温密切相关,气温偏高,开采期提前,反之则推迟。此外,3月下旬至4月中旬气温缓慢回升时,采摘期持续时间长;3月下旬到4月中旬有春霜冻或气温突然升高至25 ℃以上时,采摘期持续时间短。

(4)热量条件对安吉白茶产量的影响

热量条件对安吉白茶产量形成有一定影响。3月下旬至4月中旬采摘期内,气温回升缓慢,采摘时间长,产量高;采摘期内,出现春霜冻或气温突然升高至25 ℃以上时,采摘时间短,产量低。

(5)热量条件对安吉白茶品质的影响

安吉白茶萌动后,日平均气温保持在10~20 ℃,有利于保证安吉白茶的嫩均度。若春茶萌芽前期气温回升较缓,萌芽持续时间较长,能促进安吉白茶体内营养物质的积累,形成优良的品质。气温变化的快慢与茶叶品质也有一定关系。若气温突然升高,则茶芽生育快,促使茶叶纤维化,持嫩性差,品质下降。昼夜温差也是影响茶叶品质形成的重要条件。昼夜温差大,同化产物积累多,持嫩性强,茶叶品质好;而昼夜温差小,茶树积累的养分少,茶叶品质相对较差。

1.4.2.2　安吉白茶生长水分条件

种植安吉白茶需要有足够的水资源,水是安吉白茶的重要组成部分。通常情况下,安吉白茶茶树体内含水量占55%~60%,芽叶的含水量高达70%~80%。安吉白茶的生长对空气湿度也有一定的需求,空气相对湿度要在70%以上。

(1)水分条件对安吉白茶生长的影响

安吉白茶茶树体内生物化学反应需要在充足的水分条件下才能正常进行。受干旱缺水后淀粉酶、转化酶、蛋白酶的水解加强,呼吸作用消耗的有机物质增多,不利于光合产物的累积。此外,适宜的水分利于细胞进行正常生长,水分充足条件下,茶叶一般都生长较快,叶片较大,节间较长。尽管安吉白茶生长需要较高的水分条件,但水分过多则危害茶树生长。当土壤中水分过多时,氧气不足,对茶树根系生长不利,并且土壤中的含氧量越低,对根的影响越大。

(2)水分条件对安吉白茶品质的影响

安吉白茶在春茶开采期需要连续地补充水分,这有利于保持芽叶的持嫩性。生产优质的安吉白茶，要求年降雨量为 1400～1800 mm，月降雨量在 100 mm 以上，相对湿度保持在 80% 左右为宜。如果每月降水量低于 50 mm，将影响安吉白茶的品质形成；降水过多会造成安吉白茶滋味淡薄。

"高山云雾出好茶"，指的就是山区常年云雾弥漫，空气湿度较高，利于优质茶叶的形成。高湿环境下，安吉白茶品质高，具有香气高、色泽好、味醇厚、耐冲泡等特性。因为直射光减弱，漫射光增加，形成阴凉的生长环境，茶树正常生长，叶大而薄，叶质柔软，内含水浸出物等有效成分较高，蛋白质、氨基酸、芳香油、叶绿素等易于形成和累积，而糖类、多酚类相对减少。

1.4.2.3　安吉白茶生长光照条件

光照是茶树生长发育的主要因素之一。茶树耐阴，但也需要一定的光照，在比较荫蔽、多漫射光的条件下，新梢内含物丰富，嫩度好，品质高。因为漫射光中含紫外线较多，能促进儿茶素和含氮化合物的形成。种植在高山云雾多的地方或遮阴条件下的茶树，茶叶香气、滋味都优于平地或坡地茶园。所以，光照对安吉白茶的生长发育、白化以及茶叶品质的影响都是明显的。

（1）光照条件对安吉白茶生长发育的影响

安吉白茶光合作用的强弱很大程度上取决于光照强度，当二氧化碳、水分和温度能满足茶树需要时，光合作用强度随光照强度的增加而增加，制造的有机质也随之增多。反之，光照减弱，光合作用强度也随之减弱。当低于光补偿点时，茶树的消耗大于积累，而在光饱和点附近光合作用趋于稳定。

（2）光照条件对安吉白茶白化的影响

试验表明，光照强度对安吉白茶返白表现也有影响。在日照强烈时，白化程度就会加深，而在遮阴条件下复绿的速度较快；但在同样的光照条件下，不同温度下返白突变存在较大的差别，因此，光照强度不是返白表现的必要条件。

（3）光照条件对安吉白茶品质的影响

光照条件与安吉白茶品质有着密切的联系。一般情况下，日照百分率越小，散射光所占的相对比例越大，能促进芳香物质的形成，有利于茶叶品质的提高。漫射光不利于安吉白茶茶多酚形成，但有利于叶绿素、氨基酸等含氮化合物含量和芳香物质含量的提高。光照强度影响安吉白茶的光合作用，影响氨基酸的合成与积累。光合作用过强或过弱都会影响氨基酸的合成和含量，进而影响安吉白茶的品质。丘陵、高山区域安吉白茶品质好的重要原因就是光照的作用。

1.5　区域环境条件

安吉县被誉为气净、水净、土净的"三净之地"，获评全国首个生态县，是联合国人居奖首个获得县。生态环境优良，植被资源丰富，森林覆盖率和植被覆盖率均保持在 70% 以上。境内"七山一水两分田",山清水秀、风光旖旎,拥有 63700 hm² 竹林、海拔 1587 m 的浙江北部第一高峰龙王山、总面积 1244 hm² 的安吉小鲵国家级自然保护区,共有河道 1633 条,总长度为 1533 km,各类水库山塘 4545 座,总库容达 4.35 亿 m³。

1.5.1 大气环境

安吉县大气环境好。境内空气质量达到一级,近三年空气质量优良率保持在 83% 以上,没有出现重度污染和严重污染的天气,中度污染天数进一步减少(表 1.1)。大气负氧离子平均浓度达 8000 个/cm³,达到世卫组织"特别清新"标准,浓度最高的地方高达 40000 个/cm³,是长三角地区的天然绿色氧吧。

表 1.1　2017—2019 年安吉县空气质量统计表

年度	有效总天数(d)	空气质量为优天数(d)	空气质量为良天数(d)	轻度污染天数(d)	中度污染天数(d)	重度污染天数(d)	严重污染天数(d)	优良率(%)	PM$_{2.5}$浓度平均值(μg/m³)
2017	364	118	195	47	4	0	0	86.0	40
2018	365	120	184	60	1	0	0	83.3	31
2019	364	105	210	48	1	0	0	86.5	33

1.5.2 土壤环境

土壤是茶树生长发育的基地,是提供水、肥、气、热的场所。唐代陆羽在《茶经》中对茶树生长的适宜土壤条件是这样描述的:"上者生烂石,中者生砾土,下者生黄泥。"所谓"烂石",显然是指风化了的而且风化比较完整、发育良好的土壤。茶树所需的养料和水分都是从土壤中取得的,所以土壤的质地、土壤的温度、土壤的水分和土壤的酸碱度对茶树根系和地上部分都具有极为重要的作用。

安吉白茶对土地适应较广,高山丘陵地区微酸性土壤、黄壤均可种植。但是,为了获得丰产,提高产品品质,安吉白茶对土壤的要求仍具有一定的适应范围。安吉白茶属灌木型,根系发达,要求土层厚达 1 m 以上,不含石灰,有机质含量在 4% 以上,全氮达 0.27%,全磷达 0.03%,具有良好结构,通气性、透水性好,地下水位在 1 m 以下,pH 值在 4.5～5.5,山地以红、黄壤的土壤为上乘。

据浙江省国土资源厅多年调查表明,安吉白茶生长区均以第四系红土、砾土层、灰岩及部分火山岩、砂岩的风化体为主,风化程度较高,土层发育较好,土壤呈红色或棕红色,黏粒含量高,次生矿物以高龄石为主,土层深厚,有机质含量较高,土壤微团体发育良好,土壤呈酸性,丰富的有机含量和微量元素,利于安吉白茶的生长发育和优质高产。

1.5.3 水体环境

安吉县内主要水系为西苕溪。西苕溪在县内流域面积为 1806 km²,以赋石、老石坎两座大型水库为主的各类水库总库容量达 4 亿 m³。近年来安吉县地表水水质总体良好,100%的监测断面达到Ⅱ、Ⅲ类水质,100%的监测断面水质满足功能区要求,出境断面水质达标率100%。

2018 年安吉县 24 个地表水监测断面中,符合Ⅰ类水标准的监测断面数占29.2%;符合Ⅱ类水标准的监测断面数占 70.8%。其中达到水域功能要求的监测断面达标率为 100%。八条溪流(西苕溪干流、南溪、大溪、晓墅溪、浑泥港、西溪、浒溪和递铺溪)中所涉及的地表水监测断面均达到了水域功能的要求。五座水库水域功能区要求均为Ⅱ类,但是五座水库水质均不容乐观,存在富营养化现象。六大饮用水源地(赋石饮用水源、老石坎饮用水源、晓墅水厂饮用水源、天子岗水库饮用水源、凤凰水库饮用水源、大河口水库饮用水源)均达到了Ⅲ类的饮用水源地功能要求。出境水监测断面为 1 个,2018 年监测 12 次,符合Ⅱ类水标准的监测频次为 10 次,符合Ⅲ类水标准的监测频次为 2 次,均达到了出境水功能区Ⅲ类的要求,达标率为 100%。

第2章 安吉白茶生产现状

浙江安吉白茶最早是在20世纪80年代初被科技工作者发现,经过试验、示范推广。2020年全县茶园面积为1.3万余公顷,茶叶产量达1950 t,产值为27.59亿元,全县茶产业综合产值达48.42亿元。随着不断建设完善,安吉白茶产业已从单株母树发展成为安吉农业产业结构调整后的支柱产业。2020年整个产业链从业人员高达26万人,品牌价值达45.17亿元。安吉白茶将自身品种优势和品牌建设结合发展,安吉白茶地理标志品牌享誉国内外,其品牌的发展之路及精准扶贫的先进事迹一步一个脚印将安吉白茶区域品牌推向了全国,走向世界。

2.1 产业特性

安吉建县于公元185年,取《诗经》"安且吉兮"之意,寓意平安祥和。安吉县是浙江省北部极具发展特色的生态县,县域面积为1886 km²,是典型的"七山一水二分田"的山区县。其植被覆盖率为75%,森林覆盖率为70%,生态环境优美宜居,被誉为气净、水净、土净的"三净之地",是联合国人居奖首个获得县、中国首个生态县、全国首批生态文明建设试点、国家可持续发展实验区、全国首批休闲农业与乡村旅游示范县、中国金牌旅游城市唯一获得县,有中国第一竹乡、中国白茶之乡、中国椅业之乡、中国竹地板之都美誉,被评为全国文明县城、全国卫生县城、美丽中国最美城镇。安吉是中国美丽乡村建设的发源地,是"绿水青山就是金山银山"理论的诞生地、试验区、模范生。

20世纪80年代,科考人员在浙江省天荒坪镇大溪村横坑坞发现了再生型古白叶茶树,其新梢浅白,同时叶脉呈浅绿色,研究人员将其带回后在育种专家的指导下成功培育出第一代无性扦插白化茶苗,并于1998年经浙江省品种审定委员会鉴定为浙江省无性系茶树良种,该品种早春幼嫩芽叶呈玉白色,茎脉翠绿,外形细秀,形如凤羽,鲜活油润,汤色鹅黄明亮,香爽馥郁,滋味鲜爽甘醇,具有极高的观赏价值,俗称安吉白茶,后来又被正式命名为"白叶一号"。

如今"白叶一号"是浙江省省级无性系茶树良种之一,同时也是浙江省珍惜白叶品种之一(汤丹 等,2015),而安吉白茶则是我国最早以"白叶一号"为原料加工而成的绿茶。白化茶主要分为低温敏感型和光照敏感型两种,而白叶一号属于低温敏感型茶树,其白化突变表达的温度阈值在20~22 ℃,23 ℃以上白化表现消失且不可逆;新生叶梢约有15 d的白化期,之后由白转绿。白叶一号具有高氨基酸、低茶多酚的品种特性,氨基酸含量通常可达 6.2% 左右,是普通绿茶的一倍左右。由于白化茶苗新梢的颜色深浅与氨基酸含量呈正相关,即鲜叶颜色越浅酚氨比相对越低,同时感官评价更好,安吉白茶由于其优良的口感,再加上特有的"颜值",深受市场欢迎,推广迅猛。现今,全国各茶区几乎都有引种,是目前种植面积最多、分布最广的优良茶树的品种之一。

自 20 世纪 80 年代在 1000 m 高山上发现一株千年"白茶祖"以来,短短 40 年经历了品种繁育、种植扩面、品牌建设和转型升级四个阶段。2003 年 4 月 9 日,时任浙江省委书记习近平同志到安吉县溪龙乡黄杜村白茶基地调研时,在听取了安吉白茶如何富裕一方百姓举措后,留下了一句"一片叶子成就了一个产业,富裕了一方百姓"。品尝了安吉白茶后,赞誉安吉白茶,是茶中极品。2005 年,时任浙江省委书记习近平同志在安吉首次提出了"绿水青山就是金山银山"的重要思想。正是在习总书记"两山理论"重要思想的指引下,安吉白茶产业始终保持健康高速增长的发展态势,从 2003 年到 2020 年的 17 年间,安吉白茶面积、产量、产值分别从 1667 km²、150 t、1.5 亿元增长到 11333 km²、1950 t、27.59 亿元。仅安吉白茶一项为全县 36 万农民人均增收 7600 余元,占全县农业总产值的 60% 以上,农民人均可支配收入的 25%。安吉白茶企业现有省级龙头企业 2 家,市级农业龙头 4 家,年销售额超千万元的企业 26 家,年产值 500 万元以上企业的茶叶企业 70 余家,茶叶专业合作社 45 家,茶农加入合作社的比例达 15.9%。安吉整个茶产业链从业人员高达 26 万人。安吉白茶已从单纯的茶产品逐步向茶文化休闲、精深加工产品延伸,形成了"一二三"产融合发展的态势。

安吉白茶产业是安吉实践"绿水青山就是金山银山"的成功范例。安吉白茶形成了安吉独有的发展模式,先后获得原产地证明商标、原产地域保护产品、两届浙江省十大名茶、中国最具竞争力的地理标志品牌、中国驰名商标、中国名牌农产品、浙江省区域名牌、浙江省名牌农产品、上海世博会官方指定礼品茶、全国茶叶类地理标志十强,品牌价值达 45.17 亿元等骄人的成绩,安吉白茶成为幸福、美丽、富裕安吉建设的重要产业。

2.2　中国地理标志产品

地理标志是指某一国家领土内某一特定地区或地方的商品标识,该产品的品质质量、文化标签以及其他特征主要归因于其特定的地理环境。最早地理标志概念的提出距今已有 200 年左右的历史,中国地理标志相关概念和理论则相对较晚,主要研究方向包括集中于地理标志保护法律和保护制度的探讨、地理标志个例研究、地理标志产品空间分布三方面。

茶叶地理标志是我国地理标志保护中的产品类型之一,其数量是所有地理标志产品总数的 6.45%。合理使用与注册茶叶地理标志,不仅提高了保护产品在国内市场上的知名度和价格,同时可以保证茶叶地理标志不会受到商标侵权的干扰和威胁。而如果没有及时对当地特色茶产品进行地理标志保护,则会有名称被抢注、削减产品地方影响力的消极后果。因此,选择对茶叶进行单个部门的地理标志登记,或者申请多个部门共同进行保护是对当地名优茶产品的有效保护措施之一。

安吉县政府以安吉白茶地理标志的保护工作为核心,充分发挥母子商标优势,产品进行统一包装,以茶园证为依据发放具有多种金融服务功能的"安吉白茶金溯卡",简化交易流程的同时使得产品从生产到销售实现全程可追溯,有力地提升了产品享誉度。

安吉白茶就是其中一种将自身品种优势和品牌建设发展相结合的成功案例。安吉县茶叶协会通过利用其特殊的种质资源并与全县大力发展农业、建设美丽乡村的大环境相结合,不断推陈出新地改变着安吉白茶的管理经营方式和品牌定义,最终得以将安吉白茶地理标志在 40 年间升级为我国家喻户晓的茶叶品牌之一(汪瑛琦,2017)。

2.2.1　安吉白茶地理标志的注册申请

安吉白茶是我国第一个茶叶地理标志证明商标。安吉县在 1998 年 3 月开始着手于"安吉白茶"在商标局的证明商标申请工作,2001 年 1 月注册成功,成为我国第一个茶叶地理标志证明商标(钱杭园 等,2009)。2005 年 7 月 15 日,原国家质量监督检验检疫总局对安吉白茶实施地理标志产品施行保护政策,之后安吉白茶在 2006 年 8 月荣获浙江省十大地理标志区域品牌。2008 年 3 月又被商标局认定为中国驰名商标,期间多次获得浙江省名牌产品等荣誉称号。2005 年 2400 km² 安吉白茶生产基地通过国家级无公害农产品认证,533 km² 茶园获得绿色食品认证。自安吉白茶在商标局成功注册了地理标志证明商标后的 15 年间,安吉县安吉白茶产量持续增长。2015 年安吉白茶产量达 1870 t,产值逾 22.24 亿元,占全县农业总产值 25%,全县安吉白茶开采茶园面积达 1073 km²,农民人均收入增加 5900 元,占总数的 40% 以上(赖建红,2016)。

安吉白茶的海外注册工作走在我国传统茶行业前列。为扩大品牌影响力,安吉白茶产业协会从 2008 年第三季度开始正式启动"安吉白茶"地理标志证明商标的海外注册工作,是浙江省首例进行海外注册的农产品证明商标,目前"安吉白茶"地理标志已经在加拿大、美国、韩国等 33 个国家和地区取得证明商标资格并受当地商标法保护。

2.2.2　安吉白茶地理标志发展模式

安吉白茶属于公共品牌,即安吉县内所有茶园按安吉白茶加工工艺生产,并且产品符合"安吉白茶产品质量标准"的茶农、茶叶企业都可申请使用。在我国,这种特定区域内所有茶叶在符合标准的前提下都可使用当地持有的地理标志现象属于主流操作体系，正因如此，包装不同、质量参差不齐甚至是假冒当地茶的情况屡见不鲜，由此产生的法律纠纷问题、内部管理问题不断出现。

安吉白茶协会联合当地安吉白茶生产主要企业，通过建立以安吉白茶证明商标和地理标志专用标识为母商标，企业持有商标为子商标的"母子商标"管理模式，有效解决标志不统一、包装不一致等问题。其中对于散户、农户的商标使用问题，则通过组建茶叶专业合作社并共同使用合作社商标，相互之间通过编码形式加以区分。"母子商标"管理模式不仅从整体上维护了"安吉白茶"地理标志品牌，同时又保证了各级产品的可追溯性。为了更好地完善"母子商标"的整体性和统一性，安吉白茶管理协会相继出台了《安吉白茶包装管理办法》《安吉白茶行业自律公约》等一系列规章制度，逐步建立与完善了安吉白茶的"母子商标"管理模式(陆恒，2012)。

纵观安吉白茶"母子商标"的管理体系，其获得巨大成效的原因可以解释为行之有效地统一了农产品中品牌、标准、包装和监督四大部分。2010 年起又在统一包装的前提下采取了防伪标识管理，使得当地茶农和企业由被动管理逐渐过渡成主动保护，极大地提高了农户生产管理的积极性和责任感，小规模生产与大品牌建设之间存在的质量管理难题被有效解决。

"母子商标"模式的存在有效减少了"安吉白茶"作为公用地理标志商标的市场风险。安吉县内有上百家企业、农户在使用"安吉白茶"地理标志商标，在"母子商标"还未施行之前，该商标与其他农产品地理标志一样，都存在管理难度大、品质参差不齐的现象，容易产生品牌连坐效应，即一家企业的不当使用影响到公共品牌的整体信誉。通过建立"母子商标"管理模式对安吉白茶进行原产地可追溯系统，就不会发生某一公司产品或者子商标产品直接影响母商标或公共品牌的事件，而是子商标独自承担相应后果，从而达到有效规避安吉白茶市场风险的目的。

2.2.3　安吉白茶地理标志产品生长特征

安吉白茶地理标志产品地处浙江省西北部天目山北麓，地势由西南崛起向东北倾斜，中部低缓，构成三面环山、东北开口的箕状盆地。气候属北亚热带南缘季风气候区，全年气候温和，四季分明，常年平均气温为 15.5 ℃，平均无霜期为 226 d；最冷 1 月份平均气温为 −1～3 ℃；年降雨量约为 1510 mm，相对湿度为 80% 左右；年日照时数为 2000 h。区域内山地资源丰富，植被覆盖率达 75%，森林覆盖率达 70%；多为山地丘陵红、黄壤，土层深厚，有机质含量高，土壤 pH 值 4.5～6.5。

安吉 2 月平均气温为 6 ℃ 左右，3—4 月气温回升，≥10 ℃ 茶树开始活动、生长，期间平均气温一直保持在 12～19 ℃，利于安吉白茶芽叶持续生长，并保证其茶芽嫩均度。开春后，气温回升较缓，安吉白茶的采摘持续时间就会较长，利于白茶产量提高。如果气温回升很快，安吉白茶的采摘时间也就会相应地缩短，利于茶叶体内营养物质的积累。白茶叶张玉白程度与温度有明显关系，当气温持续高达 25 ℃ 叶张转为绿色。白茶返白现象决定于新生叶片萌发时的温度，其阈值为 20～22 ℃，期间持续时间越长,白茶返白期也越长,故安吉白茶在安吉的温度条件下最适宜生长。

安吉县年平均日照时数为 1805.5 h,年辐射总量为 4487.4 MJ/m²;日照时数以 7 月最多,在 203.7 h 左右,1 月最少,仅为 113.4 h;年日照最长为 2297.4 h(1967 年),最少为 1413.1 h(2020 年),月份和年际间相差悬殊,在地区间也有明显垂直差异。安吉充足的光照条件,使安吉白茶生长旺盛,有利于光合作用和营养物质的积累,特别是早春 3—4 月的光照条件直接影响当年白茶白化情况,影响茶叶的品质。

水分是茶树的重要组成部分。构成树体水占 55%~60%,芽叶含水量高达 70%~80%。在茶叶采摘过程中,芽叶不断被采收,又不断地生长新梢,所以茶树需要的水分较多。水分又是茶树生命活动的必要条件,水分不足或过多,都会影响茶树的生育,水分不足茶叶不易生长,延迟发芽,降低发芽率,新梢抽枝小,叶片小,影响产量与质量。茶树年需水量约在 1000 mm 以上,相对湿度在 80%左右。全县年降水量为 1100~1900 mm,其中 3—4 月月平均降水量为 100~200 mm,空气相对湿度为 85%,适宜安吉白茶生长发育之需。

安吉白茶产区土壤大都为烂石泥、黄砾土、黄土壤等。土壤的水分和土壤的酸碱度对茶树根系和地上部分都具有极为重要的作用,白茶产区土壤有机质平均含量为 13.9 g/kg,最高为 53.5 g/kg,最低为 9.67 g/kg。白茶土壤全氮平均含量为 1.143 g/kg,最高为 1.7 g/kg。土壤有效磷平均含量为 5.2 mg/kg,最高为 272 mg/kg,最低为 2 mg/kg,大部分为 3~10 mg/kg。土壤速效钾平均含量为 45 mg/kg,最低为 36 mg/kg,最高为 274 mg/kg,大部分在 80 mg/kg 以下。土壤 pH 值最低为 3.3,最高为 5.5,大部分为 3.3~4.5,适宜白茶生长。

综上所述,安吉白茶喜烂石泥、黄砾土,较耐低温,生长喜漫射光,怕强光灼伤,常年降水量不得少于 1400 mm,空气相对湿度保持在 85%左右,栽培茶园以东北坡为主,朝南茶园中需种植遮阴树。

2.3 安吉白茶品牌发展之路

2.3.1 品牌发展

得益于安吉良好的生态环境,加之良好的品质,安吉白茶经过数十年的发展才有了如今"安吉白茶,白茶之祖"的美誉。截至目前,安吉白茶已走过 40 年,发展历程包括品种繁育、推广种植扩面、品牌锻造和产业转型升级等四个阶段。

(1)培育发展阶段。 1980 年茶叶种质资源调查期间,安吉县林业工作者在天荒坪镇大溪村发现了第一株野生白茶,随后县委县政府就着手开展培育工作。从 1981 年成立浙北茶树良种选育课题组,到 1987 年成立安吉白茶开发基地试验课题组,再到 1997 年完成特异性状鉴别利用课题研究,基本掌握了安吉白茶生产特性;从 1982 年首次短穗扦插育苗 537 支,成活 288 支,到 1987 年建成首个 0.09 hm² 的生产茶园,再到 1997 年种植面积达到 24 hm²;从 1989 年产量首次达到 1 kg、产值 500 元,到 1995 年产量首次超过 100 kg、产值首次突破 10 万元,再到 1998 年面积达到 124.7 hm²、产量超过 1 t、产值 220 万元,安吉白茶产业初具规模。

(2)规模种植阶段。基于安吉白茶的良好经济效益,县委县政府专门成立安吉白茶开发领导小组,制定安吉白茶开发一期规划,出台首期扶持政策,鼓励农民发展白茶产业。1998—2002 年,全县白茶种植面积、产量和产值分别增长了 10.7 倍、13.5 倍、8.6 倍,年均增长 193.7%、250.0%、151.8%。期间,安吉县成立了安吉白茶协会,启动了安吉白茶地理证明商标申报,制定了《安吉白茶地方标准》,2000 年 6 月被中国特产之乡命名委员会授予"中国白茶之乡"称号,2001 年成功注册国家地理标志证明商标。

(3)品牌塑造阶段。2003 年 4 月,时任浙江省委书记的习近平同志到安吉县调研,在实地了解安吉溪龙乡白茶基地的建设及发展情况后,提出了"一片叶子,成就了一个产业,富了一方百姓"的重要论述,进一步坚定了发展安吉白茶产业的信心。安吉县坚持把品牌塑造作为扩大影响、提升价值的根本举措,着力推进安吉白茶品牌创优、创强。安吉白茶于 2004 年成功申请国家地理标志产品保护,先后获得中国名牌农产品、中国驰名商标、中茶杯名优茶特等奖、中国最具影响力的地理标志品牌、浙江省十大名茶、浙江省区域名牌等荣誉称号。重点抓地理标志证明商标使用、产品保护,按照"母商标树品牌、子商标强溯源"的思路,创新打造安吉白茶"母子商标"品牌,抓好茶园证管理、协会会员年检、统一包装印制等"六合一"质量追溯体系建设,实现了从种植到采收、从加工到销售、从茶叶到茶杯的全方位品牌维护管理,得到了销售端、市场端的认可和好评。

(4)转型提升阶段。21 世纪第二个十年以来,安吉县全力推进系列产品开发、白茶文化挖掘、主题旅游发展,先后成功研发了白茶含片、白茶饮料、白茶糕点以及白茶花精油、面膜等系列衍生产品,建成了中国白茶城、宋茗茶博园、溪龙白茶小镇等一批产销结合、茶旅游结合项目,着力拉长产业链、提升附加值,推动茶叶变食品、茶园变景区、茶农变导游。2020 年,安吉白茶品牌价值达到 45.17 亿元,连续十一年跻身全国茶叶区域品牌价值前十强。

2.3.2　品牌管理与保护

安吉白茶证明商标自获准注册以后,所有权人安吉县农业农村局茶叶站将证明商标使用权委托安吉白茶协会进行管理,农业农村局对协会商标使用管理工作进行监督。协会根据《证明商标使用管理规则》和全县安吉白茶生产单位的申报情况,逐一进行实地审核,符合条件的同意其使用安吉白茶证明商标并与其签订为期一年的使用合同,每年对商标使用情况进行年审,凡按《证明商标使用管理规则》规范使用的单位再续证明商标使用合约,对少部分有问题的企业责令整改,符合条件再行许可。获准使用安吉白茶证明商标的企业,其包装的印制和数量,均根据企业茶园面积、预计产量而配制,并且在外包装上必须统一使用母商标(安吉白茶证明商标)和子商标(企业商标),外观设计一致,并标明包装物所必备的条件,最后封口处加上防伪标贴,可以让消费者监督咨询。

安吉县农业农村局茶叶站、安吉白茶协会在各级部门的指导和帮助下,根据证明商标管理使用条例的规定,协会实施了安吉白茶"四统一"管理体系。一是统一品牌:将以《安吉白茶》国家标准进行生产、加工制作的,符合安吉白茶品质特征的安吉白茶统一纳入安吉白茶品牌管理,合力打造"安吉白茶"品牌;二是统一质量标准:在安吉白茶的生产、加工、产品质量上统一严格执行《安吉白茶》国家标准(全国原产地域产品标准化工作组,2006),企业首先对产品进行等级申报,再由协会会同工商、技监等职能部门,对产品进行抽样检查,发现问题及时处理;三是统一包装:安吉白茶协会统一进行包装设计,实行"母子商标"管理(安吉白茶证明商标+企业商标),并指定印制单位统一印制;四是统一监督管理:安吉白茶采用双商标制管理,管理方式是小户靠大户、大户联合作社,全县共成立了茶叶专业合作社16家,分散小户共同使用合作社商标,同时对使用者按基地注册编号,使每盒上柜产品都能追踪到企业、到茶园,确保上柜产品质量安全。同时在县工商局的支持下每年进行2~3次的市场、企业间的证明商标使用和产品质量监督检查。形成了企业自律、协会管理、行政监督相结合的安吉白茶品牌管理体系。

品牌是产品质量无言的保证。消费者将品牌作为产品质量的代表,为此创牌过程是艰辛的,维牌过程更是漫长的旅程。安吉白茶产业要健康持久发展,必须做好品牌的维护。首先从内部管理入手,强化企业规范化管理,积极引导企业走无公害绿色食品、有机茶发展的方向。其次建立和完善安吉白茶证明商标专用权保护体系,打击假冒侵权行为。一是大力宣传证明商标的法律地位,印制宣传手册,积极参加县、市组织的品牌法制宣传活动,做到家喻户晓;二是严格实行证明商标使用单位先申请,茶叶站核查许可后签订许可合同,再按种植面积核准包装数量,交定点印制厂家印制;三是春茶上市时节,联合工商执法部门对本县范围内安吉白茶市场进行大检查,抵制假冒安吉白茶流入市场;四是对外地安吉白茶经营单位协会从2005年起以生产基地为单位在协会进行登记造册,并统一制作安吉白茶特约经销铜牌和证书,逐步规范对外地市场的管理;五是联合工商行政部门外出打假维权,先后就浙江宁波、江苏等地出现安吉白茶品牌包装案进行跟踪调查,以维护安吉白茶品牌形象。

2.4 安吉白茶生产现状

2005年,时任浙江省委书记习近平在安吉首次提出了"绿水青山就是金山银山"的重要论述,正是在"绿水青山就是金山银山"的引领下,安吉白茶产业始终保持"稳产增效、产销两旺"的良好态势。

近些年,安吉白茶规模不断扩大,产值也不断提高。2020年安吉白茶已经发展成为种植面积超过 1.3 万 hm^2,产量达 1950 t,产值超 27.59 亿元的大产业。每年有 26 万人加入到"安吉白茶"的生产、采摘、加工、销售等环节,安吉县有近 20% 的农民一半的家庭年收入是来自"安吉白茶"产业。安吉白茶是安吉县的支柱产业之一,也是安吉对外宣传的一张金名片。

"安吉白茶"先后获得原产地证明商标、原产地域保护产品、中国驰名商标、中国名牌农产品、两届浙江省十大名茶、中国最具竞争力的地理标志品牌、浙江省区域名牌、浙江省名牌农产品等称号,是全国名优绿茶中富有潜力的地理标志品牌。

2.5　黄杜村安吉白茶精准扶贫纪实

隔着千山万水,原本素不相识,2018 年浙江省安吉县溪龙乡黄杜村的茶农,与四川、贵州和湖南 3 省 4 县 34 个贫困村的农民,就像兄弟姐妹般常来常往,联系不断。让几方情同手足的"红娘",正是一株白茶苗。

30 多年前,黄杜村穷得叮当响,人均耕地不足七分,除了山,还是山。2005 年 8 月 15 日,时任浙江省委书记的习近平在安吉县余村考察时,首次提出"绿水青山就是金山银山"的理念。15 年来,黄杜村坚决践行这一理念,稳走绿色发展之路,家家户户过上了殷实富裕的生活,还帮助贫困地区农民脱贫致富。

"在'绿水青山就是金山银山'理念的指引下,我们凭着一股山里人的韧劲,把绿水青山变成了金山银山。今天,我们还要凭着这种不服输的精神,先富帮后富,让'一片叶子再富一方百姓'"黄杜村党总支书盛阿伟心信心满怀地说道(王健任,2018)。

2.5.1　一片叶子的致富之道

2002 年,盛阿伟接起老支书的接力棒,成为安吉县溪龙乡黄杜村的"领路人",承担起带领全村百姓发家致富的使命。

一晃 18 年,盛阿伟一步一个脚印,带领黄杜村从小规模种植安吉白茶发展到"中国白茶第一村"。"黄杜村能有今天,这得益于习近平总书记提出的'绿水青山就是金山银山'理念!"盛阿伟深有感触地说道(王健任,2018)。

早在 2003 年,黄杜村村民人均年收入就已破万元。这年 4 月 9 日,时任浙江省委书记的习近平同志到黄杜村考察,给予了安吉白茶"一片叶子成就了一个产业""一片叶子富了一方百姓"的高度评价,两年后他又在余村提出了"绿水青山就是金山银山"的理念,这大大激发了全村茶农种茶致富的动力。

黄杜村区域面积 11.5 km^2,农户 420 户共 1546 人,全村党员 59 人。目前,全村共有茶园面积 800 hm^2,被誉为"中国白茶第一村",2020 年全村白茶产值突破 4.5 亿元,农民人均收入 5.65 万元。

在乡村振兴征程中,如何依托特色产业增收,壮大集体经济?黄杜村又将目光投向"产业＋旅游"等可持续发展的模式上。

"起初几年，我们拒绝了很多社会工商资本的投资。"盛阿伟说，大面积茶园是黄杜村独一无二的资源，之前的很多工商资本都要独资经营，这既不利于集体经济壮大，又不利于村民持续增收，因此果断拒绝。把资源掌握在手中，不怕没有投资商。

不满足于家家加工白茶、卖白茶的现状，盛阿伟在 2012 年就开始探索，试图在黄杜村试点茶旅融合。"当时听说景域集团要在安吉选址投资酒店，我就往对方的上海总部跑了三趟，最终还是用诚意打动了对方。"盛阿伟说。2014 年，景域集团总投资 2 亿元的帐篷客酒店在黄杜村如期运营，不仅引来了大量的游客，还提升了黄杜村的知名度。

投入运营的帐篷客酒店，吸引了源源不断的高端客户，安吉白茶的销售量与日俱增（谢金萍 等，2016）。近几年来，每年通过帐篷客销售的安吉白茶达到 600 万元左右，酒店里的白茶价格最低也要 800 元/kg，最高能卖到 2500 多元/kg，这和茶农在干茶交易市场上的销售情况不可同日而语。

眼下，总投资 60 亿元的"中国安吉白茶小镇"在溪龙乡启动建设；一条全长 25 km 的白茶飘香观光带串起茶园风光和周边乡镇、水系的生态资源；从卖茶叶转向"卖"风景，进而"卖"文化，让民富村强的黄杜村看到了更大的"钱"景。

2.5.2 农民党员的扶贫之旅

"饮水当思源，我们能不能带领贫困地区的农民一起致富？"在 2018 年初的一次会议上，盛阿伟提出了自己的想法。

这一想法，立即得到全村党员的积极响应。2018 年 4 月 9 日，盛阿伟等 20 名农民党员代表联名给总书记写信，汇报了村庄依靠发展白茶致富的情况，并提出愿意捐赠 1500 万株茶苗帮助其他贫困地区困难群众脱贫致富。

2018 年 5 月 18 日，总书记收到信做出重要指示强调，"吃水不忘挖井人，致富不忘党的恩"，这句话讲得很好。增强饮水思源、不忘党恩的意识，弘扬为党分忧、先富帮后富的精神，对于打赢脱贫攻坚战很有意义。

总书记的重要指示，极大地鼓舞了茶农的干劲。茶农们制定捐赠茶苗的计划，分组深入全国各地茶叶贫困地区实地调研。同期，培养捐赠"白叶一号"茶苗。组建由茶农、茶企、茶叶专家和气象专家为成员的技术服务团队，开展黄杜村"白叶一号"茶叶生长气候适宜性评估，以及受捐地茶树种植精细化气候区划和气象灾害风险评估，为精准遴选茶苗受捐地提供科技支撑。茶苗移栽前一个月开展茶苗受捐地的未来一个月逐日天气预报，确保茶苗适期定植成活。当年 10 月，黄杜村首批扶贫茶苗在贵州普安县安家，随着 2019 年 3 月最后一批 50 万株扶贫茶苗到达四川青川县，1500 万株扶贫茶苗全部捐赠到位，覆盖了湖南古丈县、四川青川县、贵州普安县和沿河县等 3 省 4 县的 34 个建档立卡贫困村。

种下的扶贫茶苗要如何培育？怎样协助贫困地区让白茶苗产生效益？为确保

茶苗种活种好,更好地生根生"金",黄杜村将种茶大户分成 3 组,每组 8 人,轮流去受捐地义务蹲点,现场解决技术难题。"4 个县的气候、土壤等种植条件各不相同,遇到的问题也比较多。但既然送了茶苗,就一定要种出效益。"盛阿伟说。

这两年来,黄杜村的白茶种植技术团队,先后 22 次奔赴捐赠地进行帮扶指导,足迹踏遍了每一片受捐茶园。盛阿伟说:"虽然每一次帮扶的行程比较艰辛,但看着茶苗苗壮成长,就像看到了当地百姓脱贫致富的笑脸,心中有说不出的喜悦。"

如今,梦想变为现实。落户 3 省 4 县的 1500 万株"白叶一号"茶苗,经过安吉白茶专家、茶农和受捐地干部群众的精心培育,长势喜人,初见成效。

2020 年 3 月 3 日清晨,盛阿伟一行 4 人自驾前往距离安吉 2000 多千米的贵州普安县,现场指导那里的茶农对 600 万株小茶树进行首次开采。

到达普安县,他们顾不上休息,直接奔赴茶山。"茶叶品质很重要。"从采茶、摊青到制茶,盛阿伟一行全程关注。在白茶加工车间里,刚出炉的"白叶一号"干茶还带着温度,便被投入玻璃杯中,在 85 ℃ 开水里,茶叶翻滚,茶香四溢。盛阿伟端起杯子,放到鼻尖嗅了又嗅。"香气很好!"如今普安县的茶园已产生效益,盛阿伟很是欣慰。

"要让普安百姓和黄杜村民一样幸福。"在盛阿伟看来,133 hm² "白叶一号"茶叶除了让贫困户脱贫致富,还要起到示范带动作用。2019 年一年,普安县村民已经自发种植"白叶一号"茶树面积达 666.7 hm²。

一片叶子,维系着安吉和 3 省 4 县携手传帮带的感情。正如盛阿伟所言,黄杜村不仅要帮受捐地种好"白叶一号",更要为当地送去敢想敢拼的创业精神。安吉将白茶产业的整体发展理念、品牌推广意识、茶旅游融合发展经验等送到受捐地,带动当地脱贫致富。

白茶飘香,透着初心。安吉县茶农"喝水不忘挖井人,致富不忘党的恩"。2020年,黄杜村村民已将 2210 万株"白叶一号"白茶苗捐赠给 34 个建档立卡贫困村栽种,覆盖湖南古丈、四川青川和贵州普安、沿河、雷山等 3 省 5 县,这些地方的气候、土壤条件适宜白茶的生长。2020 年 3 月三省五县"扶贫茶"已陆续开采,带动 2028 户 6661 名建档立卡贫困人口增收脱贫。安吉白茶已经成为东西部协作、共奔小康路的扶贫茶、友谊茶(章婧 等,2020)。

2019 年 11 月 27 日,联合国大会宣布每年 5 月 21 日为"国际茶日",以赞美茶叶的经济、社会和文化价值,促进全球农业的可持续发展,体现了国际社会对茶叶价值的认可与重视。安吉县持续推进"绿水青山就是金山银山"理念的转化,以 40 年为新起点,振兴茶产业、弘扬茶文化,继续深耕安吉白茶产业,着力推动产业延伸拓展、品牌创优创强、农民增收致富,努力朝着"百亿产业、百年品牌"的目标进军,合力打造安吉白茶的美好明天。

第3章 影响浙江的主要天气系统

天气是短时段内的大气状态和冷暖、风雨、干湿、阴晴等现象及其变化的总称,天气系统通常是指引起天气变化和分布的高压(高压脊)、低压(低压槽)和反气旋、气旋等具有典型特征的大气运动系统(周淑贞,1997)。天气系统都有一定的空间尺度和时间尺度特征(表3.1),一般情况下,时间尺度与空间尺度成正比,也就是说,空间尺度越小的天气系统维持时间就越短(周淑贞,1997;孙淑清 等,2005)。各种天气系统相互交织、相互作用,不同的组合,构成了不同的天气形势,产生不同的天气现象。

表 3.1 常见的各种空间尺度的天气系统

	尺度			
	大尺度	天气尺度	中尺度	小尺度
空间特征	>2000 km	2000~200 km	200~2 km	<2 km
时间特征	1周以上~几日	几日~1周	1日~小时	小时
温带	超长波、长波	气旋、锋	背风波	雷暴
副热带	副热带高压	低压槽、切变线	飑线	龙卷风
热带	赤道辐合带、季风	台风、云团	热带风暴、对流群	对流单体

天气系统总是处在不断新生、发展和消亡过程中,在不同发展阶段、不同的部位都有其相应的天气现象。冬季,浙江省常受低压槽影响或冷高压控制,多冷空气或寒潮活动;初夏,锋面易在江南至江淮上空南北摆动或呈现准静止状态(静止锋),出现绵延的连阴雨天气,其中暴雨过程频繁,这就是著名的梅雨;盛夏,副热带高压控制江南和长江中下游,浙江省出现持续高温热浪;夏末初秋,副热带高压东撤,脊线位置进一步北进,浙江省常处于副热带高压南侧,是台风、东风波和热带云团等东风系统影响最频繁的季节。因而认识和了解天气系统对于了解天气及其变化是十分重要的。

3.1 锋面

气团在一地持续维持,冷暖、干湿等性质会产生变化。一般冷气团干燥稳定,易出现雾、霾等静稳天气;暖气团含有丰富的水汽,容易形成云雨天气。冷、暖气团的交绥,形成一条气象要素和天气变化剧烈的狭窄的过渡带,被称为锋(朱乾根 等,

1984)。锋的长度可达几百千米到几千千米,宽度在近地面一般为几十千米,随着高度增加,锋的宽度增大,可达几百千米。由于锋的宽度远小于长度,常把它看成一个薄面,称为锋面。锋面与地面的交线为锋线。锋面两侧的温度、湿度、稳定度以及风、云、气压等气象要素都有明显差异,锋面附近常常形成广阔的云系和降水天气。

根据锋在移动过程中冷、暖气团所占的主、次地位,可将锋分为冷锋、暖锋、准静止锋和锢囚锋四种(朱乾根 等,1984;孙淑清 等,2005)。浙江最常见的是冷锋和准静止锋,其次是暖锋,锢囚锋甚少见。暖气团起主导作用,锋面向冷气团一侧移动的为暖锋。暖锋过境后,气温上升,气压下降,天气多转为云雨。冷空气起主导作用,向暖气团一侧移动的为冷锋。冷锋过境后,气温下降,气压升高,天气多转晴好。当冷、暖气团势力相当,锋面移动缓慢,或来回摆动,这种锋面就称为准静止锋,常常造成持续的阴雨天气。每年的 6 月中旬至 7 月上旬,造成江南至江淮一带梅雨的准静止锋特称为梅雨锋。梅雨锋暖气团湿度大,能量充沛,若高层同时有西南涡东移和切变线影响,常常出现连续的暴雨或大暴雨天气。

3.2 气旋和反气旋

气旋和反气旋是天气系统中的最基本的两个分类。气旋也称低压,是中心气压比四周低的水平空气涡旋。反气旋也称高压,与气旋相反,它的中心气压比四周高(顾均禧,1994)。气旋的水平尺度平均为 1000 km,反气旋的水平尺度一般比气旋大得多,可达数千千米,大的可以和海洋相比,如副热带高压。气旋和反气旋的强度用它们的中心气压值的大小来表示。气旋中心气压越低,表示强度越强,反之越弱;反气旋中心气压越高,表示强度越强,反之越弱。在北半球,气旋的空气是绕中心逆时针方向旋转,反气旋则是顺时针方向旋转。台风就属于热带的气旋,副热带高压就是副热带地区强大的反气旋。

温带的气旋和反气旋大都与锋区相伴出现,为锋面气旋与冷性反气旋(冷空气)。浙江省冬半年的天气变化就与温带气旋、反气旋密切相关。当温带气旋发展东移,其后部冷锋东移南下,引导温带反气旋(冷空气)南下,带来降温、雨雪、大风和冰冻等灾害性天气。当受温带反气旋控制时,冷空气逐渐增暖变性,一般天气晴朗,气温逐渐回升,早晨近地面有逆温层,常有霾或雾出现。

3.3 副热带高压

在南北半球的副热带地区,经常维持着高压,称其为副热带高压带。副热带高压带受海陆分布的影响,常断裂成若干个高压单体,被称为副热带高压,简称副高。副高常年存在,时强时弱,有合有分,主要位于大洋上,北半球主要分布在北太平洋西部、北太平洋东部、北大西洋中西部、北非等地。夏季大陆高原上空常出现的青藏高压和墨西哥高压也属副高。

副高范围内盛行下沉气流，以晴朗、少云、微风、炎热为主。副高的西北部和北侧，因与西风带的锋面、气旋、低槽等天气系统相交绥，气流运动强烈，水汽比较丰富，因而多阴雨天气。副高的南侧是东风气流，晴朗少云，低层潮湿、闷热，但稳定性较差，常有热带气旋、东风波和热带对流云团活动，能产生大范围的暴雨和中小尺度的雷阵雨以及大风天气。副高的东侧受北来冷气流的影响，形成较厚的逆温层，产生少云、干燥、多雾天气。长期处于副高内部或东侧影响的地区，久旱无雨，会出现干旱，甚至变成沙漠气候。

西太平洋副热带高压（简称西太副高），其主体位于西北太平洋的洋面上，其西部冬季可西伸到中南半岛和印度洋，夏季可伸入我国大陆，甚至与青藏高压相连，或与华北等地的西风带高压脊相叠加。西太副高是影响我国降水和气温分布的一个重要天气系统，它的北进南退直接影响我国雨季进程，它的活动状况直接影响我国梅雨、台风、高温、干旱与洪涝。西太副高对浙江的影响也是无所不在的，与浙江南部雨季、浙江中北部梅雨、影响和登陆浙江的台风、高温干旱、暴雨、强对流、连阴雨、大雪等灾害性天气以及季节转换无一不密切相关（孙彭龄，1992；朱菊忠 等，2000；陈海燕 等，2004；郭巧红 等，2009；俞燎霓 等，2007）。

西太副高的位置冬季最南，夏季最北，从冬到夏向北偏西移动，强度增大；自夏至冬则向南偏东移动，强度减弱。就 500 hPa 等压面上的西太副高活动来说，西太副高从春到夏的季节性移动，一般有两次明显的北跳过程，第一次出现在 6 月中旬，第二次出现在 7 月中旬。我国东部雨带的季节性推进就与西太副高的这种季节性变动密切相关，雨带一般位于西太副高脊线以北 5～8 个纬距。冬季，西太副高脊线位于 15°N 附近。随着季节转暖，脊线缓慢向北移动，4—5 月副高脊线在 16.5°N 附近摆动，4 月上旬华南雨季开始，到 5 月下旬浙江省浙南进入雨季。大约到 6 月中旬，西太副高脊线出现第一次北跳过，6 月中旬至 7 月上旬脊线在 18°～23°N 附近摆动，江南、长江中下游和淮河进入梅雨期，此时青藏高原东部的西南涡也常沿着湖南—江西—浙江一线的切变线东移，使江南至江淮一带出现区域性暴雨甚至连续暴雨、大暴雨天气。7 月中旬西太副高出现第二次跳跃，脊线位置越过 25°N，我国主雨带则出现在黄河流域，江南至江淮一带包括浙江出梅，进入盛夏高温少雨季节。此时浙江省长时间受稳定少动的西太副高控制，出现持续晴热高温天气，还可能出现 40 ℃以上的酷热天气。约在 7 月底至 8 月初，西太副高脊线跨过 30°N，到达最北位置，我国东部的雨带则推进到东北，浙江省处于西太副高南侧的东风气流中，多台风、东风波和热带云团等东风系统影响。9 月以后随着西太副高势力减弱，脊线开始自北向南迅速撤退；9 月上旬脊线回跳到 25°N 以南，长江流域出现一段秋雨期；10 月上旬再次南撤到 20°N 以南，浙江省通常进入秋高气爽的秋天季节；11 月中下旬以后，西太副高主体位置更偏南，北方冷空气势力开始加大，浙江逐渐进入冬季。

西太副高变化的异常往往导致异常天气气候事件。2008 年初，西太副高比常年同期强盛,位置偏西、偏北,江南、华南一带的 500 hPa 高度场比常年平均偏高达 4～6 dagpm,加上冷空气等条件配合,长江中下游地区包括浙江省出现了历史罕见的连续低温雨雪冰冻天气(王镇铭,2013)。2003 年和 2013 年夏季西太副高异常偏强、偏北,持续控制华南、江南,造成我国南方持续罕见高温热浪(陈海燕 等,2004)。1998 年 6 月至 7 月初,西太副高脊线持续维持在 18°—25°N,梅雨持续,7 月上中旬,副高短暂北跳至 27°—29°N,7 月中后期至下旬又回落到 18°—25°N,使江淮地区出现了"二度梅",造成了 1998 年长江流域的特大洪灾。

南亚高压特指夏季青藏高原及其附近地区上空庞大的高压系统,也有人称之为青藏高压、亚洲季风高压(顾均禧,1994)。它的位置和强度异常也会造成我国气候异常。长江中下游的典型旱涝现象与南亚高压的异常增强或减弱、中心位置的偏差有关。南亚高压的异常增强,易造成长江中下游洪涝;南亚高压的异常减弱易造成长江中下游流域干旱。初夏时南亚高压脊线和东脊点的位置与梅雨关系密切。若南亚高压脊线提前北跳到 25°—30°N,江淮流域可能提前入梅;若盛夏南亚高压稳定在 25°—30°N 则可能出梅推迟,造成梅雨偏多。当南亚高压东脊点从青藏高原向东移动,停留在长江流域上空,有利于梅雨开始;当位于长江流域上空的南亚高压消失或东移入海时,梅雨即告结束。另外,南亚高压的强度和位置的变化与西太副高的强度和位置也有密切的关系。南亚高压在 120°E 上脊线的北跳常常比 500 hPa 西太副高脊线提前 10 d 左右,偏北 4～6 个纬距,盛夏偏北 6～7 个纬距。当南亚高压东移时,会接近西太副高,两者合并,使西太副高加强西伸或者北跳。若南亚高压中心位置持续偏西偏南,则不利于西太副高北跳。

3.4　热带气旋和台风

热带气旋是发生在热带洋面上的一种气旋性涡旋(顾均禧,1994),常伴有大风、暴雨甚至龙卷等极为强烈的天气,具有极强的破坏性。目前我国按热带气旋中心附近近地面最大平均风力将其分为 6 级,分别为热带低压、热带风暴、强热带风暴、台风、强台风和超强台风,具体划分见表 3.2。热带气旋大多数发生在南北半球 5°—20°的纬度内,海水温度较高的洋面上,其中,北太平洋西部包含南海生成的热带气旋个数最多,占全球三分之一还多(朱乾根 等,1984)。习惯上,把发生在西太平洋、南海区域的最大风力≥8 级的热带气旋统称为台风,下文的台风均是以此为标准的统称。

表 3.2　热带气旋等级(中国气象局政策法规司,2006)

热带气旋等级	底层中心附近最大平均风速(m/s)	底层中心附近最大风力(级)
热带低压(TD)	10.8～17.1	6～7
热带风暴(TS)	17.2～24.4	8～9

续表

热带气旋等级	底层中心附近最大平均风速(m/s)	底层中心附近最大风力(级)
强热带风暴(STS)	24.5～32.6	10～11
台风(TY)	32.7～41.4	12～13
强台风(STY)	41.5～50.9	14～15
超强台风(SuperTY)	≥51.0	16 或以上

台风是一种深厚的低压涡旋,气压向中心急剧降低,中心气压极低。台风的立体形状近似圆饼状,水平尺度约为 1000 km,高度仅为 15～20 km。一个成熟的台风,从内到外大体可分为眼区、云墙区和外区(亦称螺旋云带区)3 个部分。眼区又称台风眼,处于台风的中心部分,是与温带气旋的相区别的最显著特征。台风眼多呈圆形,半径几十千米,内部风速极小或静风,晴朗少云,温度比周围高,台风这种暖心结构是其发展、维持的关键。台风云墙区距中心的距离为 10～100 km,由围绕台风眼的大片垂直云墙组成,是台风中风、雨和对流最强烈的区域,有狂风暴雨,破坏力最大。云墙区的风力和降水强度分布是不对称的,最强风速和降水常常出现在台风运动方向的右前方。云墙区之外为台风外区,表现为一条一条的螺旋云带和雨带,其风速向中心递增。台风眼区为垂直下沉气流区,云墙区则为强烈的上升运动区,台风外区则为上升气流(螺旋云带)和下沉气流(晴空区)相间。

台风的形成及发展机制至今尚无完善的结论,大多数学者认为,台风是热带云团由于气流辐合,经过合并、发展而逐渐形成的。一般认为,台风形成的有利条件有 4 个:(1)广阔的高温洋面。台风是具有巨大能量的猛烈的天气系统,需要大量的水汽凝结不断释放潜热来维持。据统计,台风一般生成在＞26.5 ℃的洋面上,高于 29～30 ℃的洋面则极易发生台风。西太平洋暖池区海水温度明显高于其他洋面,故其生成台风数明显多于其他洋面。(2)特定的纬度。热带云团发展壮大成热带气旋需要有气流辐合,需要有一定的地转偏向力作用,据计算,南(北)纬 5°以外地区的地转偏向力才利于台风的形成,故台风一般生成在纬度 5°～20°的区域。(3)气流垂直切变小。高、低空风速相差过大或风向相反,能量会被迅速平流出去,不利于扰动的发展。西太平洋的风速垂直切变整年均很小,夏季更小,有利于台风的生成。(4)合适的环流流场。当大气扰动处于低层辐合、高空辐散的流场时,有利于潜热的释放和能量的聚集,逐渐发展成为台风。热带辐合带、东风波都是台风生成、发展的有利流场。

台风移动方向和速度取决于台风的动力。台风动力分为内力和外力两种。内力是由台风范围内南、北纬度上地转偏向力的差异造成的,是一个向北向西的力,台风范围愈大、风速愈强,内力就愈大。外力是台风外围环境场对台风涡旋的作用力。在副高脊线南侧时,台风受东风气流引导;当台风越过副高脊线后,转为副高西北侧的西南风和北侧的西风气流引导。西太平洋台风移动路径大致可分为西移、西北移和转向 3 类,有时还出现左右摆动、打转或西折等现象。其中,西移路径多出现在台风生成初期的太平洋洋面上和南海海域,西北移路径多出现在台湾以东洋面、东海和我国东南大陆,转向路径多出现在东海、台湾以东洋面、黄海以及我国东南大陆,西折路径常出现在穿越台湾岛时和台风登陆前后,左右摆动、打转路径常常出现在引导气流不明确、中高纬系统发生突变和转换的时候。

台风破坏性强、往往带来巨大损失,其主要灾害性天气有暴雨、大风和风暴潮,有时也会伴有强雷暴、飑线、龙卷等强烈的中小尺度天气系统。台风天气的强度、分布及影响程度取决于台风本身的结构、强度以及它与环境场之间的相互作用。

台风降水强度强、范围广,常引起洪涝和内涝。造成台风暴雨的情况有 4 种:(1)台风本身的暴雨。主要集中在台风云墙区、螺旋云带区。这种强降水区随台风中心的移动而移动,降水强度与台风本身强度、发展程度和台风移动速度、所处台风位置有关。一般台风强度越强、发展越强盛,降水强度越大;台风移动较快时,总雨量不大,而当台风移动缓慢或停滞时,就会造成特大暴雨;此外,台风移动方向的前方降水强度大于后方,右侧大于左侧,因此,在福建北部登陆的台风,往往浙江省温州、台州的降水大于福建。(2)弱冷空气侵入促使减弱台风再次加强而产生暴雨。北上或登陆后台风强度减弱,当西风带中的弱冷空气入侵后,使其内部结构发生变化,台风涡旋会重新加强而产生暴雨或大暴雨。(3)台风或台风倒槽与西风带系统相互作用而造成的暴雨(陈联寿 等,2004)。台风北上时,台风外围或台风倒槽的东南低空急流与冷空气相遇会产生强烈抬升和对流,形成暴雨或大暴雨,这种暴雨区有时离台风中心很远,很容易被忽略,我国北方地区和南方的秋冬季容易出现这类暴雨。(4)迎风坡地形对降水的增幅作用造成的暴雨。浙江省山脉走向多为东北—西南走向,与西北行台风的移动路径基本垂直,其东侧的迎风坡增幅作用,形成了浙江省 6 个台风暴雨中心:南雁荡山脉、北雁荡山脉、天台山山脉、四明山山脉、天目山山脉以及太白山山脉的东侧(祝启桓 等,1992;柳建英,1998)。

一般台风越强,风速越大。台风最大风速区一般与台风云墙区重合,围绕台风眼呈环状分布,台风眼风速骤降,甚至静风。西太平洋上特强台风中心附近风速可达 110~120 m/s。在海洋上,台风风速分布基本呈圆形,但随着向高纬度及近海移动,风速分布逐渐变得不对称。靠近副高和大陆高压一侧,风速增强。台风登陆后,由于摩擦作用风力明显减弱,不同的地形分布和山脉走向会使风的分布更加不均匀。一般情况下,沿海海面和沿海风速明显大于内陆,随台风中心的靠近风速逐渐增强,台风登陆后逐渐减弱。

风暴潮也是台风的一个重要灾害。形成台风风暴潮原因主要有 5 个:(1)台风涡旋区的大风造成海上巨浪。这种浪高可达十几米,在台风移动方向的右前方强度最强,右后方则较弱。这种风浪向四周传播,周期增长,逐渐演变成长浪,强大的长浪传播速度比台风移速快 2~3 倍。(2)台风低气压对海水的上吸作用。台风中心气压比正常气压低几十至 100 hPa,对海水上吸作用使海面上凸 1 m 以上。当台风移动

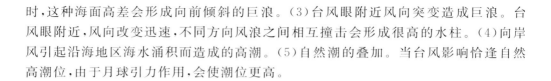

时,这种海面高差会形成向前倾斜的巨浪。(3)台风眼附近风向突变造成巨浪。台风眼附近,风向改变迅速,不同方向风浪之间相互撞击会形成很高的水柱。(4)向岸风引起沿海地区海水涌积而造成的高潮。(5)自然潮的叠加。当台风影响恰逢自然高潮位,由于月球引力作用,会使潮位更高。

3.5　热带辐合带、东风波和热带云团

气象上的热带是指南、北半球副高脊线之间的地带,它的范围有明显的季节性变化。热带绝大部分是海洋,是热量的净得区,大气的低层处于高温、高湿和条件不稳定状态,气流辐合上升,热力和动力条件均有利于对流旺盛发展,云系容易聚集发展成巨大的云团,是热带气旋、东风波等强烈天气发生、活动的源地。

热带辐合带是南、北半球信风汇合或信风与季风交汇而形的狭窄辐合带(顾均禧,1994),环绕地球呈不连续的带状,是低纬水汽集中区域。卫星云图上表现为由离散云团组成的、延绵数千千米的东西向云带。热带辐合带分为信风辐合带和季风辐合带2种类型。信风辐合带由南、北半球信风交汇形成,主要出现在东太平洋、大西洋和西非,它的季节变化较小,一年中大部分时间位于北半球。季风辐合带是由北半球东北信风、南半球东南信风与赤道西风相遇而形成的气流辐合带,它主要出现在东非、亚洲、澳大利亚的季风区,随季节变动较大,冬季位于南半球,夏季移至北半球,有的年份10月会在南、北半球各出现一条辐合带。

热带云团是指热带地区由对流云组成的、直径为 $100\sim1000$ km 的深厚云区,经过的地区常有大风和暴雨(顾均禧,1994)。热带气旋、东风波大多数是在它们的基础之上发展而成的。热带云团根据其大小可分为3类:(1)季风云团。是与西南季风相联系的范围最为宽广的云区,南北宽可达10个纬距,东西长 $20\sim40$ 个纬距,主要出现在热带印度洋和东南亚。季风云团中常有低压生成,产生特大暴雨和大风。(2)普通云团。常出现在热带辐合带中,是热带气旋、东风波等天气系统的初始胚胎,对我国华南、华东等沿海地区有较大影响,能形成暴雨天气。(3)小尺度云团。也称爆米花云团,多发生在南美热带地区和我国西藏南部地区,有明显的日变化。热带云团随盛行风移动,常常在上风侧生成,到下风侧消亡,不断更替。盛夏时节,浙江省沿海地区也时有热带云团影响,产生短时暴雨和大暴雨天气。

东风波是指副高南侧(北半球)深厚的东风气流受扰动而产生的波动(顾均禧,1994),一般自东向西移动,一般维持 $3\sim7$ d。西太平洋东风波表现为东北风与东南风之间风向切变,东风波槽前东北风,为辐散下沉区,晴朗无云或小块积云,槽后东南风,为辐合上升区,有大量水汽向上输送,形成较剧烈的云雨天气。我国的华南、华东等沿海地区常受东风波影响。发展较强的东风波可能出现闭合环流,甚至可发展成热带低压。

3.6　大气长波、阻塞高压和切断低压

在中高纬度，对流层中上层及平流层低层盛行宽阔的波状西风气流，围绕着极地沿纬圈向东运动，这种波状的西风气流称为西风波，盛行西风气流的中高纬常被称为西风带（顾均禧，1994）。西风波按波长可分长波和短波。长波的波长比较长，振幅较大，移动缓慢，维持时间较长。短波一般叠加在长波之上，波长较短，并在长波中穿行。长波、短波在发展、演变过程中，有时会形成闭合的高压和低压。

长波波长为 50～120 个经距，北半球一个纬圈一般为 3～6 个长波，因此，长波也称行星波。长波振幅为 10～20 个纬距或更大，维持时间一般为 3～5 d（周淑贞，1997）。长波一般缓慢自西向东移动，平均移速在 10 个经距/d 以内，有时呈准静止状态，有时还出现向西后退现象。长波波谷对应低压槽、波峰对应高压脊，波的移动就表现为高压槽脊的移动，波的振幅变化就表示槽脊的发展和减弱。北半球 500 hPa 多年平均高度场上，冬季 1 月为著名的 3 波型，槽脊明显，3 个槽区分别是亚洲东岸 140°E 附近的东亚大槽、北美东岸 70°—80°W 附近的北美大槽和乌拉尔山以西的欧洲浅槽，3 个脊分别位于西伯利亚、北美西岸和欧洲北岸；夏季 7 月则 4 波型占优势，槽脊明显减弱，东亚大槽东移入海，北美大槽位置基本不变，冬季欧洲浅槽区转为高压脊，而欧洲西岸和贝加尔湖地区各出现一个浅槽。

阻塞高压、切断低压是西风带长波在发展过程中，槽脊不断加强、振幅加大而形成的闭合系统（图 3.1）。当暖脊不断北伸并被冷空气包围，其南侧与南方暖空气主体分离，出现闭合的暖高压区，称为阻塞高压（简称阻高）。当冷槽不断加深南伸，槽南端的冷空气被暖空气包围，其北侧与北方冷空气主体脱离，出现闭合的冷低压区，称为切断低压。切断低压和阻塞高压往往相伴而生，故统称为阻塞形势。阻高一般出现在 50°N 以北的中高纬度，有闭合暖高压中心；维持时间平均为

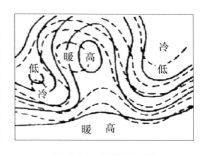

图 3.1　阻塞形势图

（实线：等高线；虚线：等温线）

5～7 d，有时可达 20 d 以上；一般呈准静止状态，向东移动速度不超过 7～8 个经度/d，有时甚至向西倒退（周淑贞，1997）。阻高稳定少动，持续时间长，阻碍着西风气流和天气系统的东移。

阻塞形势发生在暖空气活跃、冷空气也比较强的地区和季节，有明显的地域性和季节性。阻高最常出现在北大西洋东北部和北太平洋东部阿拉斯加地区，乌拉尔山、鄂霍次克海地区也常有阻高出现。切断低压北美、西欧较多，北太平洋、北大西洋以及亚洲大陆上空也有形成，我国东北到日本海一带的东北低涡就是切断低压。欧亚大陆阻塞形势，秋季发生最少，冬、春季多集中在乌拉尔山地区，夏季阻塞形势

频繁、复杂,活动区域有 3 个,为乌拉尔山、贝加尔湖和鄂霍次克海地区,被称为阻高的三大源地。其中,当贝加尔湖或鄂霍次克海地区的阻高稳定时,我国江淮多连阴雨天气,当其减弱崩溃时,常引发我国寒潮爆发。欧亚大陆三大源地的阻高有时单独出现,有时两地同时出现。

阻塞形势的建立和崩溃常常伴随着一次大范围甚至半球范围的环流形势的剧烈调整。阻塞建立标志着环流由纬向型向经向型的转变,阻塞持续标志经向环流处于强盛阶段,阻塞崩溃标志着环流经向型向纬向型的调整。欧亚大陆的阻塞对我国的天气影响很大。当冬、春季乌拉尔山阻高存在时,其下游的环流形势稳定,整个东亚处于宽广的低压槽区内,不断有小槽沿偏西气流向东移,影响北方地区,我国其余大部地区均偏暖,是暖冬的典型环流形势。当乌拉尔山阻高崩溃时,其下游低槽东移、发展加深,在东亚东岸至日本上空建立新的东亚大槽,使原来堆积在阻高东部的冷空气随槽后的西北气流大举南下,造成大范围的寒潮过程。初夏 6—7 月鄂霍次克海或贝加尔湖地区出现阻高,使东亚的西风气流分为两支,其中,南支沿青藏高原北侧的河西走廊到达江淮流域再转向日本,在这支气流上不断有短波槽脊东移,引导冷空气南下,持续的冷空气与西太副高西北侧的西南气流在江南至江淮一带交汇,是梅雨的典型环流形势。

3.7 高空槽和切变线

短波槽脊常常叠加在长波槽脊之上活动,日常天气预报中所提的"高空槽"大多是指这种短波槽。高空槽一年四季都有出现,春季较频繁,波长大约为 1000 km,自西向东移动,移动速度较快,10~20 个经距/d。高空槽槽前为西南气流,槽后为西北气流,高空槽的活动使不同纬度间的冷、暖空气进行了一次交换,给经过地区带来阴雨和大风天气。一般情况下,高空槽脊具有冷槽、暖脊的特征,槽前是暖平流,为辐合上升运动区,常出现云雨天气,槽后是冷平流,为辐散下沉运动区,多晴好天气。浙江省日常业务中,常把高空槽分为北支槽、南支槽和横槽。低纬 30°N 以南的低槽被称为南支槽,其槽前西南气流为降水提供能量和水汽条件。中高纬度东移南下的低槽习惯上称其为北支槽,槽后西北气流带来冷空气。槽线走向基本为东西向的低槽被称为横槽,影响浙江省的横槽多出现在 40°—60°N,80°—120°E 的区域内,常与阻高相伴。当横槽维持时,槽中往往有小扰动东移,并携带一股股冷空气南下,形成江淮至江南一带的持续阴雨天气。横槽一旦转竖,在蒙古国到我国新疆一带聚集的冷空气快速南下,从华北一直到江南等地将迎来大幅降温、大风甚至寒潮天气。

切变线是风向或风速分布的不连续线,一般发生在 700 hPa 以下,是降水的主要系统之一(顾均禧,1994)。切变线在风场上表现很明显,两侧的风向成气旋性切变,形成气旋性的流场,使气流水平辐合和产生上升运动,容易产生云雨天气。根据切变线附近的风场特征,可分为 3 种类型(图 3.2):(1)冷锋式切变。简称冷切,一般为偏北风和西南风之间的切变,偏北风占支配地位,常自北向南移动。冷切附近水汽含量少,移动速度快,降水量不大。(2)暖锋式切变。简称暖切,一般为东南风和西南风之间的切变,西南风或偏南风占支配地位,常自南向北缓慢移动或由西向东伸展。暖切流场气旋性强,水汽含量多,移动速度较慢,降水时间长,降水量大,有时还伴有雷阵雨和短时大风等剧烈天气。(3)准静止锋式切变。一般为偏东风和偏西风之间的切变。准静止锋式切变虽然风向切变很强,但气流辐合较弱,移动极慢或近乎停滞,降水时间长,但降水量不大。

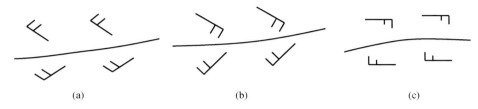

图 3.2　不同类型切变线示意图(王镇铭,2013)
(a)冷锋式切变线,(b)暖锋式切变线,(c)准静止锋式切变线

切变线一年四季都可出现,以春、夏季居多。一般出现在副高与西风带高压之间,位于副高的西北侧或北侧,因此,切变线的多发位置随副高的季节北移而出现季节性变化。春季,切变线多位于华南,被称为华南切变线;初夏 6 月—7 月上旬常常出现在江南至淮河一带,被称为江淮切变;7 月中旬—8 月则常出现在华北,被称为华北切变线。浙江省初夏的梅雨就是江淮切变线的产物,江淮切变线一般呈准静止锋式,移动缓慢,但当切变线上有西南涡东移时,低涡的前方就转为暖切,低涡的后方则转为冷切,远离低涡的切变线仍为准静止式,随切变线类型的改变,梅雨降水的位置也出现南北摆动,降水性质和强度均有明显的变化。

3.8　低涡

低涡又称冷涡,是指高空或低空闭合的低压系统,也是影响浙江省的主要系统之一。低涡按照其尺度的大小可分为 2 类。一类是尺度较小的短波系统,多存在于对流层中下部,如西南涡、西北涡、高原涡等,这类低涡一般生成于高原及其附近地区,与青藏高原的影响有关。另一类是尺度较大的长波系统,在高空和低空都有出现,是比较深厚的系统,例如东北冷涡、华北冷涡、蒙古冷涡和极地涡旋(简称极涡)等。其中,对浙江包括安吉天气影响较大的是西南涡、东北冷涡和极涡。

西南涡一般指在四川西部地区形成的小低压,直径一般为 300～400 km,在 700 hPa上较明显(顾均禧,1994)。西南涡一年四季都可出现,春夏较频繁。西南涡大多在原地减弱消失,只有在受高空槽或切变线影响东移时,才会加强和发展,并诱导出地面低压或使锋面气旋发展加强,降水增强,从而形成暴雨和大暴雨。西南涡的强降水区主要分布在低涡的中心区或低涡移动方向的右前方。浙江省梅雨季节的暴雨和大暴雨,常常是西南涡沿江淮切变线东移发展而形成的。

东北冷涡是指我国东北地区附近具有闭合等压线的低压系统(顾均禧,1994),常出现在阻塞形势中,一般能维持 3~4 d。东北冷涡是深厚的冷气团,一年四季均可出现,但以 5 月、6 月居多,8 月和 3 月、4 月较少。当冷涡后部不断有冷空气进入,则冷涡不断发展加强;当有暖空气进入冷涡中,则冷涡减弱东移。在冷涡形势下,东北地区出现持续低温,内蒙古、东北和华北等地出现不稳定的阵性降水,冬半年会出现很大的阵雪,夏半年则造成雷阵雨天气,甚至出现短时暴雨和大暴雨。随着东北冷涡的加强南压,与西伸的副高相互作用,使江南至淮河一带的气压梯度加大,形成西南低空急流,将大量的暖湿气流输送到江南至淮河。同时,东北冷涡西部的西北气流不断有小槽或横槽南下东移,引导干冷空气南下入侵到江淮地区,使冷暖空气在江南至淮河地区交汇,有利于梅雨锋的维持和活跃。另外,东北冷涡对台风的移动路径也有较大影响。当台风离冷涡距离 5~10 个纬距时,冷涡外围气流对台风有牵引作用,台风移动速度加快,移动方向与冷涡外围的基本气流一致;当两者距离≤5 个纬距时,冷涡与台风有合并的趋势。

极涡是指极地高空冷性的涡旋系统(顾均禧,1994)。极涡活动主要在极地边缘。冬季平均在 47°N 附近,500 hPa 上常分裂 2 个闭合中心,一个在格陵兰至加拿大之间,另一个在亚洲东北部。夏季极涡强度减弱,中心北退至 62°N 附近,闭合中心有时分裂成 2 个或 3 个,甚至 3 个以上。当极涡中心偏向东半球,即亚洲东北部时,往往导致东北冷涡频发,东亚大槽偏强南伸,引导西伯利亚强冷空气南下,导致全国性的寒潮爆发。若极地出现持续反气旋或暖脊,造成极涡向南偏移,将导致锋区位置比平均情况偏南,中高纬地区寒潮活动增多、增强。

3.9　急流

急流是风场上的一个概念,地球上不同地区、不同高度的风速分布是不均匀的,常存在着一些风速较周围明显偏大的狭窄区,这些狭窄的风速大于特定值的气流被称为急流(顾均禧,1994)。急流上的气流也不是均匀的,存在着一个个的大风中心。由于其气流速度的不均匀性和空气质量的连续性,使急流大风中心入口区(上游)的南侧出现气流上升,北侧出现气流下沉;急流大风中心出口区(下游)则相反,南侧出现气流下沉,北侧出现气流上升。因此,处于急流轴大风中心的不同位置,天气系统的演变趋势是不同的,它能够影响天气系统的发展和减弱。急流在高空与低空,在中高纬度的西风带以及低纬度的东风带上均有存在,对浙江包括安吉天气关系密切的有高空西风急流和低空急流。

高空西风急流(简称西风急流),出现在西风带中,急流轴在对流层顶附近,弯弯曲曲自西向东围绕整个半球,部分呈 NE—SW 走向,甚至南北向,有时还会发生分支和汇合现象。高空西风急流中心风速可达 $50\sim80$ m/s,东亚海上和日本上空的急流最强,冬季曾达 $150\sim180$ m/s。西风急流分为南、北两支:(1)北支急流,因其与中高纬的行星锋区极锋相联系,也称为极锋急流,它的急流轴位于 500 hPa 极锋的上方,对流层顶附近,高度为 $8\sim10$ km,中心强度变化和南、北位置变化均比较大。(2)南支急流又称副热带急流,一般出现在中低纬的副热带锋区上方,副热带与热带之间对流层顶附近,高度 12 km 左右或更高些,南北位置变动较小。其中,冬季亚洲南部沿青藏高原经我国到日本的副热带急流最为稳定少变,平均最大风速达 60 m/s,日本地区最大可达 75 m/s 以上。东亚高空的西风急流是影响我国天气的主要系统。东亚大气环流的季节转换与 6 月和 10 月西风急流的北跃或南移过程相联系(叶笃正 等,1958)。我国东部地区雨季如梅雨也与西风急流位置的南北移动以及强度变化有密切关系(陶诗言 等,1958)。当 6 月、7 月西风急流位置偏南时,长江流域上空的西风偏强,江淮地区梅雨偏多;当西风急流位置偏北时,长江流域上空西风弱,而东亚 $40°\sim45°$N 地区的西风偏强,长江流域梅雨偏少(董敏 等,1999)。

低空急流是位于对流层下部,风速明显偏高的气流带。最常见的是西南风急流,出现在副热带高压的西北侧。也有东风急流,出现在副热带高压南侧的东风气流里。在浙江,“西南急流”通常指的是 850 hPa 等高面上从两广到浙赣一带风速≥12 m/s 的西南风的大风速带,“东风急流”指的是琉球群岛到浙江省沿海一带风速≥12 m/s 的偏东风的大风速带(李法然,1998;郭巧红 等,1999;王镇铭,2013)。低空急流出口区的左侧是气流辐合上升区,常有切变线和低涡活动,伴有大片的降水区,常有暴雨中心出现;低空急流出口区的右侧是气流辐散下沉区,通常是晴空或少云区。低空急流通常起到促进大气不稳定、增强水汽输送的作用,与暴雨、飑线、雷暴等剧烈天气密切相关。低空的急流中心与强暴雨中心有着较好的对应关系,绝大部分的暴雨发生在低空急流的左侧 200 km 以内,其中多数处于低空急流中心的左前方。

3.10　天气预报用语等级

3.10.1　降雨和降雪等级

气象上降雨量用单位面积上降水的深度来表示,单位为毫米(mm)。降雨的强度一般以指定时间(通常取 12 h 或 24 h)内的降雨量来表示,也就是常说的降雨等级。降雪强度则以单位面积上的降雪化水后的水量来表示。在浙江省的气象预报和服务中,依据《降水量等级》(GB/T 28592—2012)(全国气象防灾减灾标准化技术委员会,2012a)对降雨、降雪等级进行了细化,具体等级见表3.3、表3.4。

表 3.3　降雨等级表(单位:mm)

降雨量级	12 h 降雨量	24 h 降雨量
小雨	0.1～4.9	0.1～9.9
小到中雨	3.0～9.9	5.0～16.9
中雨	5.0～14.9	10.0～24.9
中到大雨	10.0～22.9	17.0～37.9
大雨	15.0～29.9	25.0～49.9
大到暴雨	23.0～49.9	39.0～74.9
暴雨	30.0～69.9	50.0～99.9
暴雨到大暴雨	50.0～104.9	75.0～174.9
大暴雨	70.0～139.9	100.0～249.9
大暴雨到特大暴雨	105.0～169.9	175.0～299.9
特大暴雨	≥140.0	≥250.0

表 3.4　降雪等级表(单位:mm)

降雪量级	12 h 降雪量	24 h 降雪量
小雪	0.1～0.9	0.1～2.4
小到中雪	0.5～1.9	1.3～3.7
中雪	1.0～2.9	2.5～4.9
中到大雪	2.0～4.4	3.8～7.4
大雪	3.0～5.9	5.0～9.9
大到暴雪	4.5～7.4	7.5～14.9
暴雪	6.0～9.9	10.0～19.9
大暴雪	10.0～14.9	20.0～29.9
特大暴雪	≥15.0	≥30.0

3.10.2　风力等级

　　风就是空气的运动。空气水平运动时,既有方向,也有速率,风的来向称为风向,单位时间内空气的移动距离称为风速。风力即风的强度,气象上常用风级表示。风力等级是依据标准气象观测场 10 m 高度处的风速大小,按照国际通用的蒲福风级表来划分。蒲福风级是从英国人蒲福(Francis Beaufort)拟定的 13 个风力等级的基础上扩充而来(表 3.5)。

表 3.5　蒲福风力等级表(全国气象防灾减灾标准化技术委员会,2012b)

风力等级	名称	海浪高/m		陆地地面物征象	相当于空旷平地上标准高度 10 m 处的风速		
		一般	最高		m/s	km/h	knot
0	静风	—	—	静,烟直上	0~0.2	<1	<1
1	软风	0.1	0.1	烟能表示风向,但风向标不能转动	0.3~1.5	1~5	<1
2	轻风	0.2	0.3	人面感觉有风,树叶微响,风向标能转动	1.6~3.3	6~11	1~3
3	微风	0.6	1.0	树叶和微枝摇动不息,旌旗展开	3.4~5.4	12~19	4~6
4	和风	1.0	1.5	能吹起地面灰尘和纸张,树枝摇动	5.5~7.9	20~28	7~10
5	清劲风	2.0	2.5	有叶的小树摇摆,内陆的水面有小波	8.0~10.7	29~38	11~16
6	强风	3.0	4.0	大树枝摇动,电线呼呼有声,举伞困难	10.8~13.8	39~49	17~21
7	疾风	4.0	5.5	全树摇动,迎风步行感觉不便	13.9~17.1	50~61	22~27
8	大风	5.5	7.5	微枝折毁,人行向前,感觉阻力甚大	17.2~20.7	62~74	28~33
9	烈风	7.0	10.0	建筑物有小损(烟囱顶部及平屋摇动)	20.8~24.4	75~88	34~40
10	狂风	9.0	12.5	陆上少见,见时可使树木拔起或使建筑物损坏较重	24.5~28.4	89~102	41~47
11	暴风	11.5	16.0	陆上很少见,有则广泛损坏	28.5~32.6	103~117	48~55
12	飓风	14.0	—	陆上绝少见,摧毁力极大	32.7~36.9	118~133	56~63
13	—	—	—		37.0~41.4	134~149	64~71
14	—	—	—		41.5~46.1	150~166	72~80
15	—	—	—		46.2~50.9	167~183	81~89
16	—	—	—		51.0~56.0	184~201	90~99
17	—	—	—		56.1~61.2	202~220	100~108

第4章　浙江高影响天气特征和预报

　　洪涝、高温热浪、干旱、寒潮、大雪、低温冷害、冰雹、雷击、大雾等气象灾害及滑坡、泥石流、渍害等次生灾害几乎每年都会对安吉造成不同程度的影响。对安吉茶叶生产有影响的气象灾害主要是洪涝、干旱、热害、寒潮、大雪、低温冻害和渍害。洪涝及滑坡、山洪、泥石流等次生灾害主要是由暴雨、台风和强对流中的短时强降水引起的,低温冷害和寒潮则均与强冷空气袭击有关,热害与高温酷暑有关,渍害则与连阴雨有关。因此,对安吉茶叶生产有关的灾害性天气主要为暴雨、台风、干旱、冷空气、大雪、强对流和连阴雨。

　　随着计算机技术和大数据技术的迅速发展,现代气象业务已建立了以气象数值预报为基础,预报员根据本地气候特点和影响本地的关键环流系统演变,对温度、降水、风力等要素进行订正,识别本地高影响天气包括极端天气和灾害性天气的业务体系。现对这些高影响天气的基本特征和典型环流模型、预报模型及预报经验进行简单介绍,以供参考。

4.1　冷空气

4.1.1　冷空气的定义和基本气候特征

　　参照中华人民共和国国家标准《冷空气等级》(GB/T 20484—2017)(全国气象防灾减灾标准化委员会,2017a)和《寒潮等级》(GB/T 21987—2017)(全国气象防灾减灾标准化委员会,2017b),依据浙江天气气候特点和服务需求,将冷空气的等级分为寒潮、强冷空气、较强冷空气、中等冷空气、弱冷空气五个等级。具体标准如下(王镇铭 等,2013;祝启桓 等,1992)。

　　寒潮:日平均气温 24 h 内急剧降温≥8 ℃ 或 48 h 内降温≥10 ℃,降温开始 3 d 内最低气温≤4 ℃ ;

　　强冷空气:日平均气温 24 h 或 48 h 降温≥8 ℃,但未达寒潮标准;

　　较强冷空气:日平均气温 24 h 或 48 h 降温 7.0~7.9 ℃;

　　中等冷空气:日平均气温 24 h 或 48 h 降温 5.0~6.9 ℃;

　　弱冷空气:日平均气温 24 h 或 48 h 降温<5 ℃。

　　寒潮一般出现在 10 月至次年 4 月,主要集中在 11 月至次年 3 月。全省性寒潮出现最早的为 1981 年的 10 月 21 日,最迟为 1960 年和 1972 年的 3 月 30 日。局部性寒潮出现最早为 1972 年的 10 月 20 日,最迟为 1980 年的 4 月 12 日。

强冷空气主要集中在 11 月至 5 月,其他月份也可出现强冷空气,7 月、8 月个别年份也会出现强冷空气。强冷空气次数最多的月份是 4 月,占总次数的 18% ～ 23%,其次是 3 月和 11 月,占总次数的 10%～17%;最少为 6 月和 9 月,占总次数的 1%～5%。

4.1.2　影响浙江的冷空气环流配置模型

冷空气影响前期浙江省回暖,东亚中高纬有低槽东移或横槽东移南下,携带地面冷高压或高压脊东移南下,因此,从前期环流或地面要素的突出特点,将影响浙江冷空气天气系统归纳为 4 种环流模型:移动性西风槽型、横槽转轴型、东北低涡持续维持型、前期显著回暖型(仇永炎,1984;祝启桓 等,1992)。

(1)移动性西风槽型。500 hPa 高度场欧亚中高纬大气环流为二槽一脊型,乌拉尔山地区为高压脊,贝加尔湖以东地区为 NE—SW 走向的低槽区,有低涡发展,槽区内不断有小低槽携带冷空气东移南下影响浙江省。由于小股冷空气连续影响,浙江省表现为低温连阴雨(或雪),最后以低涡东移或横槽转竖引导强冷空气南下影响,浙江省连阴雨才宣告结束。该型气温持续降低,最低气温较低,但日平均降温幅度一般达不到寒潮标准。

(2)横槽转轴型。500 hPa 欧亚中高纬大气环流为一脊一槽型,有时也出现阻塞形势,阻塞高压位于乌拉尔山—西伯利亚中部一带,阻塞高压东部贝加尔湖附近有一条 ENE—WSW 走向的横槽,槽内冷中心一般可达−44 ℃以下。地面上蒙古国西北部有冷空气堆积,冷高压强度较强,中心气压多在 1060 hPa 以上。当 500 hPa 横槽转轴后,西北气流引导冷空气从中路路径大举南下,造成寒潮天气。

(3)东北低涡持续维持型。500 hPa 亚洲东北部(40°—60°N)有低涡持续维持,时间长达 4～8 d,低涡内或后部有强冷中心,强度达−44 ℃以下,低涡左侧曲率明显,不断将冷平流补充南下,山东至浙江沿海之间的锋区不断增强,当低涡发展南落,锋区南压,造成浙江包括安吉在内的寒潮天气。

(4)前期显著回暖型。这种类型常出现在冬末初春,随着气候变暖,这种类型的冷空气活动也越来越常见。冷空气影响前,因某种原因使气温显著回升,一次并不太强的冷空气南下影响时,降温幅度却达到了寒潮标准。因此,当气温显著回升,并且显著超过气候平均状态时,需警惕此类型冷空气的出现。

4.2　暴雨

4.2.1　暴雨的定义和基本气候特征

根据国家标准《降水量等级》(GB/T 28592—2012)(全国气象防灾减灾标准化委

员会,2012a)的规定,将日降水量在 50.0～99.9 mm 定义为暴雨,100.0～249.9 mm 为大暴雨,≥250.0 mm 为特大暴雨。同时,按以下标准定义暴雨的一些相关概念:

(1)暴雨日:全省≥2 个站(指国家气象观测站,下同)日雨量≥50 mm,或只有 1 个站日雨量≥50 mm,同时附近有≥3 个站日雨量≥25 mm;

(2)大暴雨日:上述暴雨标准内,全省有 1 个站或以上日雨量≥100 mm;

(3)特大暴雨日:上述暴雨标准内,全省有 1 个站或以上日雨量≥250 mm;

(4)连续暴雨日:全省 1 个或以上地区连续 3 d 及以上日雨量≥50 mm,或 5 d 及以上日雨量≥50 mm,允许中间有 1 d＜50 mm;

(5)区域暴雨:全省 10 个站及以上日雨量≥25 mm 并连成片,其中 5 个站及以上日雨量≥50 mm。

浙江雨季分 3 个阶段:4—5 月(前汛期)、6—7 月(梅汛期)和 8—10 月(台汛期)。暴雨日主要集中在 5—9 月,以 6 月为最多,占全年的 21.5％,8 月次之,占 17.4％,1 月最少,仅占 0.3％。暴雨日在梅汛期占 36.9％,在台汛期占 35.3％。大暴雨日集中在 6—9 月,6 月最多,占 25.8％。特大暴雨日集中在 7—9 月,占 85.5％,最多是 8 月和 9 月,均占 38.1％,主要是由台风和东风波系统造成的。

浙江暴雨分布具有明显的月际差异。1 月零星分布;2 月浙江北部、西部成片分布,次数较少;3—6 月由东北向西南增多的分布,次数逐月增多,6 月达全盛,浙西南次数最多,约为东部 2 倍;7 月西南暴雨次数迅速减少,东南沿海明显增加;8 月、9 月浙江东部暴雨次数达全盛期,数倍于浙西、浙西南;10 月大部分地区暴雨次数均迅速减少,东南沿海还存在相对的多值中心;11 月、12 月各地区均很少,有零星分布。

4.2.2 不同尺度环流系统对暴雨作用

暴雨的形成与一般性降水相比,需要更充分的水汽条件、更强烈的上升运动和较长的持续时间。暴雨尤其是特大暴雨或持续性暴雨都是出现在多种尺度的环流系统(行星尺度、天气尺度、中尺度和小尺度)相互作用的情况下,因此,暴雨是不同尺度的环流系统相互作用的产物。

中尺度天气系统是造成暴雨的直接天气系统,包括中尺度切变线(或辐合线)、中尺度低压、中高压(或雷暴高压),以及对流层中层明显的湿度不连续带等。中尺度系统中有强烈的上升运动,水汽通量的辐合也要比天气尺度系统的大一个量级,因而可造成强烈的暴雨。中尺度扰动在天气现象上表现为有组织的积雨云群,在雷达回波中则表现为由一个强回波单体组成的回波团或回波带。

在梅雨期,梅雨锋上常常出现小的低气压系统,它们的大小一般为 300～1000 km,比天气尺度要小,比中尺度系统要大,所以被称为中间尺度系统。中间尺度低压与高空槽的关联不强,大都在对流层下部的 700 hPa 或 850 hPa 上与切变线或气旋性环流对应,地面气压场上有时分析不出闭合等压线,但在气流场上表现较明显。一次中间尺度扰动的降水持续时间有 10～20 h。在梅雨锋上常常会有一连几个中间尺度低压,造成多次暴雨出现。

　　引起降水的天气尺度系统具有的气旋性特征,包括锋面(冷锋、暖锋、锢囚锋、静止锋)、温带气旋、台风及东风波、高空冷涡、高空槽等,在水汽充分的条件下,降水强度也只有 $1\sim2$ mm/h,只能造成中到大雨,不足以产生暴雨。但是,当天气尺度系统强烈发展或移动停滞时,或者,各种天气尺度系统的叠加以及稳定的环流形势下多个相似天气尺度系统沿同一路径移动,均会使降水量增加才可能产生暴雨。

　　行星尺度系统不直接产生暴雨,它只能大致决定雨带发生的地点、强度和持续时间。它是产生暴雨的大尺度环流背景,通过制约天气尺度系统的活动如移动速度、强度变化、移动路径及系统间配置等间接产生作用(表 4.1)。

表 4.1　对浙江暴雨有主要作用的行星尺度系统

		主要环流系统
西风带	高压	乌拉尔山阻塞高压,贝加尔湖阻塞高压,雅库茨克—鄂霍次克海阻塞高压,里海高压脊
	低槽	乌拉尔大槽,贝加尔湖大槽,太平洋中部槽,青藏高原西部槽
副热带	高压	西太平洋副热带高压,对流层上部青藏高压
	低槽	南支槽或孟加拉湾低槽
热带		南亚和西太平洋热带辐合带,西太平洋台风(或热带低压),孟加拉湾风暴或低压

　　一方面,大范围行星尺度系统制约了天气尺度系统或中间尺度系统的活动,天气尺度系统和中间尺度系统又制约了直接造成暴雨的中尺度系统的发生、发展和移动,而中尺度系统又决定着小尺度系统的活动(图 4.1)。另一方面,中小尺度系统的反馈作用又可使天气尺度系统得到维持和加强,反过来又影响中尺度天气系统活动的强度。这种复杂的关系,决定了暴雨的维持和强度。其中,中尺度系统是直接造成暴雨的天气系统,它在各种系统相互作用中起着关键性的作用。

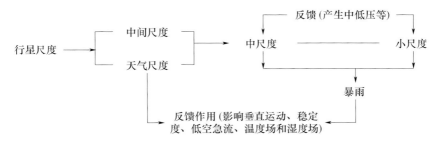

图 4.1　暴雨中各种尺度天气系统的关系(王镇铭,2013)

4.2.3　暴雨预报的概念模型

　　安吉暴雨大多数是西风类暴雨,也有台风型的东风类暴雨(见 3.4 节),副高边缘型的东风类暴雨极少,故本节主要介绍西风类暴雨的天气学概念模型。按暴雨出现前一天 700 hPa 和 850 hPa 的特征,将西风带类暴雨归纳为移动低槽型、冷切型、暖切型和涡切型等 4 种类型(庞茂鑫 等,1991;祝启桓 等,1992;孙建明 等,1999)。一般出现这 4 种类型的天气环流配置,未来 12~48 h 将浙江省出现暴雨到大暴雨,但也有少数个例例外。由于天气尺度的系统不是产生暴雨的直接系统,因此,在预报时还需根据当天卫星云图、雷达回波等对降水强度和落区进行修正。

(1)移动低槽型:700 hPa 西风带移动性低槽从河西走廊或西藏高原进入华北经河套到西南一带的关键区,槽线与纬圈的夹角 $\geqslant 45°$,槽后高压脊明显,有时有阻塞高压存在,槽前有西南急流;西太副高呈东西向或 NE—SW 向带状分布,脊线位于 20°—26°N。850 hPa 有切变线,湖南、江西等地有 $\geqslant 12$ m/s 西南急流,如无急流,则要有低涡。地面有静止锋或缓慢移动的冷锋。

(2)冷锋切变型:中低空西风带河套以西有高压或高压脊东移,浙江以西的关键区 25°—35°N 内(昌都、郑州、赣州、澜沧 4 点围成的区域)存在呈东—西向的冷锋式切变线,与纬圈交角 $<45°$,且关键区内切变线长度 >5 个纬距;切变线南侧有 $\geqslant 12$ m/s 的西南急流,北侧的偏东气流中多数站有偏北风分量。副高脊线在 18°—26°N。地面有静止锋或缓慢移动的冷锋。

(3)暖锋切变型:长江流域(25°—33°N)有东西向切变线,其中 115°E 以西是暖切,暖切北侧东风气流中多数站有偏南风分量,南侧为西南风,存在西南急流,有时伴有低涡。切变线东端有时与日本海附近的低压槽相连。切变线北侧有阻塞形势,高压中心在华北(31°—40°N,110°—125 °E 区域内)。在 35°N 以南,105°E 以东的国内地区没有槽线存在。副高脊线在 15°—25°N(无西南涡时,脊线在 15°—20°N)。暖切型以 5—6 月最多。

(4)低涡切变型:在河套附近及以北地区有移动性低槽,其后部西北地区和青藏高原东南部有高压东移。西南涡东移进入华中 115°E 以西的关键区,低涡前部到长江下游地区有暖切,后部有冷切,两条切变线的交角 $<150°$,低涡东南侧的中低空有西南急流。西太副高呈带状,脊线位于 18°—25°N。

4.2.4 地形对暴雨的影响

暴雨是环流场相互作用的结果,理论上降雨落区应该是均匀变化分布的,但实际上雨量的时空分布往往很不均匀。暴雨作为一种中小尺度天气过程,受局地因子影响很大,尤其是在山区复杂下垫面条件下,其热力和动力作用往往能触发暴雨或使之增强或削弱,造成暴雨的不连续分布。因此,地形地貌成为暴雨的重要影响因子。

浙江地形复杂,整个地势由西南向东北倾斜。西南多山地,主要山峰海拔多在1000 m 以上;中部多丘陵,间插大大小小的盆地;东北部为低平的冲积平原,多河网分布。浙江大致可分为六个地形区:浙北平原、浙西中山丘陵、浙东丘陵、中部金衢盆地、浙南山地、东南沿海平原及滨海岛屿。浙江复杂的下垫面,造成了暴雨的时空分布极度不均匀,也加大了暴雨的预报难度。

爬坡、阻挡作用使迎风坡多暴雨。当山地走向与风向交角较大时,暖湿气流沿坡爬升,这种气流的强迫抬升和辐合使对流增强,雨量增大,同时,地形的阻挡减慢了降水系统的移速,使降雨过程的时间延长,形成迎风坡的降雨中心。前人研究表明,地形坡度越陡峭,其强迫引起的上升速度越大,最大上升速度对应的海拔高度越高;地形坡度平缓,上升速度相应减小,最大上升速度对应高度也较低(陈明 等,1995)。浙江山脉大体以 SW—NE 向为主,相对高度差较高,西风带影响时,天目山区、仙霞岭等西部山脉的西北侧(图 4.2),东风带影响时,括苍山、雁荡山等东部山脉的东南侧,往往出现气流爬坡上升和阻挡作用而形成暴雨中心。

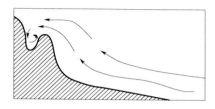

图 4.2　天荒坪山区爬坡地形示意图

喇叭口地形的收敛效应。山地地形的迎风坡,往往伴随喇叭口地形。相对于单纯的地形迎风坡,喇叭口地形的抬升、辐合作用更强。它所引起的暴雨增幅程度与喇叭口地形的开放程度、地形抬升坡度、气流与喇叭口的交角都有关系。喇叭口中地形迎风坡暴雨的增幅程度是随着喇叭口开放度增大而增大的,且地形坡度大时比地形坡度小时增大得更多,因此,喇叭口开放度愈大,由地形坡度差异所引起的暴雨增幅差异也愈大。

狭管效应使河谷、峡谷出现暴雨中心。山区广泛分布的河谷、峡谷地形对暴雨形成和分布影响较为复杂,它与风向、风速、谷地走向、特征尺度及周围地形分布都有关系。河谷内降水是随着气流与河谷交角减少而增大的,且深窄河谷比浅宽河谷增加的降水多。当暖湿气流较强并与河谷走向趋于一致时,由于狭管效应,可形成强降水过程。浙江山脉多呈 SW—NE 走向,造成河谷、峡谷也多为 SW—NE 向,当遇西南气流时易产生狭管效应,起强烈的辐合上升运动。

爬坡作用、狭管效应和收敛效应有时会同时出现,如天目山天荒坪山区,其北部是太湖,东部是平原,西部为丘陵,西南部为山区,西南山区的山脉又呈东北—西南走向。地形总体呈南高北低、从西南山区向东北开口的喇叭口。这一地形特征,导致东北气流向西南山区爬升,携带的大量水汽经收敛型地形多级汇合后在山谷内使水汽集中汇合,最终造成天荒坪地区的暴雨有较大增幅(黄玲琳,1993;李法然,2000)。

4.3 台风

4.3.1 影响浙江台风的基本特征

1949—2019 年影响浙江的台风共有 237 个,年均为 3.3 个。影响台风出现于 5—11 月(图 4.3a),其中 7—9 月影响最集中,影响最多的月份是 8 月,有 80 个,占 33.8%,其次是 9 月 59 个、7 月 56 个,分别占 24.9%和 23.6%。1949—2019 年登陆浙江省的台风共有 47 个,年平均为 0.6 个,出现在 5 月、7—10 月,登陆台风主要集中在 7—9 月,登陆最多的月份是 8 月(21 个),占 44.7%,其次为 7 月(15 个),占 31.9%,9 月有 8 个,占 17.0%。历史上灾情特重的台风有 5612、1323、6214、9417、6312、6126、5207、9711、0414、0608、1909 号台风等。

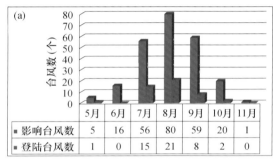 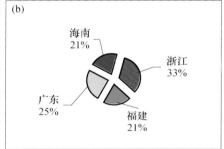

图 4.3 1949—2019 年浙江影响与登陆台风个数月际分布(a)和沿海各省登陆时中心风力≥45 m/s 的强台风比例(%)(b)

由于浙江独特的地理位置,台湾岛的阻挡减弱作用小,登陆浙江台风强度普遍强于我国其他沿海省份(图 4.3b)。21 世纪以来登陆浙江省的台风有增多增强趋势(图 4.4)。2000 年以来登陆浙江省的台风共有 16 个,平均为 0.8 个/a,超过多年平均值 0.6 个/a。20 世纪 70、80、90 年代和 21 世纪初登陆浙江台风平均中心风速依次为 31.1 m/s、31.4 m/s、33.3 m/s 和 36.5 m/s,而 2010 年以来高达 37.8 m/s。2004 年以来就有 8 个强台风或超强台风影响浙江省,分别是"云娜(0414)""麦莎(0509)""卡努(0515)""桑美(0608)""韦帕(0713)""海葵(1211)""菲特(1323)""利奇马(1909)",其中,"桑美(0608)"是 1949 年以来登陆我国大陆最强的台风。"桑美(0608)"于 2006 年 8 月 10 日 17 时 25 分在浙江苍南登陆,登陆时中心气压为 920 hPa,近中心最大风力为 17 级,比 2005 年 8 月登陆美国的"卡特里娜"飓风还要强。

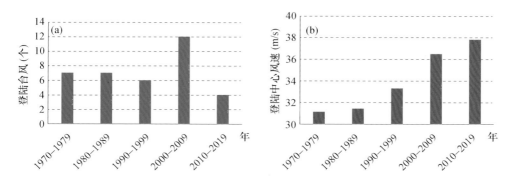

图 4.4　1970 年以来各年代登陆浙江台风个数(a)、登陆时平均中心风速(b)

4.3.2　台风路径与安吉台风暴雨

台风对茶叶生产有灾害性影响的主要是台风暴雨引发的洪涝和台风大风,针对安吉这种内陆地区,台风暴雨影响明显大于台风大风的影响。台汛期洪涝主要指由台风、东风波、热带云团、台风倒槽等热带天气系统带来的暴雨而形成的洪涝,在 1949—2014 年的 66 年中,除 1950 年、1954 年、1955 年、1957 年、1964 年、1967 年、1968 年、1969 年、1970 年、1973 年、1976 年、1978 年、1991 年、1993 年、1995 年、2003 年、2010 年、2011 年这 18 年未发生明显的台汛期洪涝外,其余 48 年浙江省都出现过台汛期洪涝,尤以 2013 年"菲特"台风的洪涝灾害范围之广、影响之大,为 1961 年来罕见。

安吉属山区地貌,天目山山脉的主峰位于安吉的西南侧,当台风的螺旋云带和台风云墙区覆盖安吉,天目山山脉对台风暴雨有明显的增幅作用。另外,安吉地处浙江西北部的内陆地区,极易发生台风倒槽与冷空气相结合出现暴雨到大暴雨的现象,从而引发洪涝或山洪灾害,时有滑坡、泥石流等地质灾害发生。

台风暴雨主要出现在台风的螺旋云带和台风云墙区以及台风与冷空气结合区,因此,台风路径的预报对台风降水以及大风的预报起到关键性的作用。根据移动路径,将对浙江及沿海海面有影响的热带气旋路径分为 12 类(表 4.2)。

表 4.2　影响浙江及其沿海海面的热带气旋路径的分类(祝启桓 等,1992)

	路径特点		分类代号
登陆我国	浙江登陆(D_1)	登陆后转向东北出海	D_{11}
		登陆后西行或北上在内陆消亡	D_{12}
	浙闽边界到厦门之间登陆(D_2)	登陆后转向东北出海	D_{21}
		登陆后西行或北上在内陆消亡	D_{22}
	厦门到珠江口之间登陆(D_3)	登陆后转向东北出海	D_{31}
		登陆后西行或北上在内陆消亡	D_{32}
	浙沪边界以北登陆		D_N

路径特点		分类代号
转向	经过西北区海上转向	H_{NW}
	经过西南区但不经过西北区转向	H_{SW}
	在东区转向	H_E
在珠江口以西登陆或在警戒区外的南海消亡		X
在警戒区内的海上减弱消亡		J

根据台风路径分类的统计分析表明,能使安吉产生暴雨或大暴雨的台风路径主要是 D_1 类、D_2 类;另外,D_3 类登陆转向出海路径的部分台风也使安吉出现暴雨,其他西行的部分台风倒槽与冷空气相结合也会使安吉出现暴雨天气。

在浙江登陆的台风(D_1 类)共 47 个,浙江几乎都有暴雨或大暴雨产生,只有 7410 号和 7805 号台风例外。通常当台风逼近浙江时开始降水,台风中心移出时,暴雨也随之结束,多数只维持一天。过程主要降水中心在温州中北部到宁波南部一带沿海地区,一般为 100~200 mm。其中,温岭以北登陆的台风降水对安吉的影响较严重,并且登陆后转向出海的(D_{11} 类)较登陆后西行的(D_{12} 类)台风降水对安吉影响更严重。D_{11} 类浙江省过程雨量最大的个例是 8506 号台风,1985 年 7 月 30 日 22 时在浙江玉环登陆,有 6 个站过程雨量超过 200 mm,最大为温岭(392 mm),当时的括苍山站(已撤销)过程雨量达 441.7 mm,安吉站过程雨量达 141.1 mm。雨量主要集中在 30 日 08 时—31 日 08 时的 24 h,安吉站也达 123 mm。另外,0716 号强台风"罗莎"暴雨也非常严重,"罗莎"2007 年 10 月 7 日 15:30 在浙闽交界登陆,全省 65 个站(96%)过程雨量大于 50 mm,23 个站过程雨量超过 200 mm,安吉站过程雨量达 152.4 mm,大于 8506 号台风。D_{12} 类浙江省过程雨量最大的个例是 1909 号台风"利奇马",2019 年 8 月 10 日 01:45 登陆浙江温岭,浙江省普降暴雨,沿海地区有大暴雨到特大暴雨,最大过程雨量出现在温岭(473.5 mm),有 20 个站过程雨量超过 200 mm,安吉过程雨量达 178.9 mm。另外,8807 号台风对浙江北部影响也很严重,尤其是天目山区,安吉过程降水量也有 118.2 mm。

在浙闽交界处到厦门之间登陆的台风(D_2 类)在影响浙江台风中所占比例最大。其降水强度强,持续时间长,是影响浙江台风降水最严重的一类。大的降水分布在温州、丽水东南部、台州、宁波、绍兴东部,一般为 100~200 mm。强降水中心在南雁荡山区、北雁荡山—括苍山区、四明山区,有时天目山也有强降水中心出现,其中 D_{21} 类较 D_{22} 类对安吉影响更为明显。D_{21} 类浙江省过程雨量最大的个例是 6214 超强台风,有 24 个站过程雨量大于 200 mm,最大过程雨量为余姚(567 mm),安吉过程雨量为 233.6 mm。D_{22} 类浙江省过程雨量最大的个例是 0505 号超强台风"海棠",最大过程雨量为乐清(528 mm),13 个站过程雨量大于 200 mm,安吉站过程雨量有 89.3 mm。另外,6312 号超强台风,也有 25 个站过程雨量＞200 mm,安吉站过程雨量达到

208.6 mm,明显大于 0505 号"海棠"。

H$_{NW}$类台风 1913 号"玲玲"于 9 月 4 日 125°E 附近在台湾以东洋面北上,9 月 6 日穿过浙江省以东洋面,台风螺旋云带与冷空气相结合,浙北北部和浙东北部分暴雨局部大暴雨,大暴雨中心出现在沿海、四明山区和天目山区,安吉过程雨量为 117.2 mm。

4.3.3　台风路径预报

台风路径是决定降水的重要因素,台风路径的预报,直接关系到台风灾害防御工作的部署。目前台风路径预报的主要技术方法是以数值预报为基础,利用天气学基本预报原理,对影响台风路径的关键天气系统进行分析和订正,最终给出台风路径预报。在我国日常气象预报业务中,热带气旋路径预报一般以 500 hPa 等压面为最佳引导层,但秋季和春末热带气旋的引导层较低,也参考 700 hPa、850 hPa 和地面天气图。300 hPa 为对流层上部,对长波系统的强度和位置、南亚高压、副高以及东风急流等缓慢变化的系统的突变与否有一定的指示意义。200 hPa 和 100 hPa 属于热带气旋的流出层,其流场分布有助于分析热带气旋的发生、发展及强度的变化。另外,雷达回波和气象卫星资料,特别是静止卫星上的云型、TBB 等资料也是识别热带气旋强度、路径、结构乃至大型环流特征等不可缺少的工具。

（1）背景场与台风路径预报

分析台风的发生、发展、消亡以及移动路径,不仅要考虑热带的环流系统,也需要考虑副热带、温带、甚至极地的环流系统的影响,故常把整个地球或半球的环流系统作为台风预报研究的背景场。针对影响浙江省的台风预报和研究,常把 90°—160°E,0°—60°N 范围内的主要环流系统归纳为西风带、副热带高压带和赤道辐合带（ITCZ）,简称为"三带"。台风生成于 ITCZ,也在 ITCZ 中发展、加强,脱离 ITCZ 就会逐渐减弱或变性,甚至消亡。副高是影响台风路径最直接的天气系统,它的形态特征及其进退、强弱变化等对台风路径有决定性影响。当台风位于副高南侧时,西风带的天气系统通过影响副高来影响台风;当台风越过副高脊线之后,西风带的天气系统就能直接影响台风。因此,分析"三带"变化,尤其是副高形态、强度的变化分析对台风路径预报至关重要,在业务实践中也总结出了一些相关经验和预报注意事项:

当"三带"分布明显时,有利于台风西行。如"三带"同时呈东西向分布,则副高比较稳定,有利于台风向西北西方向移动。

东北低压、冷涡影响副高进退。当台风到达预报海区时,如东北有低压并伴有低槽出现时,往往引起副高的西进或东退:①当东北低压在东移过程中逐渐减弱,其槽东南侧出现大片 24 h 正变高,则副高的西伸脊将西进,有利于台风西行登陆。如果不仅槽前有 24 h 正变高,而且槽后华北一带也同时出现大片 24 h 正变高,则此正变高将叠加于副高西伸脊上,更有利于副高西进,导致台风加速西行登陆。②东北低压在东移过程中如进一步加深,槽前东南侧有大片 24 h 负变高,则副高将东退,有利于台风在海上转向。③当有切断冷涡出现在朝鲜一带,一旦冷涡向西南方向移动,表示在它东侧的副高已经增强西伸,台风将西折登陆。

副高形态变化对台风路径有重要影响。①副高长轴变化对台风移向有重要影响。当长轴顺转,由东西向转为西北—东南向时,有利于台风北上乃至转向;当长轴逆转,则有利于台风西行。②台风东侧的副高明显南落,则有利于台风北上,反之则有利于台风西行。

副高强度、位置突变对台风路径的影响。①当副高特别强大时,要注意它突然减弱或崩溃而导致台风转向,反之副高在很弱时,要注意它突然加强西伸而导致台风登陆。②要考虑副高脊线在该季节的平均纬度。若 110°—130°E 的副高脊线处在平均位置附近,则其持续的周期较长不易衰退;反之,副高脊线位置偏离平均位置很大则往往不稳定,副高易于崩溃。例如 8 月副高脊线多年平均位置在 30°N 附近,如果此时副高脊线出现在 38°N 或更北时,由于与平均位置的偏差大,副高不稳定,它的维持周期也较短,只能持续 5~7 d。

热带辐合带(ITCZ)位置对台风登陆点的影响。当西北太平洋 ITCZ 位置偏北时(例如在 20°N 附近),副高位置也往往偏北,台风的生成和活动位置也偏北,往往在浙江或浙江以北沿海登陆。例如,2018 年 7 月下旬—8 月中旬 ITCZ 偏北,台风位置偏北,1 个台风登陆浙江温岭,3 个台风登陆上海。

特别警惕在近海形成台风。在预报近海台风生成时,要注意 ITCZ 云团有无北涌现象,如有北涌云团或有突出部分进入低压区,同时又有周围分散的对流云团相合并,由于第二类条件不稳定(CISK)机制的作用,有利于近海台风的生成和迅速发展。因近海台风为新生系统,处于发展阶段,即使登陆后有地形摩擦作用,它仍能克服摩擦的减弱作用而有所发展,特别在浙北登陆西行的台风由于所经过下垫面是平原水网区,其登陆后可能一面西移,一面加强,对甬、绍、杭、嘉、湖等地区影响较大。近海生成台风预报时效短,如再碰到移速快的情况,稍一延误将在防御上造成被动。例如 8807 号台风。

(2)初始场及其演变特征与台风路径的预报

当台风到达警戒线时或台风在警戒区内生成,一般在 48 h 内会对浙江省产生影响。因此,台风到达警戒线时或在警戒区内生成时的大气环流状态对台风路径的预报具有重要意义。定义台风到达警戒线时或台风在警戒区内生成时的最近时次 500 hPa 天气图为初始场。根据初始场的环流特征将其归纳成多台风、西风带南伸、警戒区内生成和东侧进入警戒区等 4 类。使用初始场及其前后 24 h 的 500 hPa 天气图,来简单分析不同类型初始场的环流演变过程与台风路径的关系。

多台风类。海上同时存在两个或两个以上台风,其中至少有一个台风与进入警戒区(或在近海生成的)台风的距离在 15 个纬距以内。一般把警戒区内的台风称为预报台风,警戒区外的台风称为非预报台风。该类初始场时,由于多台风的相互作用,出现路径曲折、停滞或路径曲率较大等疑难路径的机会较多。该类预报台风登陆的环流模型有 2 种:①多台风同时存在 15°—25°N,呈东西向分布,处于副高南缘的偏东气流中,副高在 25°—45°N 呈带状或断带状,120°E 处副高脊线小于 33°N;②双台风呈 NW—SE 分布,东北及以东地区有低压,国内有分裂的 588 dagpm 高压中心,华北一带为高压脊区。此类预报台风一般在浙闽边界到厦门之间登陆(D₂类)或在福建近海消亡,个别由于副高轴线呈 NW—SE 走向,台风登陆位置偏北(D₁类),在浙江经境内。预报台风海上转向的环流模型有 3 种:①双台风呈 NW—SE 分布,贝加尔湖区(50°—60°N,110°—120°E)有闭合低压,并有主槽从低压中心纵贯到 40°N;②双台风呈 NE—SW 分布,副高为断带状,东环副高强,西环弱或不存在;③双台风呈 NE—SW 分布,副高为断带状,西环副高较强,东环副高远离预报台风,且贝加尔湖以东到我国东北地区为一低压槽区,槽底达到 40°N 以南。预报台风西行的环流模型为:孟加拉湾有闭合低压,其面积大于 2 个 5 个纬度×5 个纬度,在我国大陆又无明显的 584 dagpm 线闭合高压。此类预报台风一般沿辐合线向偏西方向移动,在浙闽边界以南登陆。

西风带南伸类。西风带向南伸到 25°N 附近或 100°—140°E 之间的副高脊线在 25°N 以南。1949—2008 年该类共有 67 例,全部在海上转向或在近海消亡。对安吉影响较小。

近海生成类。该类台风在警戒区内生成,被称为近海生成台风或近海台风。当台风北侧带状副高盘踞时:①若 30°—45°N,110°—130°E 之间有较强的西风槽存在,则台风转向;②若台风生成位置偏高>28°N,与副高脊线位置太近,正脊距(台风中心到其北侧副高脊线的距离)≤4 个纬距,则台风在海上消亡;③若台风的正脊距≥10 个纬距,同时台风所在纬度<22°N,则台风西行不登陆;④若台风的正脊距<10 个纬距,或台风所在纬度≥22°N,则台风西行登陆,其登陆地点见图 4.5。当台风北侧副高断裂时:①副高断口在台风北侧,西环副高东脊点在 119°E 以东,西风带东主槽在 120°E 以东,则台风西北行;②台风东侧副高南落至台风以南 10 个纬距,则台风转向东北;③西风带主槽的 580 dagpm 线与槽线的交点在 115°E 以西,台风东侧副高无明显南落,则台风北上。当仅东侧有副高存在时:①副高西伸脊点在 120°E 以西,正脊距≥7 个纬距,长江中下游两岸 500 hPa 高度≥584 dagpm,则台风西北行;②副高西伸脊点在 120°E 以东,台风东侧副高南落明显;或者副高无南落,但在 30°N 以南、110°E 以东的区域内出现<576 dagpm 的高度,则台风转向。

进入警戒区类。该类台风一般从东侧警戒线进入,个例总数约占浙江热带气旋的 40%。根据该类初始场副高的形态又可分为带状高压型、块状高压型和非规则型。i)副高为带状。一般副高西脊点在 105°E 以西,或台风进入警戒点以西有 592 dagpm 线闭合环流:①若西风带经向度不大,台风未来西行登陆;②若西风带经向度大,台风未来在海上转向。ⅱ)副高呈块状。副高西脊点在 115°E 以西,但不符合带状高压型:①若副高南落>8 个纬距,或者副高西伸脊线与 110°—115°E 的交点位置<25°N,则

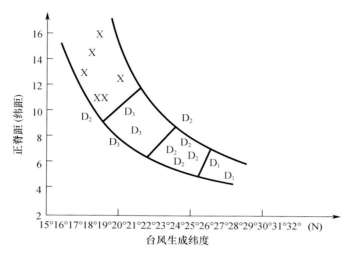

图 4.5　近海台风位置、正脊距与登陆点关系
(图中字母为路径特征,具体含义见表 4.2)

台风未来在海上转向;②副高脊线与 110°—115°E 的交点位置≥25°N,台风未来西北行登陆。ⅲ)副高不规则。①副高单体在台风南侧,或台风被副高包围,或台风在钳形副高的钳口内的情况下:若进入警戒线纬度≥24.5°N,则台风未来在海上转向;若进入警戒线纬度<24.5°N,当西风脊位于 110°E 以西,或副高西脊点在 120°E 以东,则台风未来在海上转向,当西风脊位于 110°E 以东,则台风未来西行登陆;②台风东侧副高的西脊点在 115°E 以东,台风东侧 20 个经距内副高南落≥8 个纬距的情况下:55°N 以南、100°—120°E 间存在西风槽,则台风未来海上转向;若主槽在 85°E 以西,或远东至黄海及东北至长江中游存在互相平行的槽脊,且槽脊相距小于 12 个经距则台风未来均有西折现象,并在 30°N 一带登陆。

(3)疑难路径台风的预报

台风的疑难路径指的是台风出现停滞、打转、突然折向等情况,或者台风实际移动方向与通常所用的 500 hPa 或 850 hPa 上的引导气流出现较大的偏差。对浙江影响较大的疑难路径热带气旋类型有以下几种。

双台风互旋。当两个台风中心之间距离接近 13 个纬距时,就要注意它们互相间呈气旋式的旋转现象,距离越近,旋转角度越大。平均说来,当相距为 8～10 个纬距时,12 h 旋转角度约 10°～20°;相距为 5 个纬距时,12 h 可旋转 50°。由于双台风一边互旋,一边又作为一个整体共同受到外围气流的牵引,对于单一个台风来说,其路径就会出现停滞、回旋、折向等复杂情况。用点双台风相对位置图(图 4.6)来直观表述台风互旋的作用,可将双台风互旋的实际路径归纳成互旋打转、停滞、双西移和双北上 4 种类型。双台风在互旋的同时,还存在互相吸引的现象。当两者之间距离<7.5 个纬距时,几乎都可引起合并,使范围加大,中心强度至少

有一个维持原来的强度或甚至继续发展,通常偏东侧的台风易于发展,偏西南一侧的台风并入或趋于消失。

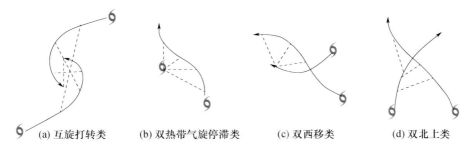

(a) 互旋打转类　　(b) 双热带气旋停滞类　　(c) 双西移类　　(d) 双北上类

图 4.6　双台风互旋的 4 种类型示意图(王镇铭,2013)

　　台风西折。北上或向西北移动的台风,有时会突然西折。定义路径向西偏折>30°,并持续 12 h 以上为一次西折过程。台风西折的原因主要有 4 种:①对流层中上层冷涡的作用。冷涡与台风路径如图 4.7 所示:当冷涡位于台风北侧 10~12 个纬距时,台风开始向北—北北东方向加速移动;当冷涡移到台风中心西北侧并相距<10 个纬距时,台风路径西折并继续加速;当冷涡移到台风西—西南侧时,台风进一步西折。②台湾地形的影响。若台风中心从东南方正面接近台湾,一般可发生 10°~20°N 的西折现象,多数发生在距台湾海岸 200 km 以内的海面上。当台风北侧副高脊增强时,台湾地形对台风西折的作用变得更明显,分析发现,当台风北侧 700 hPa 副高西脊点 24 h 西伸经度越大,台风西折情况也越明显。另外,大约有半数台风在西折点以前 12~24 h,曾先出现路径的北翘现象。北翘点距台湾海岸平均为 350~400 km,北翘度数 15°~20°。③多台风的相互影响。以预报台风西折点为原点(🌀₀),如图 4.8 所示 4 个区域出现其他台风,会因多台风相互作用而使预报台风发生西折:一是偏南方有台风(🌀s),与预报台风中心间距离<11 个纬距;二是东—东北方有台风(🌀ENE),距离为>10 个纬距、<22 个纬距;三是东南东—东方有台风(🌀ESE),距离为>10 个纬距、<20 个纬距;四是当西南西方有台风(🌀SW),13~20 个纬距范围内。④副高脊加强西伸。副高加强西伸使台风路径发生西折出现在 4 种情况下:一是副高呈东西向带状稳定时,台风北上时使东风梯度加大,引起台风西折;二是台风北侧东、西两环副高打通,导致南侧的台风西折;三是副高脊大规模西伸,或副高与西风带高压脊合并,位于副高脊西南侧的台风易出现西折现象;四是连续台风的作用,副高脊伸向前一个已经西移或北上台风的后部,后一个台风移近时,则往往受阻或发生西折现象。

　　台风停滞。定义 24 h 内台风移速<1 个纬距为台风"停滞"。在第二警戒线范围内平均每年大约可发生 1.3 次台风"停滞",绝大多数出现在 7—8 月。引起台风停滞的原因主要有(图 4.9):①双台风相互作用。当台风东侧另有台风向西北方移动,使副高压脊北抬或突然减弱,引起西面的台风停滞。②处于鞍形区南侧或进入均匀

气压场,使台风引导气流弱。③前进方向受高压阻挡。④受东南方近处另一热带云团牵制。

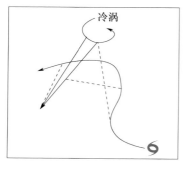

图 4.7　冷涡与台风路径示意图
（王镇铭,2013）

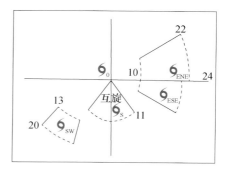

图 4.8　多台风相互作用使台风西折的距离
及其相互关系示意图（王镇铭,2013）

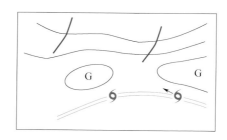

图 4.9　台风停滞的环流模型示意图（王镇铭,2013）

西移台风的北翘。当台风到达第二警戒线时,副高西伸脊的强弱与台风未来移动有一定关系,据浙江省 1961 年至 1979 年的 7—10 月初的资料统计,700 hPa 副高西伸脊位置与台风路径的关系见表 4.3。

表 4.3　700 hPa 副高西脊点与台风路径关系（单位:例）

316 dagpm 等高线西脊点位置	转向	西移
>130°E（副高弱）	25	11
122°—130°E	9	19
<122°E（副高强）	7	27

统计发现,台风北上转向,主要有以下四种环流特征:①副高南落。当台风西移时,在台风后部正变高范围扩大,副高脊表现出南落现象,此时台风北侧副高脊若出现较大负变高（−30 dagpm 以上）时,就可引起台风逐渐转受南侧脊的影响而北上,有的个例表现为副高脊的断裂,台风受断裂后东环高压脊的影响。这种情况多为副高脊正在从强向弱变化的过程中。②块状高压齿轮式旋转使台风北翘。副高呈稳

定块状,台风连续活动,两台风之间的副高脊线逐日北上,呈齿轮式旋转,台风作为副高脊齿轮上的凹处,随着旋转北上,如 7117 号台风。③台风穿入副高。副高脊少动,台风穿越 588 dagpm 线北上,进入副高中。这类台风都是小台风,因副高环流不强,所以能穿入副高,一般从卫星云图上可看出副高范围内有大片云区。④前期 500 hPa 的东风波进入我国大陆,若有台风处于东风波的东侧,则台风移动往往具有较大的偏北分量,引起台风路径的北翘。

4.3.4　影响台风降水的因子

台风降水不仅和其本身强度、结构有关,还与水汽输送、冷空气作用、高空急流、西风槽、山脉地形等因子有密切关系(陈联寿 等,2001,2004;薛根元 等,2004)。西风槽可为台风剧烈降水提供低层辐合、高层辐散以及槽前正涡度平流的大尺度背景,这将有利于垂直运动的发展和降雨的维持。山脉地形在一定条件下形成的地形辐合线往往是台风低压内部制造中尺度强对流系统的源。地形作用可以加大迎风坡的降水,使降水中心强度明显增强;同时使背风坡降水减少,从而导致降水分布更不均匀、更不对称。冷空气入侵台风外围,使其外围及倒槽降水明显增加,底层降温大的地方降水增加也大。若冷空气入侵台风中心附近,则将使台风结构破坏,强度减弱,导致中心附近降水明显减小,但其倒槽降水还会明显增加。侵入台风中心的冷空气使其中心强度减弱、垂直上升速度和水汽辐合减小,从而引起台风中心附近降水明显减弱,而其北侧外围和倒槽内垂直上升速度和水汽辐合明显加大,因此降水也明显增多。

影响浙江台风降水的因子有以下特点:

①台风强度、范围和移动情况对降水有重大影响。台风强度强、范围大、移速慢,有利于降水时间长、降水总量大;反之,热带气旋弱小、移速快,总雨量就比较小。因此,在福建登陆逐渐转向北上的台风,对浙江降水的影响最为严重。

②台风降水与前期浙江所处气团性质关系密切。对路径相似而雨量相差悬殊的台风个例进行对比发现,若台风影响前华东上空气团性质为“暖场”,即 700 hPa 浙江和东海处于≥12 ℃暖中心控制下,华北地区无锋区,华东气温与台风中心附近温度差别很小(±1 ℃),甚至比台风附近温度还要高。当台风中心进入“暖场”后,降水强度往往会受到抑制。若台风影响前华东上空气团性质为“冷场”,即 700 hPa 在华北有锋区存在,浙江一带温度比台风中心附近低 2 ℃以上,与之相应的地面图上江南存在冷锋或静止锋,气压场呈北高南低,台风中心进入“冷场”后,降水会明显增加。

③环境系统及流场与台风降水关系密切。研究表明,台风影响前,若华东地区从地面至 500 hPa 各层一致吹偏东风,有利于暴雨增强;若地面为偏东风,至上空转为西风,则不利于暴雨增强。出现大暴雨的台风往往与盛行东风分不开,偏东气流不仅为台风暴雨提供源源不断的水汽,而且东风中的扰动和热带属性的云团,亦能加剧台风暴雨。在日常预报工作中,有将上海、衡阳、福州三站的 850 hPa、700 hPa、

500 hPa 三层偏东风合计总值,作为预报台风未来降水的重要指标,也有选取琉球群岛一带的站为指标。若出现东风≥12 m/s 时,则认为有东风急流存在,此时若有台风影响,其后 12～24 h 东风急流头部附近地区将出现暴雨。对浙江有影响而没有出现暴雨的"干台风"个例,都有一个共同的特征:长江流域为暖性的地面低压槽,或静止锋在浙江以北地区,对流层低层为南到西南风所控制。

④副高西伸脊的影响。副高西伸脊在 120°E 经线上所在纬度对我国沿海登陆台风降水也有密切关系。当台风接近我国大陆时,120°E 经线上副高脊在 29°N 以南,浙江处于副高脊线附近下沉气流范围内时,台风倒槽得不到发展,降水强度不大;若副高脊线位于 30°N 以北,浙江处于副高南缘偏东气流里时,易有暴雨产生。另外,若华北、日本海和黄海有稳定强大高压存在时,其南部盛行宽广东风气流,当有台风正面袭击浙江省,往往有暴雨发展。

⑤西风带小槽活动与浙江台风降水关系密切。若在台风进入第二警戒线前后,华东北部没有小槽活动,浙江省盛行西南气流,一般说来,这次台风影响降水量不会很大。若台风登陆以前先有冷平流影响浙江,华东北部有西风带小槽活动,则台风影响时都会产生暴雨。

⑥地面静止锋存在增强台风降水。当浙江有静止锋,台风环流或倒槽影响本省时,暴雨强度将会大大增强。若同时又符合"冷场""偏东风"的条件时,则应考虑出现台风"最坏天气"的可能。

⑦台风后部拖曳的热带云团。在台风登陆后,随其后部的偏南气流北上,其范围虽不大,但能产生局部大暴雨。需密切关注卫星云图,进行分析判断。

4.4 强对流

4.4.1 强对流的定义

强对流天气是由对流云系或对流单体云块产生的一种破坏力极大的灾害性天气过程,具有出现突然、移动迅速、天气要素变化剧烈的特点。强对流天气属中小尺度天气系统,一般水平范围为十几至数百千米,生命史短暂,一般为数小时,较短的仅维持几分钟,较长的有数十小时。强对流天气主要包括雷暴、短时暴雨、雷雨大风、冰雹、飑线和龙卷等天气现象。

飑线指带状雷暴群所构成的风向、风速突变的一种中尺度系统,通常伴随或先于冷锋出现。飑线过境时的表现为风向突变、风速快速增加、气压骤升以及气温剧变,平均风力可达 10 级以上,阵风甚至超过 12 级,同时还伴有雷暴、暴雨、冰雹或龙卷风等天气现象。飑线的水平范围很小,长度通常只有 150～300 km,宽度仅为几到几十千米,一般可维持数小时。

冰雹是对流云中形成的圆球形或圆锥形的冰块。水滴随对流云的上升气流到 0 ℃

以下高空后冻结成冰粒，并不断吸附周围的小水滴或小冰晶逐渐长大，当上升气流无法承载其重量时就下降，并逐渐融化，若再次遇到更强的上升气流会再次上升，如此反复，若最终到达地面时仍呈固态的冰粒者，就称为冰雹。

短时暴雨是指短时间内降水强度较大，其降雨量达到或超过某一量值的天气现象。这一量值的规定，各地气象台站不尽相同。我国大部分地区，也包括浙江，将 1 h降水量≥20 mm，或 3 h 降水量≥30 mm，均称为短时暴雨，也称短时强降水。

下击暴流是雷暴云中的下降气流遇地面向外流动的强风。这种大风的风速达 18 m/s 以上，从雷暴母体云下呈直线型向外流的，水平尺度为 4～40 km，突发性强，风切变强烈，危害严重。

4.4.2　强对流的基本气候特征

浙江东面临海的特殊复杂地形造成雷暴、冰雹和短时暴雨等强对流天气多发，其中杭嘉湖平原、金衢丽盆地以及温州、黄岩沿海平原为强对流天气的多发地。

（1）雷暴。据 1951—2008 年全省气象台站资料统计，浙江省年平均雷暴日数为 34.2 d，其中龙泉、丽水、衢州、金华、江山、开化、遂昌、云和以及泰顺等站平均每年为 50 d 左右。全年除秋冬季 11 月至次年 2 月雷暴出现较少外，其他各月的雷暴均较多，尤以 7—8 月为最多，占全年总数的 47.1%（图 4.10a）。根据 2007—2009 年全省闪电定位仪的数据分析，杭州、绍兴和金华交界区域以及台州和温州的部分地区是浙江省闪电多发区。

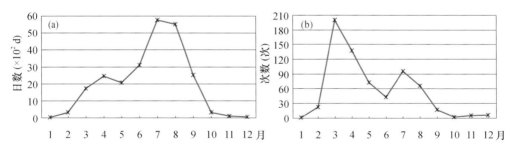

图 4.10　浙江 1951—2008 年月雷暴日总数(a)和冰雹总次数(b)(王镇铭，2013)

（2）冰雹。1952—2008 年气象台站资料统计表明，浙江省共观测到冰雹 674 站次，年平均为 11.8 站次，每年 3—4 月是冰雹高发期，其次是 7—8 月（图 4.10b），其中，1988 年和 1998 年的 3 月分别观测到 27 站次和 29 站次。从全省各地来看，定海、普陀、嵊泗、岱山、洞头等海岛地区很少降雹，而内陆降雹次数较多，出现降雹 15 次以上的有泰顺、龙泉、桐庐和萧山 4 个测站。

（3）短时暴雨。统计 2004—2009 年小时降水量≥20 mm 以及连续 3 h≥30 mm 的资料发现，浙江短时暴雨的高发区主要集中在温岭、乐清、永嘉、文成、平阳、椒江和文成等地，而出现时间主要分布在 6—9 月的 13—22 时。

4.4.3 源地及路径

浙江较大范围的强对流天气一般多由皖南、苏南和赣东等地移入,由本省产生的次数较少、范围也较小。浙江产生强对流的源地具有非常明显的地形地貌特点,主要有4个,均由山地和迎风坡作用而产生:(1)天目山到太湖南岸;(2)新安江水库南侧边缘山区;(3)钱塘江以南的会稽山、四明山北麓及杭州湾南岸;(4)浙南的文成、缙云、云和以及青田一带山区。

影响浙江的强对流路径主要有4类:ⅰ)自北向南影响浙江省。自苏南或皖南一带,向东南扫过浙江省。这条路径一般伴随较强冷空气南下,波及面大,易产生飑线,天气剧烈。ⅱ)自西北向东南转向东方影响浙江北部。在天目山、皖南或苏南一带形成,少数沿太湖南岸东移影响湖州、嘉兴,经上海地区入海;大多数沿山脉边缘到达杭州,沿杭州湾北岸入海;也有较强的过钱塘江时受水陆温差的影响,强度减弱,但越过钱塘江后,在会稽山、四明山的北麓受地形抬升作用重新发展,沿钱塘江南岸经绍兴北部到宁波北部入海,或经绍兴南部,由宁波南部入海。凡是越过钱塘江后东移的过程一般与皖南低压的发生发展过程中的东移有关。ⅲ)自西向东再向东北移动。这条路径根据过程的源地不同,又可分为下列几种情况:①在建德、淳安附近生成,沿富春江移动,经桐庐、富阳、萧山在钱塘江口出海。②在开化一带生成,沿金衢盆地东移,至义乌、东阳后折向东北。这条路径常与杭州湾一带有暖式切变的生成和发展相联系,随着切变线的位置不同,强对流的路径和出海位置也稍有不同:经诸暨、绍兴入杭州湾;或经嵊州、上虞、余姚沿杭州湾南岸东移,经宁波、镇海一带入海;也有经东阳、新昌继续东移在象山港入海。ⅳ)自南向北移动。从景宁、缙云生成,经嵊州、上虞再转向东南。这条路径出现的概率较低,它常与静止锋北抬相联系。

综合以上分析可以发现,强对流天气的源地、路径均与地形地貌有密切相关,强对流云团多沿山谷盆地或山脉河流的边缘移动,且过江河湖海都有减弱现象,只有那些特强的对流云团,才有可能越过山脉、江海继续发展。

4.4.4 形成强对流的大尺度环流条件

强对流天气的源地、路径不仅与地形地貌有密切关系,也与天气形势、影响系统密切相关。强对流云团的移动速度也与天气系统有关,不同性质的强对流天气有不同的移动速度,从雷达回波分析发现,雷雨大风和飑线移动速度较快,短时暴雨一般移速较慢。分析形成强对流的天气尺度系统,可归纳出3个特点。

(1)有低层辐合聚能的天气系统存在。强对流形成于入海高压后部的西南气流与河套东移的高压流场之间,一般在河套以南到长江流域从地面到850 hPa有明显的低槽,切变线、锋面、低压等系统存在。这种低层辐合聚能的天气尺度系统具有冷、暖气团交汇、聚能、触发的作用。

(2)春季和初夏的强对流常常伴有西南急流。850 hPa江南的西南急流对不稳定能量的输送、集聚和中、小尺度扰动的产生起着重要的作用。浙江出现较大范围的强对流天气过程,江南地区一般都有西南急流存在,且有一定的提前量。统计 121 个≥5 个县的强对流过程与低空急流的关系发现:强对流与西南急流的关系具有季节性特征,其中,以 3—4 月强对流与低空急流的关系最密切(表 4.4),尤以 4 月更为明显,盛夏 8 月关系不明显。春季和初夏副高脊线在 20°N 附近,西南急流主要位于江南地区;盛夏随着副高脊的北抬,西南急流出现的次数逐渐减少,西南急流也主要出现在长江以北,此时浙江出现的强对流天气则常与热力作用和垂直风切变作用相联系。

表 4.4　浙江省春、夏季强对流过程与急流的相关对比统计

月份	强对流次数	有急流次数	无急流次数	有急流比例(%)
3	7	6	1	85.7
4	25	24	1	96.0
5	14	8	6	57.1
6	13	9	4	69.2
7	34	19	15	55.9
8	28	5	23	17.9
合计	121	71	50	58.7

　　(3)有提供触发机制的大尺度天气形势背景。强对流天气易在"下暖湿、上干冷"的系统配置下发展。当不稳定能量大量集聚后,必须有一个促使其得到释放的机制。飑线、露点锋、重力波等都是强对流的触发机制,这种触发机制的形成往往与 4 类大尺度天气形势背景相联系。①东亚环流由纬向型转为经向型。欧亚中高纬阻高的东移南压,脊前的西风槽迅速发展加深,河西走廊和河套地区有大片的 NW—N 风,风速大都在 8 m/s 以上。冷锋快速南移,坡度较大,甚至出现前倾槽,触发江南地区集聚的不稳定能量得以释放。冷锋过境前易出现飑线,过境后会有雷雨大风。②500 hPa 有南支系统。高原地区有脊槽系统东移,并有一对正负变高中心与之相配合同时,温度槽脊落后于高度槽脊,使得槽脊在东移过程中得到发展,长江流域低空切变线加强,波动发展,经长江口、杭州湾一带入海。当 500 hPa 南支槽线过 105°E以后,在暖锋切变附近、波动经过地区以及暖区内都可以产生强对流天气。③高空有冷涡或副高减弱。盛夏受副高控制,天气晴热,热力条件已不成问题,只要有动力条件强对流就有发展的可能。盛夏触发强对流的动力条件一般表现在 500 hPa 以上的高空,如副高处于周期性的减弱阶段,副高西伸脊连续出现负变高,西风带有槽底过 35°N 的深槽东移或浙江上空有<−4 ℃的冷涡(冷舌)。④副高断裂。盛夏副高常出现断裂成两环的状态,一环在东海及其以东的洋面上,另一环在浙西至两湖地区,浙江处于相对的槽区,上空出现 NW—N 风,当西风带有槽东移时,后部冷空气侵入,易出现强对流天气。另外,断裂的副高使东风带系统如台风倒槽、东风坡、辐合线等登陆浙江,也可以触发强对流天气。

4.4.5 强对流预报分析手段

（1）探空资料

探空资料分析主要考虑 200 hPa、500 hPa、700 hPa、850 hPa 和 925 hPa 等特征等压面的风、温度、湿度、变温、变高、温差等要素。

风场的分析包括切变线（辐合线）、急流、显著流线和等风速线分析，目的是寻找低层的辐合区、高层的辐散区以及高低空的垂直风切变区。

温度场的分析包括温度脊（暖脊）、温度槽（冷槽）、变温和温度差等，目的是判断垂直方向的热力不稳定和水平方向的冷暖平流。一般在对流层低层要重点关注暖脊，中层重点关注冷槽，另外，在对流层中层常用变温分析来确定表征冷平流的显著降温区。

湿度场的分析包括露点锋（干线）、显著湿区（湿舌）和干舌。由于大气中大约 70% 的水汽集中在近地面的 3 km 以内，因此，湿度场的分析主要集中在 700 hPa 及以下。露点锋是指水平方向上的湿度不连续线，它的一种特殊形式即干线。干线是对流的触发机制之一，它的垂直伸展高度可达地面以上 1～3 km。

（2）多普勒天气雷达

多普勒天气雷达适合于目测以及天气图都难以把握的中小尺度甚至小尺度系统的探测和临近预警服务。单部多普勒天气雷达 2 km 分辨率的基本反射率产品最远探测距离约为 460 km，1 km 分辨率约为 230 km，约 6 min 完成一次体扫。多普勒天气雷达可以生成基本反射率（实时回波强度 R）、径向速度 V 和速度谱宽 W 等三类基本产品，可以直观地反映锋面、暴雨等天气尺度和中尺度气象特征。由三类基本产品及其导出的组合反射率 CR(37、38)、回波顶高 ET(41)、风廓线、垂直累积液态含水量 VIL(57)、风暴跟踪信息（STI 58）、1 h 降水量（OHP 78）、3 h 降水量（OHP 79）以及风暴总降水量（STP 80）等产品，可提供丰富的强对流天气的信息，综合使用可以较准确和及时地监测预报强对流天气。

回波强度 R 是判断强对流天气的重要参数，其强中心一般与局地暴雨、冰雹等强降水有关。一般飑线回波，由对流回波带、弱层状云降水回波组成，对流回波带则由多个强单体有序排列，具有强度强、梯度大的特征，常与冰雹、下击暴流、雷雨大风密切相关。

径向速度 V 也是判断强对流天气的一种有效参数，其分布形态在识别风害时特别有效。强对流天气的出现和发展往往和气流的辐合辐散以及气流的旋转有关，可以根据风场的径向分量表现出的特殊结构形态，对强对流天气伴随的典型风场进行识别。从径向速度分布图中可以看出气流中的辐合辐散和旋转的特征，并可给出定性和半定量的估算。辐合或辐散表现为一对最大和最小两个极值中心的径向速度对，且速度对的中心连线和雷达的射线相一致。气流中的小尺度气旋或反气旋也表现为一个最大和最小的径向速度对，但其中心连线走向与雷达射线相垂直。具有辐合或辐散的气旋或反气旋则表现为最大、最小值的连线与雷达射线走向呈一定夹角。根据中心连线的长度，径向速度最大值、最小值以及连线与射线的夹角，可以半定量地估算气旋或反气旋的散度和涡度。这使得多普勒天气雷达在监测龙卷气旋和下击暴流等以风害为主的强天气中具有独到之处。对于风中出现的强风切变的风害天气,径向风场图像也有很好的标志,可以估算最大风速和切变量。

（3）气象卫星

气象卫星产品大致可划分为三大类,即图像产品、定量产品、图形分析产品。作为强对流天气监测的主要手段,气象卫星资料的分析主要对象是对流云团、弧状云线和干区。

对流云团是产生强天气的一种重要中尺度系统,呈圆形、准圆形、椭圆形、纺锤形等不同形状。部分文献中以红外通道亮温≤220 K区域表示云团内部冷云区,强天气多出现在冷云区内。

弧状云线是当雷暴发展到成熟阶段时,强降水伴随强烈的下沉气流（或称下击暴流）在地面形成冷性中高压,其外泄冷气流向四周扩散,并形成一个弧状外流边界,外流气流与周围气流相互作用,形成由积云组成的弧状对流云线。

干区指水汽通道亮温值≥255 K的特征线,它是对流层中上层大气很干燥的表征。若干冷空气在低层湿空气上流动,大气层结潜在不稳定性增加,一旦有抬升机制容易触发对流。

（4）多种资料联合分析

强对流的生消大多和对流的发展有关,强对流过程的分析是静止卫星、新一代天气雷达、常规探空观测、地面中尺度自动站观测等资料以及其衍生产品的综合分析（陈明轩 等,2004）,参考国内外的一些文献和典型个例的分析,强对流天气综合分析所需的各类主要资料和指标可归纳于图4.11中。

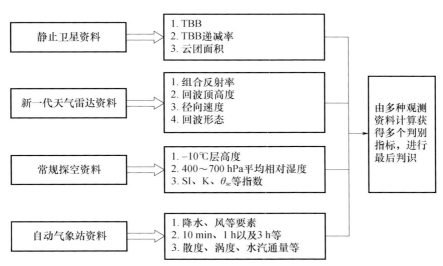

图 4.11　强对流识别的多种资料联合分析所需资料与指标（王镇铭,2013）

4.4.6 强对流天气的预警预报方法及着眼点

(1)3～12 h 的潜势预报着眼点

根据强对流生命史的特点,在 3～12 h 的预报时效内,强对流天气预报主要关注是否具有发生、发展的潜势及可能的落区。因此,其预报的着眼点在以下 3 个方面:

①背景场的特征。关注强对流形成的大尺度环流条件,着重分析预报区域 500 hPa 槽线、850 hPa 或 700 hPa 的西南气流以及 700 hPa 假相当位温等的汇合区域。

②动力抬升、水汽分布和不稳定条件。动力抬升方面要关注 700 hPa 和 850 hPa 切变线以及 850 hPa 西南气流最大风核出口等特征;水汽分布方面要关注 850 hPa 最大比湿特征线、925 hPa 水汽通量散度特征线以及地面湿舌的重叠区;不稳定条件方面则要关注 500 hPa 温度槽与 850 hPa 温度脊、$T_{850-500}$ 特征线与对流有效位能(CAPE)3 h 变量特征线的汇合区域。

③地面触发条件。关注地面辐合线(含锋面)与地面总能量特征线以及 3 h 变压等特征。

通过上述 3 个方面,借助定量化的指数分析,来判定预报区域是否具有强对流发生发展的潜势。例如,上述 3 方面所确定的重合区域,基本就是未来 12 h 的强对流天气落区。另外,不同种类的强对流天气具有不同的特征,其关注点也略有不同:一般短时暴雨回波移速较慢,需要关注风暴的移速;雷雨大风需要关注是否有强烈的下沉气流;冰雹则需要关注强烈的上升气流以及 0 ℃层高度。

(2)0～2 h 临近预报着眼点

0～2 h 的预报时效,属于强对流的临近预报,预报主要关注强对流的落区、移动路径、强度及其变化,预报的关键是分析预报区域内卫星云图、闪电定位资料及雷达产品等的特征,根据过去 3 h 周边区域的强天气实况、雷达回波强度、移向移速、闪电定位资料来发布预警信息。

在卫星云图方面,强对流的云团的形状、密实程度和亮温梯度均有较好的特征。在闪电定位资料方面,电闪次数以及其正负、陡度以及强度等有明显的特性。雷达产品中的特征量更为突出。雷达回波强度图像中,强降水一般表现为涡旋、逗点状、涡带和带状等形态结构;雷雨大风会出现弓形、飑线、带状、阵风锋和钩状回波等形态结构;若有钩状和飑线等回波形态结构,有三体散射(TBSS)特征,并且垂直累积液态水含量在短时间内急剧升高,则可以判断可能出现冰雹。在雷达速度图中,零线的形状、逆风区、急流区以及冷暖平流等均是判断强对流的重要指标。另外,回波顶高度、垂直累积液态水含量、风暴追踪、中气旋以及冰雹指数等产品都对强对流天气监测预警预报有很好的指导意义。

4.5　大雪

4.5.1　大雪的定义和基本气候特征

当某一气象站人工观测(下同)过程积雪深度≥5 cm,定义为该站的一次大雪过程,过程积雪深度≥10 cm,定义为该站的一次暴雪过程。在全省范围内达到 15 个站或以上积雪深度≥5 cm,同时伴有 5 个站或以上积雪深度≥10 cm 的降雪过程,定义为全省大范围的大雪到暴雪天气过程。

浙江单站出现大雪最早的为 1987 年 11 月 29 日的富阳(6 cm),出现暴雪最早的是 1954 年 12 月 9 日的嵊州(10 cm)。全省大范围的大雪到暴雪一般是,浙江北部和中部地区略早于南部地区,浙江北部和中部地区最早出现在 1985 年 12 月 10 日,南部地区最早出现在 1975 年 12 月 13 日。

浙江单站大雪最迟为 1976 年 3 月 18 日的杭州(5 cm)。全省大范围的大雪最迟出现日期是 2005 年 3 月 12 日。全省暴雪最迟日期一般是,浙江南部地区早于浙江北部和中部地区,南部地区最迟为 1996 年 2 月 23 日,浙江北部和中部地区最迟为 2005 年 3 月 12 日。

据 1951—2008 年浙江省资料统计,浙江省共出现了 121 次大雪过程,平均每年为 2.09 次,其中暴雪过程为 69 次,平均每年为 1.19 次。年大雪次数出现在平均值以下的年份有 43 年,占 74.1%,出现在平均以上有 15 年,占 25.9%,其中,1962 年、1976 年、1981 年、2000 年、2001 年、2002 年、2007 年共 7 年没有出现大雪过程,一年出现 5 次或以上的大雪过程有 7 年,分别为 1956 年、1967 年、1969 年、1970 年、1977 年、1984 年、1985 年。1977 年大雪暴雪过程最多,出现了 7 次大雪过程,其中 5 次为暴雪过程。浙江省大雪、暴雪过程次数大体上由南向北增多,最多是浙北,其次是浙中,最少是浙南。从月际分布来看,浙江大雪、暴雪均出现在 12 月至次年 3 月。大雪次数最多在 1 月,共 55 次,占 45.5%,次多是 2 月(45 次),占 37.2%,最少是 3 月和12 月,分别为 7 次和 15 次。暴雪次数月际分布与大雪相似,最多也在 1 月和 2 月,分别为 28 次(占 40.6%)和 27 次(占 39.1%),最少也是 3 月和 12 月,分别为 6 次和 8 次。需要特别注意的是,3 月虽然大雪过程少,一旦出现大雪就伴随暴雪的出现,历史上 3 月出现 7 次大雪,其中就有 6 次达到暴雪,对茶叶生产以及其他农业生产均造成了严重损害。

从全省各地历年极大积雪深度分布可以看出,浙江省出现过 30 cm 以上积雪的区域主要在衢州、金华、杭州、绍兴地区和宁波的中南部、台州的北部地区以及湖州的西部山区。最大积雪中心有 4 个,分别为天台的 62 cm 和东阳的 55 cm(1961 年 2月 14—17 日),开化的 52 cm(1972 年 2 月 6—8 日)和安吉的 37 cm(1984 年 1 月 17—18 日)。积雪最小的是温州的东南部地区,在 10 cm 以下,其次是嘉兴和舟山地区,均在 20 cm 以下。

4.5.2 大雪、暴雪天气学模型

据 1961—2008 年 34 次全省性大范围的大雪到暴雪过程分析,浙江省产生大范围的大雪到暴雪的天气系统主要是北方冷空气南下和南方西南气流在浙江上空辐合所致。分析大雪到暴雪过程中各层环流形势,其中大雪到暴雪出现前 24 h 的 700 hPa 环流形势最具有规律性,以此为依据将浙江大雪到暴雪的天气学模型归纳为 4 种类型:乌拉尔山阻高蒙古横槽型、长江切变线型、中低纬短波槽型和东阻型。

(1)乌拉尔山阻高蒙古横槽型

700 hPa 环流基本特征:乌拉尔山阻高、蒙古横槽长时间稳定维持,冷空气从横槽内不断分裂南下,西南急流将孟加拉湾的水汽向我国东部沿海输送,冷空气和西南气流在浙江上空汇合,为大雪到暴雪过程提供了辐合上升运动和水汽条件。具体为:①乌拉尔山及以东地区有阻高存在,高压脊伸展到贝加尔湖及以北地区。②阿留申群岛有低涡。③鄂霍次克海经蒙古国到巴尔喀什湖一带为宽阔的低槽区,低槽西段 $45°—53°N,60°—130°E$ 区域内,有 NNE 风与 WNW 风之间的东西向横槽,长江以北至黄河流域维持着 NW—WNW 气流。④湖北西部—重庆—四川南部—孟加拉湾北部有低槽,华南至长江($23°—34°N,100°—122°E$)区域内水汽充沛,温度露点差≤2.0 ℃,并有≥12 m/s 西南急流存在。

温度场基本特征:500 hPa、700 hPa 我国华北到长江流域($28°—45°N$)有密集的温度线,低层 850 hPa 密集温度线区域更宽,从华北到华南北部均为密集温度线区。地面冷锋已过河套以东,冷空气不断从横槽内分裂南下,锋区堆积在华北到华南地区,造成浙江连续降温和持续性雨雪天气。当横槽转竖东移南下,浙江省气温继续下降,出现大范围的大雪到暴雪过程,雨雪天气结束后,降温可达到寒潮标准。具体各层表现为:①500 hPa 从新西伯利亚至俄罗斯东部到我国黑龙江北部有大范围温度≤−40 ℃的闭合线,我国东北至江苏沿海为密集温度线,浙江北部 30°N 附近有−16℃温度线,−12 ℃温度线南压到浙江南部与福建北部交界处。②700 hPa 俄罗斯东南部至我国黑龙江北部有温度≤−28 ℃的闭合线,浙江北部(30°N 附近)为−4 ℃温度线,0 ℃温度线南压到浙江南部。③850 hPa 平均温度场走向与 700 hPa 高度场相似,与蒙古横槽相配合,贝加尔湖以南有东西向温度槽,冷中心强度达−28 ℃,0 ℃温度线到达 29.5°N。

(2)长江切变线型

700 hPa 环流基本特征:欧亚上空有二支气流:一支是鄂霍次克海低涡后部的偏北气流,经我国东部沿海东移南下;另一支为从孟加拉湾东移的南支西南暖湿气流。两支气流在长江流域辐合,为浙江的大到暴雪提供有利的水汽和天气环流背景。具体为:①乌拉尔山地区和鄂霍次克海至日本海为低槽区,鄂霍次克海有闭合低涡。②东亚地区南北反位相环流明显,俄罗斯中东部、蒙古国和我国华北、青藏高原为高压脊,高压中心在青藏高原,并有明显的闭合中心。③长江流域存在东北风与西南风的切变线,副高偏强,南海至菲律宾以东洋面有 316 dagpm 线,亚洲低纬地区及欧洲南部为纬向性环流,30°N 以南地区低槽活动频繁,平均主槽位于阿富汗和伊朗地区,我国大陆 30°N 以南地区一直维持西南气流,并有 ≥12 m/s 的西南急流存在,孟加拉湾的水汽沿着槽前的西南气流源源不断向浙江输送。

温度场基本特征:500 hPa、700 hPa、850 hPa 三层冷中心的强度和等温线的走向与乌拉尔山阻高蒙古横槽型的平均温度场相似,从我国华北、东北到华南(25°—45°N,100 °—130 °E 区域内)均为密集温度线区域,但密集温度线区域位置均较乌拉尔山阻高蒙古横槽型偏南,700 hPa 和 850 hPa 的 0 ℃ 温度线分别南压到福建中部和浙江南部与福建北部交界处,浙江上空中低层温度低,浙北地区 700 hPa 为 −9 ~ −6 ℃,850 hPa 为 −7 ~ −4 ℃。

(3)中低纬短波槽型

700 hPa 环流基本特征:极涡位置偏南,俄罗斯北部海岸有闭合线,俄罗斯中北部地区为低压槽,欧亚中低纬度为纬向环流,短波槽活跃,将阿拉伯海和孟加拉湾的水汽输送到我国南方地区,为浙江的大到暴雪提供充足的水汽条件。

温度场基本特征:冷空气从西伯利亚南下,强度强,俄罗斯大部地区 500 hPa 温度达 −40 ℃ 以下,冷中心强度在 500 hPa、700 hPa、850 hPa 分别达 −45 ℃、−40 ℃、−35 ℃ 以下。该型的个例不多,虽然冷中心强度强,但浙江上空的中低空温度不低,在 3 个大到暴雪过程中,700 hPa 和 850 hPa 的 0 ℃ 线有 2 个过程在 30°—32°N,1 个过程南压到福建北部。

(4)东阻型

700 hPa 环流基本特征:欧亚中低纬度为纬向环流,但青藏高原有高压脊隆起,并有 308 dagpm 的闭合高压中心,高压脊前有 ≥12 m/s 的西南急流,为浙江省大雪到暴雪提供水汽条件;俄罗斯中东部为高压脊,并有 300 dagpm 的闭合高压中心,鄂霍次克海至黄海、东海北部为低压槽,槽后不断有偏北气流南下,这支气流与南支西南气流在我国东部沿海 30°N 交汇,为浙江省大到暴雪提供辐合上升运动。

温度场基本特征:西伯利亚至俄罗斯中部为暖脊,冷空气位置偏东,强度偏强,冷中心在我国东北地区,500 hPa、700 hPa、850 hPa 中心温度分别达 −40 ℃、−30 ℃、−30 ℃,山东半岛至长江流域有密集的温度线,冷空气以东路路径,从我国东北地区经我国东部沿海南下,700 hPa 和 850 hPa 的 0 ℃ 线分别压到浙南和浙中地区。

4.5.3　大雪到暴雪的温度指标和水汽条件

(1)850 hPa 和 700 hPa 温度 0 ℃ 线

在降雪的预报中,常用 850 hPa 和 700 hPa 温度的 0 ℃ 线位置作为预报浙江省降雪依据(曾欣欣 等,1987)。统计 1961—2008 年浙江省 34 次大范围大雪到暴雪天气过程开始降雪时 850 hPa 和 700 hPa 温度 0 ℃ 线到达的位置,发现 700 hPa 温度

0 ℃ 线基本上都要南压到 28°N 或以南地区，850 hPa 温度 0 ℃线大部分情况下要南压到 29°N 以南（曾欣欣，2008）。在 34 次过程中，700 hPa 温度 0 ℃线有 25 次过程到达 27.5°N 或以南地区，占总个例的 73.5%；有 8 次过程温度 0 ℃线到达 28°N，占总个例的 23.5%；只有一次过程 700 hPa 温度 0 ℃线到达 30°N（1964 年 2 月 14 日）。850 hPa 温度 0 ℃线有 15 次过程南压到 27.5°N 或以南地区，占总个例的 44.1%；有 12 次过程 850 hPa 温度 0 ℃线南压到 29°—28°N，占总个例的 35.3%；有 7 次过程 850 hPa 温度 0 ℃线到达 30°N 或以北地区，占总个例的 20.6%。

（2）水汽条件

分析 34 次过程的水汽通量，造成浙江大范围的大雪到暴雪天气的水汽，主要来自南海和孟加拉湾。在 34 次过程中，水汽来自南海 19 次，占 55.9%；来自孟加拉湾有 10 次，占 29.4%；另有 2 次来自西藏高原南部，占 5.9%。

分析浙江省 34 次大到暴雪过程，22°—30°N，110°—122°E 范围内，高空各层最大水汽通量的值，发现：造成浙江大到暴雪的水汽充分，水汽发展较高，湿层较厚，从低层到 300 hPa 均有水汽存在。水汽通量中心值一般在 10～16 g/(hPa·s·cm) 之间，最大是 1991 年 12 月 27—28 日的 22 g/(hPa·s·cm)，最小是 1968 年 1 月 29—30 日的 7 g/(hPa·s·cm)。

从各层水汽通量看，最大的湿层在 500～700 hPa，其中水汽通量≥10 g/(hPa·s·cm) 有 80% 的过程在 700 hPa 和 600 hPa。降雪范围、降雪量越大，需要湿层越厚，如 1977 年 1 月 1—4 日、1977 年 1 月 28—29 日、1983 年 12 月 28—29 日、1989 年 1 月 12—13 日 4 次过程，积雪深度≥5 cm 站数接近 50 个或≥50 个，≥10 cm 站数≥30 个，水汽通量从 700～500 hPa 均超过 10 g/(hPa·s·cm)，400 hPa 均超过 4 g/(hPa·s·cm)。

4.6　高温

4.6.1　高温的定义和气候特征

定义日最高气温≥35 ℃ 为高温，≥40 ℃ 为强高温或酷热高温。如日最高气温达到高温或强高温，则定义当日为一个高温日或强高温日。

浙江高温日数常年平均值：沿海、海岛在 10 d 以下，金衢盆地、丽水市达 30～40 d，其他地区为 10～30 d。浙江省大部地区均出现过 40 ℃ 以上的高温，最高纪录为新昌的 44.1 ℃，出现在 2013 年 8 月 11 日。杭州最高纪录为 41.6 ℃，出现在 2013 年 8 月 9 日。1951 年以来，属酷暑年的有 2013 年、2003 年、1971 年、1953 年、1967 年、2017 年、1988 年、1995 年、1998 年、2007 年。

2003 年、2013 年浙江省均经历了历史罕见的高温酷暑天气。2003 年 7 月中旬至 8 月初，先后有 41 站极端最高气温破历史纪录，占全省统计站点的 69%，许多站的历史纪录是一破再破,屡创新高,丽水 7 月 31 日的 43.2 ℃创当时浙江省的最高。2013 年高温酷暑严重程度超越 2003 年,浙中浙北部分地区极的端最高气温为百年一遇,有 34 站极端最高气温破历史纪录,8 月 11 日绍兴新昌出现 44.1 ℃最高气温,破 2003 年创造的浙江最高纪录(2003 年 7 月 31 日丽水 43.2 ℃)。2013 年全省近40%站点比 2003 年前的历史极值高出 1 ℃以上,温州、椒江等地高出 2 ℃以上,庆元高 2.4 ℃。

浙江各地高温的最早出现日期一般在 4 月下旬至 5 月上旬,基本表现为内陆开始早,沿海开始迟。浙江省高温最早出现的是文成(1988 年 3 月 15 日),2007 年 3 月30 日丽水、云和也出现高温。浙江沿海地区及嘉兴地区出现高温的最早日期在 5 月中旬以后,其中乐清高温最早出现的日期为 2005 年 7 月 4 日,洞头高温最早出现的日期为 2008 年 7 月 3 日,石浦为 2007 年 7 月 2 日,玉环从未出现过高温。高温结束沿海早、内陆迟。沿海地区高温的最迟日期一般在 9 月中旬,9 月下旬以后就不再有高温天气,乐清高温的最迟日期 2006 年 8 月 31 日为全省最早。内陆的大部分地区高温的最迟时间都出现 10 月上旬,高温极端最迟日期为 1973 年、1983 年和 2002 年均为 10 月 4 日,其中 1983 年 10 月 4 日浙南遂昌、仙居、丽水、青田、云和、文成共 6站出现高温,1973 年 10 月 4 日丽水、建德、安吉共 3 站出现高温。

浙江 40 ℃以上的酷热高温出现在 7 月上旬至 9 月上旬时段内(表 4.5),出现频次最高为 7 月下旬,占 24.9%,其次是 8 月上旬,占 20.6%。9 月上旬,浙江仍有 40 ℃以上的酷热高温出现,占 5.6%。浙江 40 ℃以上酷热高温最早出现日期是 2005 年 7月 3 日,最迟出现日期是 1967 年、1995 年均为 9 月 8 日。9 月中旬以后,浙江各地不再有 40 ℃以上的酷热高温出现。

表 4.5　浙江 40 ℃以上酷热高温在各旬分布情况(郭巧红 等,2009)

时段	7 月上旬	7 月中旬	7 月下旬	8 月上旬	8 月中旬	8 月下旬	9 月上旬
频次	27	38	58	48	27	22	13
占比(%)	11.6	16.3	24.9	20.6	11.6	9.4	5.6

4.6.2　高温的天气形势特点

浙江大范围的高温主要在 6—9 月,以盛夏 7 月、8 月为盛,此时,浙江省盛行夏季风,影响浙江省的主要天气系统是副高和热带气旋;另外,春末初夏 4—5 月,冬季风和夏季风转换季节,也时有高温出现,此时的高温是由西风带系统和副高造成。故依据浙江省的高温环流形势特点,分为夏季高温和春季高温来分析。

(1)夏季高温

根据副热带高压的不同位置,将浙江夏季高温天气形势分为副高控制型、大陆高压控制型、副高边缘型以及近海台风型等四种类型(郭巧红 等,2009)。

西太平洋副高控制型。由于西太平洋副高是一个深厚的大型暖性高压,面积大、环流形势稳定,受其控制,往往造成大范围、持续性的高温天气。如果处于其脊线附近或 500 hPa 高度达到 590 dagpm 以上,则容易出现 40 ℃ 以上的强高温天气。此类高温天气的特点是持续时间长、高温强度强。

大陆高压控制型。500 hPa 西太平洋副高位置偏东,其西伸脊在 122°E 以东,长江中下游地区受大陆高压控制。此类大陆高压的产生有 3 个原因:①从青藏高原东移,进入长江中下游地区;②西伸到大陆的带状西太平洋副高断裂形成大陆高压;③华北高压南落。此类高温天气的特点是湿度较小,日较差相对较大。

副高边缘型。此类又可细分为副高北缘型和副高南缘型 2 个子型。①副高北缘型。副高西伸脊西伸至 120°E 以西,但其脊线位置比较偏南,浙江省处于副高西北侧的西南气流中。此子型的高温天气多出现在初夏季节,特点是湿度大,天气较为闷热,容易伴有午后雷阵雨天气。②副高南缘型。副高脊线位置偏北,浙江省处于副高南侧的偏东气流中。此子型的高温天气多出现在 7 月中下旬至 8 月,特点是高温强度相对较弱,37 ℃ 以上的高温天气出现较少。

近海台风型。在台湾以东、东海东部的东北洋面等近海有较强的热带气旋活动,副高西伸脊东退到 130°E 以东。此时热带气旋的纬度与浙江省相近,浙江省处于气旋西侧的相对高压区,与气旋的强烈辐合上升运动相配合,浙江省上空出现强的辐散下沉气流,天空少云。下沉气流的绝热升温和太阳辐射增温效应的共同作用,使浙江省出现高温天气。此类高温天气的强度也相对较弱。

(2)春季高温

春末初夏季节,除副高影响之外,西风带系统也会导致浙江省出现较大范围的高温天气。由于天气系统变化相对较快,气温起伏大,升温迅速,此时的高温预报难度较大。通过历年春季高温的统计分析,根据 500 hPa 环流形势特点,将春季高温的环流形势分为 3 个类型:西北气流型、西南气流型、西风带高压脊型。

西北气流型。500 hPa 欧亚大陆环流为两槽一脊型,贝加尔湖附近是高压脊,东北至日本为低槽区,浙江省受槽后脊前的西北气流控制。此型一般西太平洋副高偏强,588 dagpm 线西伸脊西伸到 110°E,浙江在 584 dagpm 线附近,贝加尔湖高压脊与副高西伸脊叠加。地面图上浙江省处于入海高压后部的低压倒槽中,气压梯度大,西南气流强。850 hPa 的温度场上,西北地区有强暖中心,其暖脊自西北地区向东南伸展,浙江省上空温度达 20 ℃ 以上。如 1988 年 5 月 1—2 日就是典型个例,临安、桐庐、建德、兰溪、金华、嵊州、义乌、衢州、江山、永康、缙云、云和、龙泉、丽水、遂昌等 15 个站出现高温天气。

西南气流型。500 hPa 南支槽位于河套至西南地区东部,东移缓慢并有所加深;北支锋区在 40°N 以北,588 dagpm 线西伸脊西伸到 100°E,北缘到华南沿海;南支槽前西南气流和副高西北侧的西南气流在江南汇合,形成强劲的西南风。地面图上,浙江省处于入海高压后部,主要的辐合区位于华北北部到蒙古国一带。浙江省为高低空一致的西南气流控制下的暖区晴朗天气。850 hPa 温度场上,华中有暖脊东伸发展,浙江省上空温度达 20 ℃以上。2004 年 4 月 20—21 日就是典型南支槽前西南气流控制的高温天气,20 日浙北、浙中和浙南有 8 站出现高温,21 日浙北地区有 7 站出现高温。

西风带高压脊型。500 hPa 东亚槽东移收缩,长江中下游地区受西风带高压脊控制。由于西太平洋副高正处于加强西伸阶段,二者叠加,使得西风带高压脊在华东地区维持少动。浙江省地面图上处于入海高压后部东西向的倒槽中,850 hPa 受 20 ℃ 的暖脊控制,受其影响会出现较大范围的高温天气。如 1997 年 5 月 4—5 日 500 hPa 东亚槽东移收缩后,长江中下游地区转受西风带高压脊控制,浙江省出现连续 2 d 的高温天气,其中 5 月 4 日有 15 个测站出现高温,5 月 5 日有 9 个站出现高温。

4.6.3　盛夏区域性酷热高温天气的环流特征

盛夏浙江省时有区域性酷热高温天气出现,给人民生活和农作物生长都有严重影响。定义本省范围内同一天≥3 个测站出现 40 ℃以上高温为区域性酷热高温日。据 1971—2008 年统计,浙江省共出现 68 个区域性酷热高温日。依据酷热高温日当天 08 时 500 hPa 副高的强度和位置,将酷热高温的天气环流形势分为 4 个类型:

(1)副高 588 dagpm 线控制,共 44 日次,占 64.7%,其中 5 日次为 592 dagpm 线控制浙江,是浙江省高温酷暑的主要天气型。

(2)副高 588 dagpm 线边缘,有 9 日次,占 13.2%。

(3)副高 584 dagpm 线控制,共 13 日次,占 19.1%。此型副高中心强度较弱,浙江受 584 dagpm 线的高压脊控制,但 584 dagpm 线控制的范围宽广,北界在 35°N 以北,西伸脊到 110°E 以西。

(4)副高 584 dagpm 线北部边缘,仅有 2 日次。

在 500 hPa 的 588 dagpm 线边缘或 584 dagpm 线北缘,出现 40 ℃以上酷热高温,对这类酷热高温的预报存在一定的难度。进一步对其 500 hPa 的前期环流形势分析发现,酷热高温的出现相对于副高的减弱存在一定的滞后效应。前期副高持续偏强,并控制浙江;然后副高减弱,浙江处于 588 dagpm 线边缘或 584 dagpm 线北缘,且前期浙江省已出现持续的高温天气,由于前期的累积效应,40 ℃以上酷热高温天气就出现在副高减弱周期的开始阶段。另外,在 850 hPa 的温度场上,酷热高温日当天 08 时 850 hPa 浙江存在 20 ℃以上的暖中心或暖脊。

4.6.4　高温天气的预报着眼点

(1)夏季高温

夏季是浙江高温最频繁的季节,根据其环流特点,高温的预报着眼点主要在以下 4 方面。

①西太平洋副高。西太平洋副高是盛夏高温的主要天气系统,在预报时需密切

关注副高强度的周期变化、南北摆动和东退西进。若副高处于增强周期,则高温将持续或发展;若副高减弱,则高温中断或强度减弱。一般副高脊西伸,高温加强;副高东退,高温减弱。

②西风带槽脊的影响。当西风槽影响时,副高减弱或断裂,使高温中断或减弱;当西风脊东移,往往与副高西伸脊叠加,使高温持续发展。

③台风等东风系统的影响。台风影响浙江省时,高温明显减弱或中断。台风西行往往使副高西进,高温持续或发展。当台风北上转向时往往使副高断裂和减弱,造成高温中断或减弱;若此时离我国沿海较近,浙江省处于台风西侧的相对高压区,高温仍会持续,但强度会有所下降。

④青藏高压。青藏高压的东移控制,浙江省将出现高温天气。另外,青藏高压的东伸加强,会促使副高加强西伸,高温将持续发展。

(2)春季高温

春季高温预报存在较大的难度,通过高温环流形势特征分析,可归纳出4个预报着眼点。

①地面气压场上,我国东部地区是一个大型的低压系统,浙江省处于入海高压后部、低压或地面倒槽前部的西南气流中,低层强辐合区位置偏北,位于蒙古国和我国西北、华北、东北一带。

②500 hPa受西北气流、高压脊控制,或者500 hPa和地面处于一致的西南气流中,天气晴朗,太阳辐射增温明显。

③当500 hPa受西北气流控制时,必须配合副高偏强,西伸脊明显偏西,一般在110°E以西,或者副高处于加强西伸阶段,天气系统东移缓慢。

④850 hPa有16 ℃以上暖中心或暖脊控制。

4.7 干旱

4.7.1 干旱的定义

干旱是指某些地区因天气气候异常,使某一时段内降水异常减少,水分短缺的现象。气象上表示干旱的指标较多,均有其特点,常用的是"气象干旱综合指数 Ci"(中国气象局预测减灾司,2005)。

气象干旱综合指数是以标准化降水指数、相对湿润指数和降水量为基础建立的一种综合指数:

$$Ci = \alpha Z_3 + \gamma M_3 + \beta Z_9 \tag{4.1}$$

当 $E_5 < 5$ mm 时,则 $E_5 = 5$ mm;当 $Ci < 0$,并 $P_{10} \geqslant E_5$ 时,则 $Ci = 0.5Ci$。

其中,Z_3、Z_9 为近 30 d 和 90 d 标准化降水指数(SPI),为了消除了降水的时空分布差异,保证计算稳定的特性,计算 SPI 时,需先求出降水量 Γ 分布概率,然后再正态标准化。

M_3 为近 30 d 相对湿润度指数(MI)。$MI=(P-E)/E$,P 为降水量,E 为可能蒸散量,用桑斯维特方法(Thornthwaite)计算。MI 指数是在湿润指数基础上演化而来的,湿润指数是联合国环境规划署划分全球干旱、半干旱、半湿润干旱区采用的指标,并被气候学家、植物生态学家在气候分类、联系植被—气候的定量关系时大量引用。

E_5 为近 5 d 的可能蒸散量,用桑斯维特方法计算。

P_{10} 为近 10 d 降水量。

α、γ、β 为权重系数,在参考 SPI 及 MI 指标等级划分及各指标的影响力的基础上,权重系数分别取 0.4、0.8、0.4。

利用逐日平均气温、降水量滚动计算每天综合干旱指数 Ci,对逐日干旱进行实时监测。按照综合指数 Ci 的等级对气象干旱等级进行划分(表 4.6)。

表 4.6　综合干旱指数 Ci 的干旱等级

等级	类型	Ci 值	干旱对生态环境影响程度
1	正常或湿涝	$-0.6<Ci$	降水正常或偏多,地表湿润,无旱象
2	轻旱	$-1.2<Ci\leq-0.6$	降水偏少,地表空气干燥,土壤出现水分不足,对农作物有轻微影响
3	中旱	$-1.8<Ci\leq-1.2$	降水持续偏少,土壤表面干燥,土壤出现水分较严重不足,地表植物叶片白天有萎蔫现象,对农作物和生态环境造成一定影响
4	重旱	$-2.4<Ci\leq-1.8$	土壤出现水分持续严重不足,土壤出现较厚的干土层,地表植物萎蔫、叶片干枯、果实脱落;对农作物和生态环境造成较严重影响,工业生产、人畜饮水产生一定影响
5	特旱	$Ci\leq-2.4$	土壤出现水分长时间持续严重不足,地表植物干枯、死亡;对农作物和生态环境造成严重影响、工业生产、人畜饮水产生较大影响

4.7.2　气象干旱的气候特征

气象干旱是浙江常见的气象灾害,一年四季都有可能发生,由于干旱的影响面积大,涉及范围广,是浙江省最严重的自然灾害之一,其影响仅次于台风、暴雨。按照干旱出现的时间,浙江省干旱可分为三类:伏旱、秋旱和冬旱。近年随着气候变暖,春旱也时常发生,但危害最大的则是夏秋干旱。从 1949—2019 年的 70 年中,发生范围较大、时间较长的严重夏秋干旱共有 22 年(约 3 年一遇),其中 1953 年、1961 年、1967 年、1994 年、2003 年、2013 年旱情最为严重。

从干旱过程的月际分布表明,浙江省1月和2月基本无持续性干旱,从3月开始干旱次数逐渐增加,7—12月是干旱最集中的时段,尤其以9月和10月出现的频率最高,而影响最重的干旱则出现在7月和8月,7—8月是浙江省盛夏高温季节,在一年中水资源需求最大的季节,干旱造成水资源短缺现象的对社会各方面的影响更为严重。

历年夏秋干旱的发生情况,大体可以分为两种类:一是当年梅雨量偏少,盛夏7—8月雨量又持续偏少。如1971年,全省大部分地区有春旱发生、梅汛期出现空梅现象,继而又是伏旱连秋旱,造成了当年的大旱。全省旱期长、范围大、旱情严重的大旱年大多属于这一类型。二是梅汛期的雨量虽然不少,但是,出梅后出现持续高温天气、降雨量少、蒸发量大,此类干旱的旱情来势猛、发展快,出现晚稻缺水插秧的卡脖子旱情,对农业生产的危害大,而且这些年份往往梅汛洪涝与夏秋干旱交替出现,如1990年、1994年。

浙江省夏秋干旱频率分布来看,浙江中西部地区和沿海岛屿出现干旱频率最高,达20%以上,尤其是金衢盆地更在30%以上,浙江东部地区较少,在10%以下。浙江省干旱风险特点与干旱频率分布特点是一致的。浙东受台风影响有充沛降水,夏秋旱不易发生;浙江北部梅雨较多,台风影响也较多,同时,多河网分布,地下水位较高,干旱的影响较小;浙江西部虽然受梅雨影响,降水多,但夏秋季台风影响轻,干旱较易发生;浙中的中部和浙南北部是台风与梅雨的影响过渡地带,不是系统性降水的主要区域,因此,干旱影响严重。另外,浙江西部与浙江中部多山区,地下水位较低,降水不容易蓄积,也较难开展一些工程性蓄水措施,易导致水资源缺乏,干旱影响较重。此外,浙江海岛处于海面平坦地势中,缺乏地形带来的降水振幅作用,造成降水较内陆少,又由于海岛地下淡水资源缺乏,也一直是浙江干旱最严重的地区之一。

4.7.3　海气系统在浙江夏秋干旱中的作用

干旱是较长一段时间内降水偏少导致的,具有较大的时间尺度和空间尺度,因此,产生干旱是具有稳定性、大尺度特点的环流系统造成。赤道中东太平洋广阔的海表温度异常,与大气环流相比,具有缓变持续的特征,因此,它的影响在干旱中起到重要的作用。影响浙江夏秋干旱的主要有以下6个因子。

(1)ENSO事件。厄尔尼诺和拉尼娜事件统称为ENSO事件,是我国东部降水的最主要的年际强信号,它对天气气候的影响是通过对各种天气气候系统的作用来表现出来的。ENSO事件对副高、热带辐合带、热带气旋等热带和副热带环流系统有直接的影响,对西风带环流系统也有间接影响。一般情况下赤道太平洋海温变化2~4个月后副高相应地发生变化,当赤道中、东太平洋海温处于冷水位相,副高转入减弱偏东阶段时,我国夏季雨带偏北,多在江淮一带,而浙江省大部处于江南地区则为少雨带。

（2）西太平洋副高。西太平洋副高的强度和位置变化决定着南方暖湿气流和北方冷空气交汇的位置和方式，从而决定了中国大范围地区的夏季降水趋势。当初夏副高偏北，梅汛期我国主雨带易出现在长江以北区域，浙江省梅雨偏少。当夏、秋季副高偏强，控制浙江省，浙江省易出现持续高温少雨天气，干旱发生发展。

（3）极涡。极涡是冷空气源地，北半球极涡强度和位置直接关系到入侵我国的冷空气势力的强度和路径。夏、秋季亚洲区极涡强度较强时，有利于冷空气南下到长江流域，有利于夏季主雨带出现在长江至江南，浙江省降水也偏多；反之，降水位置偏北，我国主雨带出现在长江以北，浙江省降水偏少，易出现干旱。

（4）东亚阻高。东亚阻高也是影响我国夏季降水的重要环流系统，东亚阻高的存在和发展使东亚西风带锋区分成南北两支，南支锋区偏南，其上小股冷空气活动频繁，同时也造成其南侧的副热带锋区位置较常年偏南，不利于西太平洋副高北进，此时长江、江南多雨。如东亚无阻高，则副高偏北，雨带一般也偏北，江南少雨，浙江省易发生干旱。

（5）高原高度场。夏季青藏高原 500 hPa 高度场高度偏高，有利于高原高压系统不断分裂东移，分裂东移的高压系统与西太平洋高压合并，致使西太平洋副高西伸加强。

（6）季风。夏季风的强弱与梅雨关系较大，夏季风强年，中国夏季容易出现北方类雨型，弱年中国夏季多为南方类雨型，正常年多为江淮雨带。因此，当夏季风偏强时，浙江省常因梅汛期降水偏少而导致夏季干旱的发生。

4.8　连阴雨

4.8.1　连阴雨的定义和气候特征

根据气象观测规范和浙江省实际情况，对连阴雨定义为：连续 5 d 或以上的阴雨天气过程。其中前 4 d 为连续雨日（日雨量≥0.1 mm），第 5 d 起可以有 1 d 的阴天（全天日照时数＜2 h），第 11 d 起可以有 2 d 阴天。定义最先出现连阴雨的测站的降水开始时间到最后一个结束降水的测站的结束时间为连阴雨过程持续时间。其中，连阴雨过程的总日数≥10 d 为长连阴雨，连阴雨过程总雨量≥50 mm 为重型连阴雨；浙江北（南）部连阴雨指北（南）部站中有半数以上达到连阴雨标准，并且各地区都有测站出现连阴雨为区域性连阴雨；全省性连阴雨指北部、南部均达到区域性连阴雨标准，并且各地区均有测站出现连阴雨。

根据浙江省 1971—2000 年 51 个台站资料统计，单站连阴雨共出现 18220 站次，年平均 607.3 站次（表 4.7）。连阴雨一年四季均可出现，春季最多，其次是夏季，秋季最少；过程平均持续时间为 7～9 d，持续时间最长的为泰顺 37 d（1975 年 4 月）；平均过程雨量夏季最多，冬季最少；过程最大雨量为庆元 941.1 mm（1998 年 6 月）。其中,区域性连阴雨的特征与单站特征基本一致,但是过程持续时间要明显偏长,各季平均持续时间达 11～14 d;全省性连阴雨的持续时间则更长些,为 11～16 d(表4.8)。

表 4.7　浙江省 1971—2000 年 51 站单站连阴雨统计表(王镇铭,2013)

连阴雨发生时间	单站连阴雨频次	占比(%)	平均持续时间(d)	平均雨量(mm)	最长持续时间(d)	过程最大雨量(mm)
春季	5663	31.08	7.7	74.63	37	538.6
夏季	5246	28.79	7.4	109.29	28	941.1
秋季	3128	17.17	6.6	66.79	37	580.8
冬季	4183	22.96	7.5	45.76	32	282.9
总计	18220					

表 4.8　浙江省区域性连阴雨统计表(王镇铭,2013)

过程发生时间	出现频次	占比(%)	过程平均持续时间(d)	过程平均雨量(mm)	过程最长持续时间(d)	过程最大雨量(mm)	过程平均持续时间(d)*	过程平均雨量(mm)*
春季	158	30.50	13.55	70.01	38	236.71	**15.1**	**87.4**
夏季	153	29.54	14.12	102.61	31	388.48	**15.5**	**112.3**
秋季	86	15.60	11.29	70.86	27	202.27	**11.6**	**89.4**
冬季	121	23.36	12.12	42.92	34	125.75	**15.3**	**71.8**

注:粗体字所示数据为全省性重型连阴雨的统计特征。

4.8.2　连阴雨的天气形势特点

连阴雨往往是大范围发生的,当浙江出现连阴雨时,常常从汉口到上海的整个长江中下游区域同时出现持续阴雨天气。显然连阴雨是大型天气过程和大型环流形势所支配的结果。

连阴雨主要特点是降水的持续性,这种降水往往是南支气流上一个接一个的小槽频繁东传,这种小槽不断接连出现并产生持续降水,说明存在着尺度和生命史比小槽的要大的稳定的环流背景。因此,连阴雨的形成是这种大型环流所支配的,而小槽则是在这种大型环流背景上的派生现象,所以连阴雨的预报必须着眼于这种大型环流形势。

(1)春季连阴雨

出现在春季 3—5 月的连阴雨为春季连阴雨。3 月、4 月是浙江省的春雨期,这时冷空气南下活动频繁,冷锋易在华南静止而形成静止锋,使浙江省容易较长时间处于阴雨低温天气。分析 1971—2000 年春季连阴雨开始和持续的大型环流形势,可归为乌山阻高型和北方大低涡型两类。

乌拉尔山阻高型。在乌拉尔山附近有阻高存在,鄂霍次克海阻高可以不存在,里海附近有切断低涡,亚洲基本上为平直西风气流。亚洲平直西风气流在青藏高原分成南、北两支,北支急流从青藏高原北边,经中亚到西伯利亚形成一个宽槽,宽槽上不断有短波槽脊活动,向华北和长江中下游输送冷空气;南支急流绕道青藏高原南边,在孟加拉湾形成低槽,槽前西南气流一直伸延到长江中下游,向浙江输送暖湿空气。由于南支气流上的孟加拉湾低槽在北支槽的西边(即南支槽位相落后北支槽),有时在相近经度带中会出现北支为脊和南支为槽的橄榄形(即南北支气流反相),使得南北两支气流在长江中下游汇合。中低层 700 hPa、850 hPa 长江中下游持续有切变线维持,地面则形成准静止锋。

北方大低涡型。极涡偏心于欧亚大陆,欧亚中高纬为一个大型低涡所控制,北欧冰岛或大西洋有时有阻高存在,亚洲中低纬为平直西风环流。亚洲平直西风环流经过青藏高原也分为南北两支,北支在我国新疆到蒙古国形成一个浅脊,南支在孟加拉湾形成低槽,南北两支气流在长江中下游地区汇合,700 hPa、850 hPa 有切变线持续维持,准静止锋在长江流域到南岭之间摆动。

春季连阴雨两类形势的共同特点是:①南支气流与北支气流上的槽脊在亚洲位相不同,甚至反相,使南支向长江中下游输送的暖湿空气与北支输送的冷空气在长江中下游得以交汇,在中低层形成切变线和准静止锋,从而形成持续阴雨。②环流形势稳定。有阻高、切断低压、大型低涡等系统存在,使亚洲平直西风分支和副高稳定在 18°—20°N。③地面形势基本上相似,在蒙古国一带为冷高压源地,分裂冷高压不断南下,使冷空气源源不断补充,川陕一带气压较低,有低槽东伸,副高偏强西伸,东亚海平面气压呈现东部高于西部的"东高西低"形势。

(2)秋季连阴雨

出现在秋季 9—11 月的连阴雨为秋季连阴雨。秋季是浙江省连阴雨相对较少的季节,但由于这时冷空气南下活动开始频繁,初秋热带气旋仍很活跃,副高进退不稳定等因素,使得秋季连阴雨的成因比较复杂。秋季连阴雨的特点是水汽来源主要不是南支槽而是副高西北侧的西南气流。当出现重型秋季连阴雨时,副高的脊线位置平均是 23°N。另外,秋季连阴雨过程中经常伴有热带气旋的活动甚至有登陆台风或台风倒槽降水的直接参与。因此,秋季连阴雨的环流形势相对复杂,可归纳为以下四种类型。

阻塞高压(脊)型。占 47%,其中,乌拉尔山阻高占 34%,还有是亚洲阻高(中阻和东阻)。中阻表现在贝加尔湖北部有阻高或高压脊发展,阻高西侧乌拉尔山往往有深厚的低涡,冷空气通过涡底和中阻南部的平直西风向东传,在华东地区与副高边缘的暖湿气流交汇,产生降水。由于阻塞形势的稳定,加上副高西伸脊的阻挡作用,低槽经常在华北滞留形成连阴雨。

二槽一脊型。占 22%。欧亚为宽广的二槽一脊型,西部的长波槽通常在东欧到乌拉尔山,槽底可达西亚,不断分裂出南支槽;东部涡槽偏东,在库页岛附近,冷空气从东路路径南下。由于秋季副高仍较强,槽底往往偏北,冷空气扩散南下,在长江中下游与南支槽和副高西北侧输送的暖湿气流汇合形成连阴雨。二槽一脊型中贝加尔湖脊常常与印缅槽之间呈现出反位相的"橄榄"结构,随着一个个南支槽的不断东移,"橄榄"结构也会反复重建,造成阴雨天气的不断持续。

东北低涡型。占16%。欧亚中高纬多槽脊活动,东北有冷涡维持或更替出现,槽底达苏皖中南部到浙北,槽后冷空气沿东路分裂南下;副高主体位于海上,584 dagpm线在30°N附近,冷暖气流在长江中下游交汇形成连阴雨。东北涡反复出现并维持是多方面原因造成,可以是长波脊南部切断出来的,或是蒙古低槽东移在东北加深发展形成,可以是受到高纬极地冷空气的补充得以维持,也可以是下游有阻塞脊阻挡使其东移而滞留的。

北方大低压型。占16%。本型一般出现在深秋11月,此时,副高已退至23°N以南,南支锋区也开始在青藏高原南侧活动,所以秋季北方大低压型连阴雨的水汽来源是南支低槽和副高北侧的西南气流共同提供的。此型的地面形势以浙江省处在高压中心或高压脊南部为最多,其次是入海高压的西南部和倒槽包括台风倒槽。

(3)冬季连阴雨

冬季连阴雨是指12月至次年2月出现的连阴雨天气,在全年各季中出现的频数相对较低,由于大气环流的季节性因素,水汽相对匮乏,因此,连阴雨过程的雨量相对较小,冬季连阴雨中重型连阴雨仅占22%,是全年重型连阴雨中出现频数最低的,仅占9%。冬季连阴雨的环流形势可以分为欧亚阻高型、北方大低涡和二槽一脊型三种。

欧亚阻高型(占54%)。与春季连阴雨的相似,在乌拉尔山或以西的欧洲东部有阻高或长波脊,在其下游的蒙古国至我国河套一带形成稳定的平直西风环流,不断有小槽脊活动,提供小股冷空气。该型往往会在里海一带出现切断冷涡或深槽,这种长波涡槽是下游印缅槽反复出现和维持的主要原因,而连阴雨的水汽主要是通过南支低槽前的西南气流来输送。除了西阻(乌拉尔山阻高)外,有时中阻(中亚有阻高)形势也能形成长江中下游的连阴雨天气。该型北方阻高往往和南方印缅槽在80°—100°E形成明显的反位相,使得南北两支气流在浙江省上空汇合。

北方大低压型(亦称欧亚平直西风型;占21%)。在冬季连阴雨中占第二位,主要表现在巴尔喀什湖—贝加尔湖—库页岛(巴贝库地区)的北侧是宽广的大低压,可以是极涡偏向欧亚大陆形成的,也可以是由多个低压中心构成的,宽广大低压的南侧形成了中纬度的平直气流。北方大低压型的连阴雨天气一般都有稳定的印缅槽或在70°E有深厚的涡槽系统,如果中纬度平直西风带上有弱脊发展往往会与印缅南支低槽反位相叠加,在80°—100°E形成"橄榄"型,南北两支气流在东部的汇合区往往在浙江省上空。

二槽一脊型。乌拉尔山到东欧为深厚的长波涡槽,贝加尔湖北部有高压脊发展,而东部的低涡深槽偏东在库页岛地区,使中高纬呈现宽广的二槽一脊形势,如果有极涡偏向东半球则与东西两槽构成大"八"字槽。二槽一脊型的关键是东部主槽偏东,使得冷空气不断地以偏东路径南下,迅速东移入海,地面转为高压后部,南压的雨区很快北抬,阴雨频繁交替出现。在西部深槽的南部西亚通常也就是南支主槽的所在,其下游相隔 40 个经度的孟加拉湾会有印缅槽的反复建立和分裂东移,这是连阴雨天气的主要水汽来源。而且印缅槽会与北支西风带上的贝加尔湖高压脊反位相,因此二槽一脊型基本上都伴有大型的"橄榄"型。

在一次连阴雨尤其是长连阴雨过程中,各种有利于降水的地面形势都有可能出现,但由于冬季连阴雨中冷空气通常以东路为主,高空槽底在 30°N 以北,所以出现最多的地面形势就是高压底部,其次是入海高压后部。

第5章 安吉白茶主要气象灾害

农业气象灾害是指对农业生产产生不利影响,并造成危害和经济损失的各类天气或气候事件的总称。农业气象灾害可以依据形成的气象因素分为以下四类:(1)由于温度要素造成的农业气象灾害,包括低温造成的霜冻害、冬作物越冬冻害、冷害、热带和亚热带作物寒害以及高温造成的热害;(2)由于水分异常造成的农业气象灾害,主要有旱灾、涝害、湿害、雪灾和冰雹等;(3)由于风力异常造成的农业气象灾害,如风害、台风害、风蚀等;(4)由综合气象要素构成的农业气象灾害,如干热风、风雨害、冻涝害等。

安吉白茶在生长发育期间,由于天气、气候的异常,芽、叶、枝等会受到伤害,导致品质下降、产量降低,严重的可使茶树地上部分全部枯黄或整株死亡。本章从发生天气成因、主要气象指标、对安吉白茶生产的影响、典型年份灾情分析和防御措施五个方面,介绍影响安吉白茶生产的主要气象灾害,包括霜冻害、冬季冻害、高温热害、旱害、风灾、连阴雨以及泥石流(次生灾害)等。

5.1 霜冻害

在植物生长季内,由于土壤表面、植物表面及近地气层的温度降到 0 ℃以下,引起植物体冻伤害的现象称为霜冻。霜冻是一种较为常见的气象灾害,发生在冬、春季。多为寒潮南下,短时间内气温急剧下降至零摄氏度以下引起;或者受寒潮影响后,天气由阴转晴的当天夜晚,因地面强烈辐射降温所致。霜冻对植物的危害,主要是使植物组织细胞中的水分结冰,导致生理干旱,而使其受到损伤或死亡,给农业生产造成巨大损失。

5.1.1 发生霜冻害的天气成因

茶树霜冻是指在早秋或晚春时节,最低气温骤然降至 4 ℃以下,致使茶树受到损害的一种灾害。期间,当空气水汽较多,最低气温低于露点温度时,可凝结出固态的霜;当空气水汽较少时,就有可能没有"白霜"出现,此时被称为"黑霜",对茶树危害更大。按霜冻发生时间,可分为秋霜冻(早霜冻)和春霜冻(晚霜冻)。

霜冻害按天气成因,可分为平流型霜冻、辐射型霜冻和混合型霜冻。

(1)平流型霜冻

由强冷空气水平流动形成的霜冻,通常地形为突出的山顶、山丘以及迎风坡的茶园,危害程度相对较轻。若冷锋来临伴有降水天气,湿度较大,茶园降温幅度小,则可能不发生强霜冻。

（2）辐射型霜冻

晴朗无风的夜晚，遭受冷空气影响，出现地面和茶树冠层因强烈的辐射冷却形成的霜冻。主要影响地势低洼的茶园，夜间冷空气下沉，在谷底或低洼处停滞形成"冷湖"，气温较低且维持时间较长，危害程度较重。

（3）混合型霜冻

在强冷平流南下后，接着出现晴夜，地面将出现强烈辐射冷却，增加了霜冻强度，使得茶树叶片受冻更加严重。若翌日早晨，晴空日出，气温回升明显，受冻叶面细胞间隙的冰晶融化成液态水，但无法立即回渗，细胞质壁分离，失去膨压和活力。这种霜冻，茶树受冻最为严重。

5.1.2　安吉白茶霜冻害主要气象指标

影响安吉白茶的霜冻害，通常出现在惊蛰到谷雨之间（3 月上旬—4 月中旬）（蒯志敏，2010）。此时日平均气温多在 10 ℃以上，而北方强冷空气活动仍较频繁，当空气最低温度下降到 4 ℃及以下时，已萌发的新梢茶芽因抗寒能力弱，最易遭受危害。

春霜冻对安吉白茶生长的影响程度，不仅跟最低气温有关，而且与低温持续时间密切相关（刘春涛 等，2018）。气温越低，持续时间越长，茶树受害程度越重。把安吉白茶春茶新梢生长期间每天的小时最低气温和持续小时数作为气象指标，结合茶树受灾症状和茶叶受灾率，将安吉白茶霜冻害划分为轻度霜冻、中度霜冻、重度霜冻和特重霜冻 4 个等级。气象指标中，只要满足其中一个，即可判定为相应的春霜冻等级（表 5.1）。

表 5.1　安吉白茶霜冻气象指标和灾害等级划分

等级		气象指标	受灾症状
1	轻度	$(2 \leqslant T_{min} < 4, H \geqslant 4)$ 或 $(0 \leqslant T_{min} < 2, 2 \leqslant H < 4)$	新芽叶尖或叶尖受冻变褐色，略有损伤，面积占 20%以下，嫩叶出现"麻点"、"麻头"、边缘变红、叶片呈黄褐色
2	中度	$(0 \leqslant T_{min} < 2, H \geqslant 4)$ 或 $(-1 \leqslant T_{min} < 0, H < 4)$	新芽叶尖或叶尖受冻变褐色，面积占 21%～50%；叶尖发红，并从叶缘开始蔓延到叶片中部，茶芽不能开放，嫩叶失去光泽、芽叶焦灼、卷缩
3	重度	$(-1 \leqslant T_{min} < 0, H \geqslant 4)$ 或 $(T_{min} < -1, H < 4)$	新芽叶尖或叶尖受冻变褐色，面积占 51%～80%（在受冻初期，叶片呈水渍状、淡绿无光泽）；叶片卷缩干枯，一遇风吹叶片便脱落
4	特重	$T_{min} < -1, H \geqslant 4$	新芽叶尖或叶尖受冻全变褐色、成片芽叶焦枯；新梢和上部枝梢干枯，枝条裂开

注：T_{min} 为小时最低气温，单位（℃）；H 为出现的小时数，单位小时（h）；T_{min} 和 H 均为 1 日内统计值，即前 1 日 20 时至当日 20 时之间出现的数值。

5.1.3 霜冻害对安吉白茶生产的影响

辐射霜冻对茶树的影响较普遍,且时间短,受害重;尤其晚霜冻的影响更为突出。晚霜冻多出现在3—4月,这时大地回春,茶芽开始萌发,有的早发品种已长至一芽一叶,幼嫩芽叶含水量显著提高,细胞汁浓度降低,原来被鱼叶、鳞片包裹的芽叶暴露在外,茶芽自身防冻能力减弱;同时由于叶温昼高夜低,日变幅大,所以霜冻易发生在树冠表面的叶层,尤其是平展的树冠面。当遇到较强冷空气的侵袭,易导致细胞内水分冻结,原生质遭到机械破坏,使茶汁外溢而红变,出现麻点,以致芽叶尖端呈"赤枯状",还可能造成一些待抽条的腋芽或顶芽在短时间内停止萌发,严重影响名优茶产量和品质。

5.1.4 霜冻害典型年份灾情分析

5.1.4.1 2005年

受强冷空气影响,2005年3月11—13日安吉出现强降温、降水和低温冻害天气。3月11日夜里降雪,10—12日平均气温降幅达16.6 ℃,最低气温降幅达9.7 ℃,12日早晨最低气温达−1.9 ℃。这次灾害天气使一些早发的白茶遭受霜冻害,特别是雪后转晴,早晨辐射降温形成较重的霜冻,使春茶受冻严重,给正打算采摘新茶的茶农带来了不小的损失。据安吉县农业部门统计,有4000 hm²茶园受损,开采期推迟7至10 d,全县茶叶减产600 t,其中安吉白茶减产55 t。茶叶上市也推迟10多天,造成"明前茶"价格上升。

5.1.4.2 2006年

受辐射降温影响,2006年3月29日凌晨安吉气温骤降,早晨最低气温降至−0.5 ℃,导致全县有三分之一以上刚刚吐芽的白茶被冻死。据农业部门统计,这次春霜冻天气造成安吉666.7hm²白茶"片叶无收",特别是递铺镇、皈山乡、昆铜乡等平原地区的白茶几乎全部受灾,而主产区的溪龙乡尤为严重。

5.1.4.3 2007年

2007年2月下旬安吉明显回温,入春偏早,春茶萌发提前。3月4日起受强冷空气影响,气温急剧下降,3—6日72 h过程降温幅度达15.5 ℃,7日早晨最低气温降至−1.7 ℃。这次低温霜冻天气对春茶生产造成了严重影响,据农业部门统计,安吉县受灾茶园面积达到2333 hm²。

5.1.4.4 2013年

受较强冷空气影响,2013年4月7日早晨,安吉县出现了明显的春季低温天气,大部分地区最低气温−1~1 ℃,其中溪龙仅−2.0 ℃。据农业部门统计,此次低温霜冻天气造成安吉县5.33 khm²白茶园受损,占总面积的80%,其中2.67 khm²受损情况较重,减产约 400 t,直接经济损失近 3 亿元(图 5.1)。另一方面,许多茶园因遭受严重冻害,出现无茶可采的现象,从而遣返了大部分采茶工。实地调查发现,茶叶受损主要表现为:各茶园均遭受不同程度的冻害影响,而茶叶受冻与地势、坡向、品种等密切相关,受冻严重的茶树多位于相对地势较低的山谷地带和迎风坡,严重的有 80% 芽叶受冻,较轻的也有 40%~50% 受冻;而山顶和东南坡向的茶树大多受冻轻微。

图 5.1　2013 年 4 月 7 日受霜冻后的安吉白茶

5.1.5　霜冻害防御措施

预防或减轻茶树霜冻害,应根据茶树自身特性和外部环境条件,提高茶树本身对低温抵抗力的同时,改善茶树生长的环境条件。主要有以下几种方法:

(1)覆盖防霜。在低温霜冻来临之前,用遮阳网等覆盖蓬面,也可使用塑料薄膜或稻草、杂草等覆盖蓬面,以保护茶树,增强霜冻害抵御能力。

(2)风扇防霜。在茶园中装设风扇,采取送风法。早春时节,离地 6~8 m 的气温比茶蓬气温高 3~5 ℃,当风扇探头监测到茶丛顶部的空气温度低于结霜临界温度(4 ℃)时,自动启动风扇,将高空相对较暖的空气吹向茶丛,减轻晚霜冻害。

(3)喷灌洗霜。有水源及喷灌设备的茶园,可采取喷水洗霜或茶园喷灌。当晚霜危害时,进行喷水,把附着在茶树芽叶上的霜洗去,使茶树的芽叶温度维持在 0 ℃以上,起到防冻作用。

(4)熏烟驱霜。熏烟的作用是在茶园空间形成烟雾,防止热量的辐射扩散,利用"温室效应"预防晚霜冻。方法是当晚霜来临之前,气温降至 2 ℃左右时进行,根据风向、地势、茶树面积设堆(多堆)点火,可用木屑、干草、泥土等堆成,使茶园小气候温

度上升,既可防晚霜冻又能积肥。据测试,气温在2~5℃时采用烟雾防霜效果明显。

(5)防护林防霜。发展新茶园时,在茶园迎风口或道路两边栽植桂花树、红豆杉等,建立防护林带,能提高茶苗移栽成活率,减轻幼龄茶园霜冻危害。

(6)及时采摘。对已萌发茶芽,在晚霜冻来临前,及时组织人员采茶,尽可能将已萌发的芽叶采摘,减少损失。

茶树遭受霜冻害后,应及时采取补救措施,尽快恢复茶树生机,具体措施如下:

(1)清理受冻芽叶。对冻害程度较轻和原来有良好采摘面的茶园,采用人工采摘或者轻修剪,清理蓬面,以促进茶芽萌发。

(2)修剪冻害枝条,恢复树势。对受害较重的则应进行深修剪、重修剪甚至台刈,新芽全部受冻的茶园应及时剪去采摘层。修剪深度根据受冻程度轻重不同而异,掌握"宁轻勿深"原则,以剪口比冻死部位深1~2 cm为宜,尽量保持采摘面。

(3)加强施肥,增加营养。春茶萌芽期霜冻害发生后,在用手工采摘或整枝修剪冻伤枝条的同时,应及时喷施叶面肥,对茶芽萌发及新梢生长均有促进作用。

5.2 冬季冻害

冬季冻害是指茶树在越冬期间遇到较长时间的低于0℃的低温或剧烈降温引起体内结冰或躯干冻伤,丧失生理活动,继而造成植株茎叶枯黄甚至整株枯死的现象,主要有冰冻、干冻和雪冻。

5.2.1 发生冻害的天气成因

一般情况下,茶树冻害发生在以下天气条件:

(1)深秋时节,茶树正处于抽晚秋梢之时,若遭遇强寒潮南下,最低气温降至0℃以下,之后转晴气温迅速回升。尚未经过抗寒锻炼的茶树,难以适应温度的突变,导致叶片细胞间隙的水分首先结冰,水分外渗,细胞失去膨压,叶片几乎全为冰晶支撑。转晴后,叶面蒸腾失水,茶树得不到水分的补充,叶片出现冻害。

(2)严冬时节,当冷高压中心长期控制茶区,低温强度超过了茶树所能适应的范围,将出现茶树冻害。若严寒来临之前有降雨天气,空气和土壤因湿度较高,温度下降速度比晴天慢,茶树遭受冻害程度将减轻;若有降雪天气,且茶园有积雪覆盖,茶树枝叶因雪层的保护,园内温度仍保持较高水平,茶树不会受新来冷空气的直接侵袭而遭受冻害。

5.2.2 茶树冻害主要气象指标

研究表明,低温是冻害发生的最主要因子。当气温低于0℃,乔木型或半乔木型的大叶种茶树会受冻;当气温低于-10℃,灌木型的中小叶种茶树将出现冻害。

5.2.3　冻害对安吉白茶生产的影响

5.2.3.1　冰冻

越冬期,当茶树处在 -5 ℃左右的低温条件下,成叶细胞开始结冰,受害叶呈赤枯状。土壤因结冰而拱起,茶苗根部松动,细根拉断,干枯死亡。

5.2.3.2　干冻

又称"乌风冻",是指在强寒潮袭击下,气温急剧下降,伴之干冷的西北风,风速达 $5 \sim 10$ m/s 时,叶片被吹落,茶树体内水分蒸发过快,叶片多呈青枯卷缩状,而后脱落,枝条干枯开裂。

5.2.3.3　雪冻

覆雪虽能保温,但融雪时吸收了茶树和土壤中的热量,如再遇低温时,地表和叶片都可结成冻壳,使茶树部分细胞遭到破坏,受冻症状多出现在地上部树冠,枝条干枯,阴坡面往往受害较重,严重时地上部分死亡。

5.2.4　冻害典型年份灾情分析

2016 年 1 月 20—26 日受寒潮影响,安吉县先后出现了大到暴雪和严重低温冰冻等灾害性天气。1 月 20 日下午起,自西南向东北开始出现降雪,至 23 日上午,大部出现大到暴雪,山区暴雪,过程最大积雪深度为 $10 \sim 30$ cm,高山区达 30 cm 以上,最大为 42 cm(天荒坪);23—26 日持续低温,大部分地区最低气温在 $-14 \sim -10$ ℃,最低 -17.4 ℃(山川)。暴雪造成茶园、茶苗圃地均有不同程度积雪覆盖,其中天荒坪覆盖厚度在 30 cm 以上,导致部分茶树枝条被积雪压弯、折断,部分向阳小茶苗裸露部分叶片因受冻出现卷曲(图 5.2)。据农业部门统计,安吉县待出圃茶苗受灾面积为 66.7 hm^2,损失为 1500 万元;苗圃地小棚坍塌面积为 10 hm^2,损失约为 300 万元;生产茶园受冻面积为 13933 hm^2。

图 5.2　被积雪压弯的茶树(a)和积雪覆盖的茶园(b)

5.2.5　冻害防御措施

预防或减轻茶树冻害的方法主要有以下几种:

（1）加强肥培管理。施足基肥,提高茶树本身的抗冻能力。施入有机肥或氮磷钾肥,以利提高土温和土壤肥力。但不宜单施尿素,因为尿素溶化吸热会降低土温。

（2）加客土,增厚活土层。在茶园行间增加从山坡边、四周围挖出的新客土,有利于土壤的保温作用。

（3）茶园铺草。铺草 22500～30000 kg/hm²,铺草既可抗旱,又能防冻。铺草茶园地温比不铺草茶园提高 1～2 ℃,减轻冻土程度,也可保持土壤水分。铺草可采用稻草、杂草、修剪的茶树枝条等。

（4）清除积雪。覆雪过厚的茶园及时清除树冠上的积雪,防止因积雪过厚压伤茶树。

（5）苗圃救护。苗圃的茶苗抗冻能力较差,低温对地上部和根系都会造成伤害。为了减少损失,对于越冬前已揭去遮阳网的苗圃,可重新覆盖遮阳网或在茶苗上铺草,铺草时可不分行,避免过厚过实,以隐约见插穗为度;对于未揭去遮阳网的,可在遮阳网上直接盖草或用薄膜覆盖,四周边均埋入土里,以形成密闭的小环境,减轻冻害的影响。

茶树遭受冻害后,应及时采取补救措施,尽快恢复茶树生机,具体措施如下:

（1）整枝修剪。受冻严重的茶园及时剪除受冻枝叶,以剪口比冻死部位深 1—2 cm 为宜。轻度受冻的茶园则不采取修剪方法,保留正常的树冠状态,修剪时间应在气温回升不再引起严重冻害后进行。

（2）加强肥水管理。受冻修剪后的茶树应加强肥水管理,气温回升及时清沟排水,提高地温。

（3）培养树冠。受冻后经过轻修剪的茶树,春茶采摘应留 1 片大叶,这样既有利于养好树冠,又可多产高档名优茶,减少由于冻害造成的损失。受冻严重进行重修剪的茶园,来年应少采多留养,以尽快恢复茶树树冠。

5.3　高温热害

高温对植物的新陈代谢、生长发育和产量形成所造成的危害,统称热害。高温热害主要分为高温逼熟和日灼。高温逼熟是高温促使作物籽粒在尚未达到饱满时就很快成熟,造成秕粒的一种热害。日灼是因强烈太阳辐射所引起的果树枝干、果实伤害,亦称日烧或灼伤。茶叶的高温热害基本都是日灼。

5.3.1　发生高温热害的天气成因

安吉白茶高温热害,是指在夏季(7—8月)副高控制下,出现持续晴热高温天气,造成土壤出现旱情,影响茶树生长,并伴随日灼危害,因强烈太阳辐射引起叶片和枝条伤害。

5.3.2　高温热害主要气象指标

7—8月,安吉白茶生产区域受副高控制,形成高温、少雨、干燥的伏旱天气。当日平均气温≥30 ℃、日最高气温≥35 ℃、日平均相对湿度≤60%,且持续时间在 3 d 以上,茶树高温热害将会发生,依据其指标大小,将热害分为四级(表5.2)。

表 5.2　安吉白茶夏季热害气象指标和灾害等级划分

等级		气象指标	受灾症状
1	轻	$(35 \leqslant T_{max} < 38, H \geqslant 5, D \geqslant 10)$ 或 $(38 \leqslant T_{max} < 40, H \geqslant 4, 2 \leqslant D < 5)$	仅部分叶片出现变色、枯焦,茶枝上部芽叶仍呈现绿色
2	中	$(38 \leqslant T_{max} < 40, H \geqslant 4, D \geqslant 5)$ 或 $(35 \leqslant T_{max} < 38, H \geqslant 5, D \geqslant 15)$ 或 $(40 \leqslant T_{max} < 42, H \geqslant 2, D < 5)$	多数叶片变色、枯焦或脱落,茶枝顶端叶片或茶芽发黄但尚未完全枯死
3	重	$(40 \leqslant T_{max} < 42, H \geqslant 2, D \geqslant 5)$ 或 $(38 \leqslant T_{max} < 40, H \geqslant 4, D \geqslant 8)$ 或 $(T_{max} \geqslant 42)$	叶片变色、枯焦脱落,连片焦头呈火烧状,顶端枝梢干枯率在 50% 以内
4	特重	$(T_{max} \geqslant 42, H \geqslant 1, D \geqslant 3)$ 或 $(40 \leqslant T_{max} < 42, H \geqslant 2, D \geqslant 8)$	冠层枝条大多干枯,甚至整株枯死

备注:T_{max}为小时最高气温,单位:℃;H 为出现的小时数,单位:h;D 为持续出现的天数,单位:d;T_{max}、H 均为一日内统计值,即前一日 20 时至当日 20 时之间出现的数值。

5.3.3　高温热害对安吉白茶生产的影响

夏季在暖高压控制下,茶园蒸腾和蒸发作用强,水分散失快,植株水分收支难以平衡,从而危害茶树正常生长。茶树遭遇长时间的高温、干旱和强光照后,出现叶片变色、枯焦、脱落,枝条干枯甚至整株茶树死亡。一般认为,当日最高气温达到 35 ℃时,新梢生长缓慢或停止;当日最高气温持续在 40 ℃以上时,会造成枝梢枯萎,叶片脱落,幼龄茶树死亡。

5.3.4　高温热害典型年份灾情分析

2013 年 7 月至 8 月中旬,安吉县出现持续高温天气,高温持续时间之长、强度之强属历史罕见。期间平均气温为 31.0 ℃,破历史纪录,日照比常年同期偏多四成,雨量比常年同期偏少四成;极端最高气温 42.1 ℃,35 ℃以上高温日数达 42 d,是常年的 2 倍,40 ℃以上高温日数达 10 d(历年总计仅 7 d),高温强度和持续时间均超历史。高温热害天气对缺少灌溉措施的茶园影响严重,导致茶树叶片被太阳灼伤(图 5.3),半数处于焦黄状态,虽尚未致使茶树枯死,但长势普遍受到影响。

图 5.3　2013 年 8 月安吉白茶成片焦枯
(a)茶树,(b)茶园

5.3.5　高温热害防御措施

茶树高温热害防御措施主要有:

(1)灌溉。有条件灌溉的茶园,应积极进行灌溉,可采用浇灌、喷灌和滴灌,尽早缓解旱情。首次灌溉一定要使土壤湿透,应在晴天早晚或夜间进行,如连续无雨,每隔 2～3 d 应灌溉一次。

(2)地表覆盖。这是保水降温的有效措施,可在茶树行间或茶行两侧覆盖作物秸秆、杂草或修剪枝叶等,厚度以 10 cm 左右为宜,约 30 t/hm² 左右。覆盖时间为高温热害来临前,一般在出梅前进行覆盖,直至翌年春耕埋入土中。

(3)遮阳网覆盖。在茶树上方架空覆盖遮阳网好似为茶树戴上凉伞,也是降温抗旱的有效措施。遮阳网离茶树蓬面的距离至少在 50 cm 以上,切勿直接覆盖在蓬面上,否则会加重危害。

(4)灾后复壮。高温热害结束后,对于叶片有焦斑或脱落,但枝条顶部茶芽仍然活着的茶树,暂不要修剪,可让茶树自行发芽,恢复生长;对于受害特别严重,蓬面枝条出现严重枯死的茶树,可进行修剪,将枯死枝条剪去,但要注意宜轻不宜重。当降雨两三次,土壤湿透后,应及时施用复合肥和叶面肥,促进茶树尽快恢复生长。

5.4　旱害

农业干旱是指长时间降水偏少,造成空气干燥,土壤缺水,使农作物体内水分发生亏缺,影响正常生长发育而减产的一种农业气象灾害。

5.4.1　发生旱害的天气成因

安吉白茶旱害,一般是在高压长期控制的天气形势下形成的。不论是冷高压还是暖高压,若长期停留在茶区上空,同期又缺乏灌溉条件,则很可能造成茶树因水分亏缺、生理代谢失调而遭受危害。在冷高压控制下,常常伴随安吉白茶冻害发生;而在暖高压控制下,往往伴随高温热害的发生。

5.4.2　旱害主要气象指标

土壤相对湿度是土壤实际含水量占土壤田间持水量的比值,以百分率(%)表示。土壤相对湿度干旱指数是反映土壤含水量的指标之一,适合于某时刻土壤水分盈亏监测。根据气象部门相关业务规定(中国气象局预测减灾,2005),土壤相对湿度干旱指数的干旱等级划分为无旱、轻旱、中旱、重旱和特旱五级(表 5.3)。

表 5.3　土壤相对湿度干旱指数(R)的干旱等级划分表

等级	类型	$R(10 \sim 20 \ cm)$	干旱影响程度
1	无旱	$60\% < R$	地表湿润或正常,无旱象
2	轻旱	$50\% < R \leqslant 60\%$	地表蒸发量较小,近地表空气干燥
3	中旱	$40\% < R \leqslant 50\%$	土壤表面干燥,地表植物叶片有萎蔫现象
4	重旱	$30\% < R \leqslant 40\%$	土壤出现较厚的干土层,地表植物萎蔫、叶片干枯、果实脱落
5	特旱	$R \leqslant 30\%$	基本无土壤蒸发,地表植物干枯、死亡

5.4.3　旱害对安吉白茶生产的影响

秋季降水偏少,导致茶园土壤耕作层含水率在田间持水量的 60% 以下,土壤有效水亏缺时,易出现旱害。旱害影响后,茶树芽叶生长受阻,冠层面叶片出现红焦斑,界线分明,发生部位不一。受害顺序为先叶肉后叶脉,先成叶后老叶,先叶片后顶芽嫩茎,先地上后地下部。严重干旱还会影响下一年春茶生产。

5.4.4　旱害典型年份灾情分析

2019 年 9 月 7 日—11 月 14 日,安吉县雨量异常偏少,仅为 28.2 mm,雨日显著偏少,仅为 9 d,均破历史同期最少纪录;平均气温显著偏高,为 19.6 ℃,为历史同期第四高值。受降雨异常偏少影响,土壤墒情呈现轻旱状态,另据浙江省气候中心监测,安吉县气象干旱达轻旱—中旱,局部地区重旱。此次旱害尤其对灌溉条件不足地区的作物影响较大,造成部分茶园茶树叶片变黄,局部零星地块出现叶片干焦脱落,对 2020 年的春茶产量和品质产生不利影响。据湖州市防汛防旱指挥部统计,截至 11 月 12 日,安吉白茶受灾面积达 11333 hm^2。

5.4.5　旱害防御措施

茶树旱害救护措施主要有铺草保水、保土保水、灌溉抗旱和遮阳网覆盖等。

(1)铺草保水。茶园铺草覆盖是减少土壤水分蒸发的有效措施。根据试验对比,铺草茶园土壤含水量比不铺草茶园耕作层可提高 5%～15%。茶园铺草不仅有保护土壤、蓄水保肥的效果,还可调节地温、抑制杂草滋生等作用。铺草方法:铺草前,茶园应进行中耕除草,深度一般要求在 10 cm 左右,增加土壤的通透性和蓄水能力。

(2)保土保水。对坡度茶园要修梯坎,在梯坎边或"之"行路边,挖蓄水坑,减少地表水土流失;在下雨时,也可截留茶园中流失的泥沙和雨水。在茶园上方修筑隔离横沟,横沟内每间隔 2～3 m 筑一小土坝,在雨季水量集中时起到阻截上坡水流的作用,在中、小雨时可起到留蓄雨水和泥沙的作用。

(3)灌溉抗旱。灌溉的方法有:浇灌、流灌、喷灌、滴灌和渗灌,具体为:

①浇灌。它是一种最原始的、劳动强度最大的给水方式。故不宜大面积采用,仅在未修其他灌溉设施或临时抗旱时局部应用,但相对而言,它具有水土流失小、节约用水等优势。

②流灌。流灌分为沟灌和漫灌。沟灌是在茶树行间开浅沟,再将支渠内的水注入沟中,达到计划灌水量时即行封口。之后,在空行间开沟灌注,从茶园上方往下方推行;漫灌是将水注入茶园,任其在整个茶园流灌,达到计划灌水量时即行封口断水。漫灌用水量大,水利用率低。流灌包括两部分设备,即提水设备和渠网系统。提水设备包括动力和水泵,渠网系统包括水源、干渠、支渠和灌水沟,一般选择缓坡地茶园进行。

③喷灌。喷灌设施包括水源、水泵、动力、管道系统和喷头等部分。茶园主要使用的有移动喷灌和固定喷灌两种。应用较普遍的为移动喷灌,具有投资少、利用率高、移动方便等特点。固定喷灌,不但需要在茶园中设有水源、水泵和动力等,还需要装固定的水管、喷头等。

④滴灌。滴灌是利用一套低压管道系统,将水引入埋于茶园土壤中的毛管,再经毛管上的吐水孔缓缓滴入根际土壤,以补充土壤水分的不足。滴灌的最大特点是用水经济,不破坏土壤结构,不会造成地面水分流失和空中水滴飘移的损耗。但主要缺点是滴头和毛管易堵塞,材料多,投资大,田间管理烦琐。

⑤渗灌。渗灌是将管道埋在茶行土层中,将水通过管道滴水孔均匀地渗入土层。由于渗灌便于液肥施用,故又称"管道施肥灌溉"系统。

茶园灌溉的多种方式,各有其优缺点,选择何种方式,应因地制宜,以经济适用为原则。对于茶园来说,喷灌最为理想。有条件的茶园还可考虑不同的灌溉方式相配合,以便改善利于茶树生育的生态环境。

(4)灾后复壮。旱情解除后,应及时中耕施肥,补充养分。茶树长势恢复之前不宜过多施用肥料;恢复后,当新芽萌发至 1～2 叶,成龄茶园施用复合肥 150～300 kg/hm²,幼龄茶园施用复合肥 75～150 kg/hm²。入冬前(9～10 月底前),施用菜籽饼肥 1500～3000 kg/hm² 和尿素 75～150 kg/hm²,混匀后开沟深施,沟深 15～20 cm,促进根系向下生长。

受旱茶园无论是否修剪,秋茶均应留养,以复壮树冠。秋末茶树停止生长后,对于茶芽尚嫩绿的茶树,宜进行一次打顶或轻修剪,剪去受害干枯的枝叶。注意病虫害防治,尽量在低温来临前恢复茶树长势。同时采取各种措施抑制茶树开花结果,减少生殖生长的营养消耗。10 月左右做好幼龄茶园旱死幼苗的剔除与补种。在干旱警报尚未解除之前,建议不除草、不喷药、不松土,受灾茶园不修剪。

5.5 风灾

风灾是指气流异常对农林渔牧业造成的危害。气流异常体现在风速、风向和风的持续时间三个方面,常见的是风速偏大造成的危害,以大风、台风为最。风力在 6 级以上就可对作物产生危害,危害大小主要取决于风力强度和持续时间。

5.5.1 发生风灾的天气成因

寒潮大风,主要是由寒潮天气系统造成的,春季最多,冬季次之,一般可持续 2～3 d。雷暴大风,是一种区域很窄、有强风并伴随雷暴大雨的云带,有巨大破坏力,常出现在强冷锋前方。台风,发生在热带洋面上的低气压涡旋统称为热带气旋。

5.5.2 风灾主要气象指标

大风指近地面层风力达蒲福风级 8 级(平均风速为 17.2～20.7 m/s)或以上的风。中国气象观测业务规定,瞬时风速达到或超过 17 m/s(或目测估计风力达到或超过 8 级)的风为大风。在中国天气预报业务中则规定,蒲福风级 6 级(平均风速为 10.8～13.8 m/s)或以上的风为大风。

5.5.3 风灾对安吉白茶生产的影响

安吉白茶生产关键期在 3—4 月,此时冷空气和强对流天气时有发生,大风天气,会造成茶树叶片受损,甚至枝条折断。

5.5.4 风灾典型年份灾情分析

2012 年 4 月 2 日—3 日受冷空气影响,安吉县大部分地区出现了 8～9 级西北大风,局部达 10 级以上,最大达 30.8 m/s(11 级,天荒坪)。受大风天气影响,茶区山顶、丘顶以及迎风坡的茶叶均出现焦叶现象,受害程度较重,地势低洼的茶树受损较轻。由于不少茶叶被吹伤,质量受损,扰乱了安吉白茶价格体系,青叶价格下降近一半,让原本期望高价的茶农措手不及。

5.5.5 风灾防御措施

(1)在发布台风消息后,茶叶生产应做好以下防御措施:

①修理园地内、外沟渠,以防强降水冲毁或淹没园地。

②对育苗大棚等生产设施进行检修加固。

③及时检查、加固茶厂,清理厂房四周沟渠,做好车间、仓库的排湿。

(2)发布台风警报后,应立即做好以下防御措施:

①继续修理园地内、外沟渠。

②采用大棚育苗的,揭去塑料大棚薄膜。

③堆放在精制茶厂的茶叶,转移至安全地带堆放,以防浸水受潮。

(3)台风灾后处置措施:

①开沟排水、清理杂物。对水淹园地,开沟疏渠,迅速排除园内积水,降低地下水位,加速表土干燥。对植株枝叶上泥浆或杂物,及时用水清洗。淹水时间较长的植株,剪除部分枝叶。

②适时施肥、松土。水土流失严重的茶园,增施有机肥,挖沟 30 cm 施后培土,土层不足的须补充客土,增强土壤肥力,促进茶树恢复生长。幼龄茶园水淹后园地土壤板结,易引起根系缺氧,当表层土壤基本干燥时,及时松土。

③根外追肥。树体受涝后根系受损,吸收肥水能力较弱,不宜立即施根部肥料,可选用 0.3% 尿素或叶面肥等进行根外追肥。每隔 5 d 左右一次,连喷 2~3 次。待树势恢复后,再施用腐熟人畜粪尿、饼肥或尿素,促发新根。

④适度修剪。修剪深度根据损伤轻重不同而异,掌握宁轻勿重原则,以剪口比损伤部位深 1~2 cm 为宜,尽量保持采摘面。

⑤做好病虫防治。台风过后易诱发各种病虫害,应注意茶园病虫害的监测,一旦发生应选用对口农药及时防治。

5.6 连阴雨

连阴雨是指在作物生长季中出现的连续阴雨天气过程,是由降水、日照、气温等多种气象要素异常引起的,其显著特点是多雨、寡照,并常与低温相伴。连阴雨期间,可能有短暂的晴天,降水强度是小雨、中雨、大雨、暴雨不等。

5.6.1 发生连阴雨的天气成因

根据连阴雨发生时期可以分为春季连阴雨、初夏连阴雨、秋季连阴雨和冬季连阴雨。春季连阴雨,往往与低温相伴,持续时间长,使土壤水分过剩造成阴湿害、渍害甚至涝灾。初夏连阴雨,多发生在 5 月下旬—6 月上旬,一般副高偏强,梅汛期偏早。秋季连阴雨,是频繁南下的冷空气与西南暖湿气流相遇,从而产生较长时间的阴雨。冬季连阴雨,由于日照时间不足,湿度大,气温低,土壤含水量长期处于饱和状态,造成茶树植株不能正常生长。

5.6.2　连阴雨主要气象指标

根据连续降水日数的长短,把连阴雨分为短连阴雨(连续 3～5 d)、中连阴雨 (6～8 d)和长连阴雨(连续 8 d 以上,中间可以间隔 1 d 无雨)。

5.6.3　连阴雨对安吉白茶生产的影响

长时间连阴雨天气,会造成茶园积水,影响茶树根系生长。春季遇异常连阴雨 天气时,气温一般偏低,形成持续低温阴雨寡照天气。这种天气往往造成土壤过湿, 肥料流失,对茶树生长不利。低温阴雨寡照不仅会延缓白茶萌发生长,推迟白茶采 摘期,也一定程度上影响白茶的可逆性白化,对白茶的品质也会有影响。

5.6.4　连阴雨典型年份灾情分析

2018/2019 年冬季,安吉县出现历史罕见的持续阴雨寡照天气:降水量异常偏 多,为 446.9 mm,是常年的 2.3 倍,破历史同期最高纪录;降水日数显著偏多,为 56 d,比常年偏多七成,并列为历史同期第二高值;日照时数显著偏少,仅为 178.1 h, 仅占常年的一半,破历史同期最低纪录。

持续阴雨寡照天气导致部分安吉白茶园区出现积水现象,大概有 10%～20%的 茶园受雨水影响,根系出现不同程度的霉烂。

5.6.5　连阴雨防御措施

茶树连阴雨防御措施主要有:

(1)及时清沟排水,保证地下水位在 1 m 以下,做到雨停园干,茶园内不积水;

(2)在春茶开采前进行浅耕除草,有利于疏松土壤、提高土温、消灭杂草,减少水 分和养分的消耗,促进春茶提早萌发;

(3)做好施催芽肥、喷施叶面肥、防治虫害等工作;

(4)关注天气预报,科学安排人力,利用降雨间歇抓紧采摘。

5.7　泥石流

泥石流是指在山区或者其他沟谷深壑,地形险峻的地区,因为暴雨、暴雪或其他 自然灾害引发的山体滑坡并携带有大量泥沙以及石块的特殊洪流。泥石流具有突 然性以及流速快、流量大、物质容量大和破坏力强等特点。发生泥石流常常会冲毁 公路铁路等交通设施甚至村镇等,造成巨大损失。

5.7.1　发生泥石流的天气成因

泥石流是暴雨、洪水将含有沙石且松软的土质山体经饱和稀释后形成的洪流,它的面积、体积和流量都较大；而滑坡是经稀释土质山体小面积的区域，典型的泥石流由悬浮着粗大固体碎屑物并富含粉砂及黏土的黏稠泥浆组成。在适当的地形条件下，大量的水体浸透流水山坡或沟床中的固体堆积物质，使其稳定性降低，饱含水分的固体堆积物质在自身重力作用下发生运动，就形成了泥石流。泥石流是一种灾害性的地质现象。通常泥石流爆发突然、来势凶猛，可携带巨大的石块。因其高速前进，具有强大的能量，因而破坏性极大。

泥石流流动的全过程一般只有几个小时，短的只有几分钟，是一种广泛分布于世界各国一些具有特殊地形、地貌状况地区的自然灾害。这是山区沟谷或山地坡面上，由暴雨、冰雪融化等水源激发的、含有大量泥沙石块的介于挟沙水流和滑坡之间的土、水、气混合流。泥石流大多伴随山区洪水而发生。它与一般洪水的区别是洪流中含有足够数量的泥沙石等固体碎屑物，其体积含量最少为 15%，最高可达 80% 左右，因此比洪水更具有破坏力。

5.7.2 泥石流典型年份灾情分析

2019 年 9 月 5 日白天到 6 日早晨，受台风"玲玲"外围环流影响，安吉县大部地区出现暴雨—大暴雨，面雨量为 91.9 mm，最大出现在余村，达 271.6 mm。大暴雨天气造成局部山区山体塌方形成泥石流，导致茶树被冲毁(图 5.4)。

图 5.4 2019 年 9 月 6 日安吉白茶遭遇泥石流灾害后的状况

5.7.3 泥石流灾害防御措施

对发生泥石流的茶园，可在其上方修建截水深沟，阻断地表径流，补植保护植被。特别要注意遭塌方与泥石流破坏的茶园，必须在巡查确认地质状况稳定后再进行清理与修复工作。安全后，整理滑坡体，秋季或下一年初春补种。

第6章 安吉白茶气象灾害监测预报

安吉茶叶作为质优价高的特色农业,以提质增效和生态民生成为支柱产业,促进山区农业经济的可持续健康发展。受全球气候变化的影响,极端气候事件频发严重威胁着茶叶生产安全。近年来,安吉白茶生产几乎每年都遭遇早春霜冻、冬季冻害等多种气象灾害的影响,降低了品质和效益,安吉白茶灾害监测预报技术研究及业务应用已成为气象部门的重点关注内容。及时、准确的灾害监测预报和影响评估服务信息,可为保障安吉白茶生产提供重要的技术支撑。

国内外学者围绕茶叶气象灾害监测预报开展了一些研究。Christersson(1971)针对茶树冻害开展研究,指出茶树对低温极其敏感,当日最低气温骤降至 0 ℃以下,茶树嫩梢将遭受霜冻危害。针对灾害指标研究,前人构建了基于危害积温的早春霜冻监测指标(程德瑜,1988),基于日最低气温的霜冻评估指标(李亚春 等,2014;王俊 等,2011),基于小时最低气温和持续小时数的霜冻害等级划分标准(李仁忠 等,2016)等,浙江省气象部门组织制定了国家气象行业标准《茶树霜冻害等级》(QX/T 410—2017)(全国农业气象标准化技术委员会,2017),灾害指标的制定实现了灾害监测预报和影响评估的定量化,在茶叶气象服务中得到了较好应用。相关农业气象科研和服务人员充分应用精细化监测预报数据,借助 GIS 技术,将灾害气象指数在空间上细化到乡镇或 5 km 网格单元,实现了灾害监测预报的精细化。然而,茶树多种植在丘陵山区,地形复杂多样,气象要素受宏观地理、局部地形、辐射、天气状况等因素影响(蔡福 等,2005;姜晓剑 等,2010;邱新法 等,2009),气象站点观测和数值天气预报的密度和精度仍有一定误差,影响灾害监测预报精度(OlihPant et al,2003;何红艳 等,2005;于洋 等,2015)。为此,有学者集成气象观测和地理信息等数据(袁淑杰 等,2010;祝成瑶 等,2015),建立了茶叶气象灾害指标空间分布模型,融合山区茶园高分辨率卫星遥感识别技术(徐伟燕 等,2016),不仅解决了灾害监测预报结果在局部山区与实际不符的问题,而且将灾害落区定位在茶园,实现了茶园气象灾害精准评估,相关技术已在浙江省松阳县示范应用(李时睿 等,2017)。以上研究为安吉白茶精细化监测预报技术研发提供了重要的技术参考。

选取影响安吉白茶生产的主要气象灾害(霜冻害、冬季冻害、高温热害),构建安吉白茶气象灾害指标体系;集成气象监测预报和 DEM 高程数据,建立灾害精细化监测预报技术;融合山区茶园高分辨率遥感识别技术,开展安吉白茶气象灾害定量化评估。

6.1 技术流程

　　集成茶园小气候、灾情统计等信息,建立安吉白茶气象灾害指标体系;应用数理统计方法,建立基于地理信息的灾害指标空间分布模型,结合精细化气象监测预报数据和数字高程模型(DEM)信息,借助地理信息系统(GIS)技术,研制乡镇和细网格的灾害气象指数空间分布图;基于多源卫星遥感信息获取的高空间分辨率的茶园分布现状,建立茶叶气象灾害指标格点化评估模型,实现了安吉县茶叶气象灾害精细化定量评估(图 6.1)。

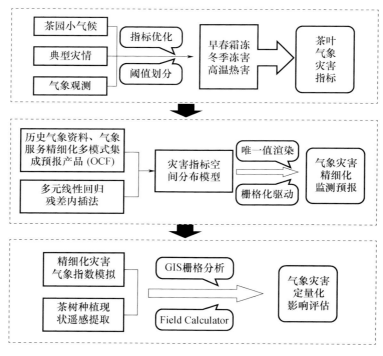

图 6.1　安吉白茶气象灾害精细化监测预报技术流程图

6.2 气象灾害指数

　　集成早春霜冻、冬季冻害、高温热害典型灾情和茶园小气候资料,结合安吉白茶生产实际,修订和完善小时尺度监测、日尺度预报的早春霜冻气象指标,完善日尺度冬季冻害和高温热害监测预报气象指标。结合典型年份灾情,利用专家决策法对气象指标阈值和等级进行划分,气象指标和阈值等级构成灾害气象指数,即早春霜冻气象指数、冬季冻害气象指数和高温热害气象指数,构成安吉白茶主要气象灾害指标体系。

6.2.1　安吉白茶霜冻害气象指数

（1）安吉白茶霜冻害监测气象指数

根据国家气象行业标准《茶树霜冻害等级》(QX/T 410—2017)(全国农业气象标准化委员会,2017a),茶树霜冻害等级指标包括三部分的内容:气象指标、茶树受害症状和新梢芽叶受害率。其中,气象指标是指春茶新梢生长期间每天的小时最低气温和持续小时数。茶树霜冻害等级划分为四级,即轻度霜冻、中度霜冻、重度霜冻和特重霜冻。以指数表征茶树霜冻害监测等级,即1~4级分别代表轻度、中度、重度、特重霜冻,由此建立茶叶霜冻害监测气象指数(表6.1)。

表6.1　安吉白茶霜冻害监测气象指数

等级	气象指标	茶树受害症状	芽叶受灾率	指数
轻度	$0 \leqslant Th_{min} < 2$ 且 $2 \leqslant H < 4$ 或 $2 \leqslant Th_{min} < 4$ 且 $H \geqslant 4$	芽叶受冻变褐色、略有损伤,嫩叶出现"麻点"、"麻头"、边缘变紫红、叶片呈黄褐色	<20%	1级
中度	$-2 \leqslant Th_{min} < 0$ 且 $H < 4$ 或 $0 \leqslant Th_{min} < 2$ 且 $H \geqslant 4$	芽叶受冻变褐色,叶尖发红,并从叶缘开始蔓延到叶片中部,茶芽不能展开,嫩叶失去光泽、芽叶枯萎、卷缩	≥20% 且 <50%	2级
重度	$Th_{min} < -2$ 且 $H < 4$ 或 $-2 \leqslant Th_{min} < 0$ 且 $H \geqslant 4$	芽叶受冻变暗褐色,叶片卷缩干枯,叶片易脱落	≥50% 且 <80%	3级
特重	$Th_{min} < -2$ 且 $H \geqslant 4$	芽叶受冻变褐色、焦枯;新梢和上部枝梢干枯,枝条表皮开裂	≥80%	4级

注：Th_{min} 为小时最低气温,单位:℃;H 为满足 Th_{min} 持续的小时数,单位:h。

（2）安吉白茶霜冻害预报气象指数

国家气象行业标准《茶树霜冻害等级》(QX/T 410—2017)(全国农业气象标准化委员会,2017a)中规定气象指标是小时尺度的最低气温,实际OCF预报数据最低气温只有日值,尚无小时值。参照茶树霜冻害等级标准,结合预报产品以及茶叶生产实际,确定茶叶霜冻害预报气象指标用日最低气温,标准分为轻度、中度、重度和特重四级。以指数表征茶树霜冻害预报等级,即1~4级分别代表轻度、中度、重度、特重霜冻,由此建立茶叶霜冻害预报气象指数(表6.2)。

表6.2　安吉白茶霜冻害预报气象指数

等级	气象指标	茶树受害症状	芽叶受害率	指数
轻度	$2 < T_{min} \leqslant 4$ ℃	新梢芽或叶受冻变褐色、略有损伤,嫩叶出现"麻点"、"麻头"、边缘变紫红、叶片呈黄褐色	<20%	1级

续表

等级	气象指标	茶树受害症状	芽叶受害率	指数
中度	$0<T_{min}\leqslant2$ ℃	新梢芽或叶受冻变褐色,叶尖发红,并从叶缘开始蔓延到叶片中部,茶芽不能展开,嫩叶失去光泽、芽叶枯萎、卷缩	$\geqslant20\%$ 且 $<50\%$	2 级
重度	$-2<T_{min}\leqslant0$ ℃	新梢芽或叶受冻变暗褐色,叶片卷缩干枯,叶片易脱落	$\geqslant50\%$ 且 $<80\%$	3 级
特重	$T_{min}\leqslant-2$ ℃	新芽叶尖或叶尖受冻全变褐色、芽叶成片焦枯;新梢和上部枝梢干枯,枝条表皮裂开	$\geqslant80\%$	4 级

注:T_{min} 为日最低气温,单位:℃。

6.2.2 安吉白茶冬季冻害气象指数

根据已有的研究成果,以日最低气温作为茶叶冬季冻害监测和预报的气象指标,结合其阈值等级划分,以 1～3 级分别代表轻度、中度、重度的茶叶冬季冻害,由此建立茶叶冬季冻害气象指数(表 6.3)。

表 6.3 安吉白茶冬季冻害气象指数

等级	气象指标	指数
轻度	$-10<T_{min}\leqslant-5$ ℃	1 级
中度	-13 ℃$<T_{min}\leqslant-10$ ℃	2 级
重度	$T_{min}\leqslant-13$ ℃	3 级

注:T_{min} 为日最低气温,单位:℃。

6.2.3 安吉白茶高温热害气象指数

以日平均气温和最高气温为指标,以此作为高温热害日的判定标准。鉴于高温热害对茶叶生长的持续影响,对高温热害日的持续天数进行阈值划分,以 1～3 级分别代表轻度、中度、重度的安吉白茶高温热害等级,建立安吉白茶高温热害气象指数(表 6.4)。

表 6.4 安吉白茶高温热害气象指数

等级	气象指标	指数
轻度	$T\geqslant30$ ℃ 和 $T_{max}\geqslant35$ ℃,持续 5～8 d	1 级
中度	$T\geqslant30$ ℃ 和 $T_{max}\geqslant35$ ℃,持续 9～12 d	2 级
重度	$T\geqslant30$ ℃ 和 $T_{max}\geqslant35$ ℃,持续 12 d 以上	3 级

注:T 为日平均气温,单位:℃;T_{max} 为日最高气温,单位:℃。

6.3　气象灾害监测

6.3.1　基于乡镇单元的安吉白茶气象灾害监测

应用安吉县气象站观测资料,驱动安吉白茶气象灾害指数(包括霜冻害、冬季冻害、高温热害),得到各乡镇代表站的安吉白茶气象灾害指数。借助 GIS 的唯一值渲染技术,分别对各灾害等级匹配相应颜色,绘制安吉白茶气象灾害指数监测结果空间分布图,统计出不同灾害指数对应的乡镇个数,从灾害落区及其影响程度等方面开展安吉白茶气象灾害指数监测服务。

6.3.2　基于空间分布模型的安吉白茶气象灾害监测

集成安吉白茶气象灾害指标和安吉县常规气象站和区域自动气象站历年观测资料,统计各站早春霜冻、冬季冻害、高温热害的气象指标多年平均值。结合站点经度、纬度、海拔等地理信息,采用多元线性回归法构建基于地理信息的灾害指标空间分布模型。在此基础上,更新中尺度气象站观测数据,对指标空间分布模型参数进行修订,实现参数动态化。应用安吉县 DEM 数据驱动灾害指标空间分布模型,得到网格化的灾害气象指数。利用 GIS 栅格空间分析法,研制细网格的安吉白茶气象灾害指数监测空间分布图。

6.4　气象灾害预报

6.4.1　基于智能网格的安吉白茶气象灾害预报

基于安吉白茶气象灾害指数,应用网格单元(5 km×5 km)和乡镇单元的精细化数值天气预报产品,以日为时间尺度,获取未来 1～15 d 的精细化、定量化安吉白茶气象灾害指数预报结果。借助 GIS 的唯一值渲染技术,分别对各指数匹配相应颜色,以网格或乡镇为单元,绘制安吉白茶气象指数预报空间分布图,统计出不同灾害指数对应的乡镇个数,从灾害落区及其影响程度等方面,逐日动态开展未来 1～15 d 安吉白茶气象灾害指数预报服务。

6.4.2　基于空间分布模型的安吉白茶气象灾害预报

通过不断更新智能网格精细化预报数据,对灾害指标空间分布模型参数进行修订,实现参数动态化。应用安吉县 DEM 数据驱动灾害指标空间分布模型,得到网格化的灾害气象指数。利用 GIS 栅格空间分析法,研制细网格的安吉白茶气象灾害指数预报空间分布图。

6.5 气象灾害定量评价

应用安吉白茶气象灾害指数空间分布模型和精细化的气象监测预报数据,得到栅格化的安吉白茶气象灾害指数。基于多源卫星遥感信息获取的高空间分辨率的茶园分布现状,应用 GIS 栅格空间分析法,气象灾害指数栅格数据与安吉县茶树种植现状进行叠加,将灾害落区定位在茶园内。借助 GIS 软件的 Field Calculator 工具,分别统计安吉白茶气象灾害指数的不同范围对应的灾害面积,实现茶叶主要气象灾害评估的精细化和定量化。

6.6 典型个例分析

以 2019 年 4 月 1 日低温霜冻过程为例,分析安吉白茶气象灾害精细化监测预报技术应用结果。2019 年 4 月 1 日,受冷空气降温影响,安吉县出现了低温霜冻。根据实况资料监测,全县日最低气温在 0.9～5.9 ℃,平均值为 2.7 ℃。其中,县域南部和西部基本在 2.0 ℃ 以下,县域中部部分地区在 3 ℃ 左右,其他地区在 4 ℃ 以上(图 6.2)。

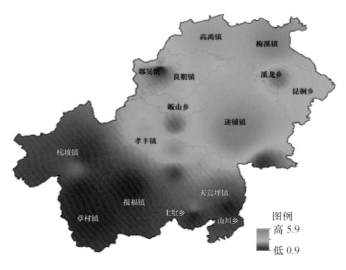

图 6.2 2019 年 4 月 1 日安吉县最低气温空间分布(单位:℃)

6.6.1 基于乡镇单元的安吉白茶气象灾害指数

应用 2019 年 4 月 1 日安吉县乡镇单元的最低气温观测数据,采用 GIS 的唯一值渲染技术,绘制了基于乡镇单元的安吉县茶叶霜冻害监测气象指数(图 6.3),全县部分地区出现 1 级的茶叶霜冻害,共 9 个乡镇,分别为溪龙乡、昆铜乡、良朋镇、皈山乡、杭垓镇、章村镇、报福镇、上墅乡、天荒坪镇;1 个乡镇(山川乡)为 2 级霜冻害;其他地区未出现茶叶霜冻害,共 5 个乡镇,分别为高禹镇、梅溪镇、鄣吴镇、孝丰镇、递铺镇。

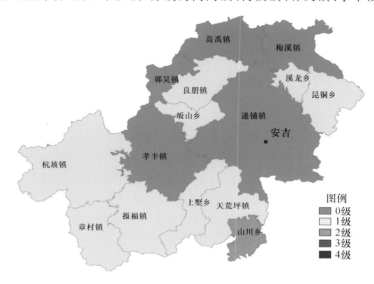

图 6.3　基于乡镇单元的安吉县茶叶霜冻害监测气象指数

6.6.2　基于空间分布模型的安吉白茶气象灾害指数

(1)灾害指标空间分布模型

①模型建立

基于 1981—2008 年浙江省 71 个常规自动气象站的逐日最低气温观测资料,统计各站最低气温的年平均值。以观测站点的地理信息(经度、纬度、海拔高度)为自变量,年最低气温为因变量,应用混合内插法,建立灾害指标空间分布模型。模型计算公式为:

$$T_1 = 66.08 - 0.221 \cdot \beta - 0.759 \cdot \alpha - 0.00518 \cdot h + 0.00000000\ 12 \cdot h^2$$

$$(6.1)$$

式中,T_1 为浙江省最低气温年平均值(单位:℃);α、β、h 分别为站点的纬度(单位:°)、经度(单位:°)、海拔高度(单位:m),下同。式(6.1)的复相关系数分别为 0.969,经 F 检验,方程均通过了 $\alpha = 0.01$ 的显著性水平检验。

②模型验证

应用 2009—2010 年的浙江省 71 个常规自动气象站的逐日最低气温观测资料,统计各站两年的最低气温平均值。将各个常规自动气象站的经度、纬度、海拔高度带入对应的方程中,计算各站的最低气温模拟值。将年平均最低气温模拟值与实测值进行对比,计算得到各站最低气温模拟的绝对误差,取其平均值作为最低气温模拟误差,结果表明,2009—2010 年浙江省最低气温实测平均值为 14.2 ℃,模拟值为 14.4 ℃,绝对误差为 0.2 ℃。由此可见,最低气温误差在合理的范围内,表明应用灾害指标空间分布模型估算格点化最低气温的方法是可行的。

(2)灾害指标空间分布模型参数动态修订

应用安吉县 25 个区域自动气象站 2019 年 4 月 1 日最低气温的观测资料,结合各站经度、纬度、海拔高度等地理信息,采用最小二乘法,对式(6.1)参数进行修订,建立 2019 年 4 月 1 日安吉县的日最低气温空间分布模型。

$$T_{1-1} = -360.549 + 2.504 \cdot \beta + 2.106 \cdot \alpha - 0.009 \cdot h + 0.00001159 \cdot h^2$$

$$(6.2)$$

式中,T_{1-1} 为安吉县 2019 年 4 月 1 日的日最低气温,单位:℃。

(3)安吉白茶气象灾害指数网格化监测预报

应用安吉县 30 m×30 m 的 DEM 数据,采用 GIS 空间分析技术,借助其 Conversion tools 工具提取各县的地理信息,以格点化的经度、纬度和海拔高度等信息日最低气温空间分布模型,由此得到 2019 年 4 月 1 日安吉县网格化的日最低气温。结合霜冻害气象指数,计算细网格化的茶叶霜冻害指数。在此基础上,应用 GIS 中图层渲染功能的分类符号化模型,格点化霜冻害等级结果匹配相应的颜色,研制茶叶霜冻害指数精细化空间分布图(图 6.4)。

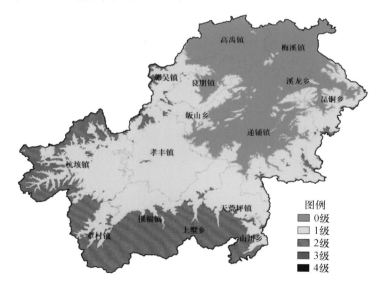

图 6.4　2019 年 4 月 1 日安吉县茶叶霜冻害气象指数空间分布(30 m×30 m)

根据茶叶气象灾害指数,县域内出现了 1～2 级的茶叶霜冻害,2 级霜冻害主要出现在报福镇、上墅乡、山川乡、章村镇等南部高海拔山区以及杭垓镇的部分山区,孝丰镇、天荒坪镇、杭垓镇的大部等地为 1 级霜冻,安吉县的北部地区基本未出现霜冻害。

6.6.3 基于种植现状的安吉白茶气象灾害定量评估

基于乡镇单元的茶叶霜冻害监测,在空间上可以分析各个乡镇的茶叶霜冻害危害程度。然而,并非整个县域或乡镇的土地均用于茶树种植,霜冻害监测结果尚未与茶树种植生产实际相匹配,在一定程度上影响了茶叶霜冻害气象服务的精准度。为进一步提高茶叶霜冻害精细化监测预报的准确度,借助 GIS 空间分析(spatial analysis)中的栅格计算器(raster calculator),把基于卫星遥感数据提取的安吉县空间分辨率达 30 m×30 m 的茶树种植现状栅格数据与 30 m×30 m 的茶叶霜冻害气象指数栅格数据叠加,实现了茶叶霜冻害指数定位到实际茶园内,开展基于茶树种植现状的茶叶霜冻害的定量评估。

(1)安吉白茶种植现状提取

根据浙江大学研究成果,应用 HJ-1 CCD、Landsat-8 OLI、Sentinel-2A、GF-1 WFV 等多源遥感卫星数据,结合茶园种植区域野外调查,采用最大似然分类、马氏距离分类、最小距离分类、随机森林分类、支持向量机分类等方法,对多源时序的归一化植被指数(NDVI)影像进行分类,提取了安吉县茶叶种植现状空间分布图(图 6.5),空间分辨率为 30 m×30 m,Kappa 系数达 0.96。根据茶叶种植现状提取结果,安吉县茶园面积为 14247 hm²,而安吉县统计局统计的茶园种植面积数据为 13476 hm²,面积精度为 95%。

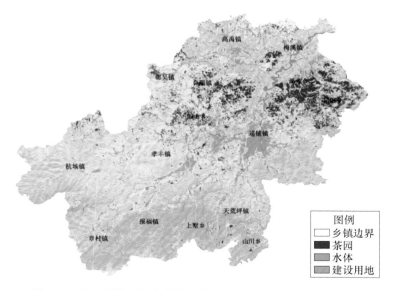

图 6.5 基于多源卫星遥感信息数据提取的安吉县茶园空间分布

(2)安吉白茶气象灾害定量评估

以 2019 年 4 月 1 日低温霜冻过程为例,开展基于茶园分布现状的茶叶霜冻害定量评估。4月1日低温致使安吉县8008.32 hm² 遭受霜冻害,占全县茶园面积的56.12%(表6.5、图6.6)。其中,1级霜冻害受灾面积为7535.99 hm²,占全县茶园面积的52.81%,2级霜冻害受灾面积为472.34 hm²,占全县茶园面积的3.31%。不受霜冻害影响的茶园面积为6261.67 hm²,占全县茶园面积的43.88%。由此可见,基于卫星遥感数据提取的茶叶种植现状的霜冻害定量评估,将灾害落区定位在茶园内,可以统计茶园受灾面积以及不同灾害指数的面积比例,提高了霜冻害监测预报的精准度。经过实际调查,灾害发生和危害程度基本与监测结果一致。

表6.5 安吉白茶产区不同等级霜冻害受灾面积

灾害等级	受灾面积(hm²)	占全县茶园面积比例(%)
轻度(1级)	7535.99	52.81
中度(2级)	472.34	3.31
重度(3级)	0	0
特重(4级)	0	0

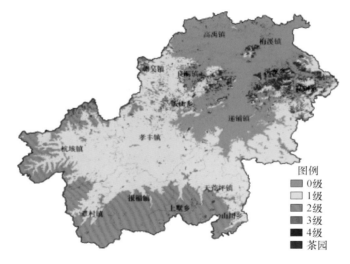

图6.6 基于种植现状的安吉县2019年4月1日茶叶霜冻害气象
指数分布(30 m×30 m)

第7章　茶园小气候环境调控技术及应用

在茶园遭受过高或过低温度、光照等逆境时，可以通过人工干预调控小气候环境来保障茶树的正常生长。针对前述茶园频频遭受的倒春寒霜冻害，长期以来都采用传统的烟熏、覆盖、灌水等方法，但其效果差、费时费力，并且可能带来环境污染。基于气象逆温进行近地小环境气流扰动而提高冠层温度的防霜技术，适于机械化、自动化和大规模应用，近些年来在我国得到了初步的推广应用，特别是各种高架风机防霜装备及其控制技术，被证明是行之有效的防霜解决方案。此外，每年春季随着茶叶采摘临近末期，气温和光照逐渐升高，使得作为茶叶加工原料的芽叶的外形及内在品质快速下降，同时也大大缩短采摘期，而遮阴栽培技术设施通过减弱光照、降低气温很好地解决了这一问题。

7.1　高架风机防霜装备及控制技术

7.1.1　气流扰动防霜技术原理及系统组成

霜冻往往发生于早春逆温的条件下，此时由于茶园白天吸收大量太阳辐射，在晚间不断向天空放射，导致近地气温快速下降，形成空气温度场上高下低的逆温层（肖金香 等，2009）。茶园中辐射逆温的形成过程如图7.1所示（胡永光，2011）。

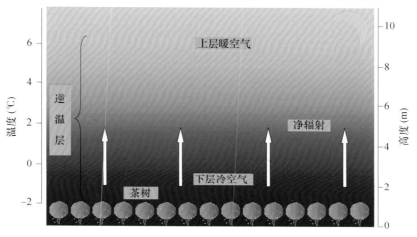

图 7.1　茶园中辐射逆温形成过程

因此,充分利用逆温的温度场分布特点,通过流体机械(如风机、直升机旋翼等)扰动近地逆温层空气,实现上下方冷暖空气强制对流,可有效提高作物冠层温度,从而避免和减轻霜害。实现此防霜原理的技术手段是:将逆温层上方的暖空气强制对流至下方作物冠层(见图7.2)。由上述防霜原理可知,茶园防霜风机系统主要包括:轴流风机、转动云台、安装立柱、电气控制箱、温度传感器、调整部件和其他附件等。

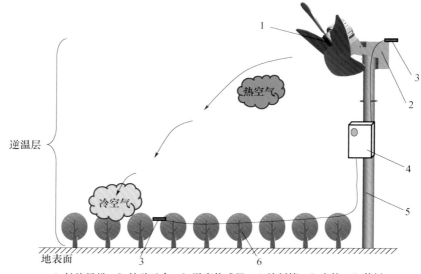

1. 轴流风机 2. 转动云台 3. 温度传感器 4. 控制箱 5. 立柱 6. 茶树

图 7.2 气流扰动防霜作用原理及系统构成示意图

转动云台安装在立柱上方 6~10 m 处,其功能是支撑风机并可摆动或连续转动,摆动周期为 2~5 min。由于防霜风机工作在露天野外,环境条件恶劣,为保证寿命,各部件要做防锈、防潮等处理。

使用高架风机来实现气流扰动防霜,属于自上而下的强制对流换热方式,关键部件是轴流风机及其叶型。为达到预定的防霜效果,轴流风机应满足一定的风量和风压设计要求,确保逆温层上下方气流的充分混合。编者基于计算流体动力学(CFD)仿真技术,优化设计了防霜风机专用圆弧板和翼型叶型(图7.3),均具有大风量、高压力、送风距离远的优点,提高了防霜的效果(茹康前,2013;杨朔;2014;吴文叶,2015)。

7.1.2 圆弧板叶型防霜风机及其性能

自主设计的叶型模型和研制的实物(茹康前,2013),如图7.4所示。

图 7.5 所示防霜风机样机的主要技术参数和规格如下:主电机功率为 3.0 kW,叶片回转直径为 1000 mm,转速为 960 r/min,俯角为 15°~50°可调,云台摆动范围为 60°/90°/120°可变,摆动周期为 135 s,安装高度为 7.2 m。

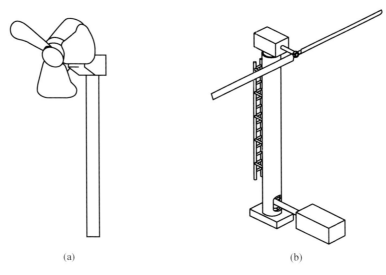

图 7.3　两类不同叶型防霜风机
(a)圆弧板叶型防霜风机.(b)翼型叶型防霜风机

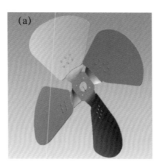

图 7.4　自主设计圆弧板叶型模型(a)及实物(b)

图 7.5　圆弧板叶型防霜风机

无风天气条件下,在田间测试研制样机的基本性能。在风机非摆动状态下,风速分布呈平放鸭梨状,见图7.6。水平方向距离风机越远处,风速越小。扩大至16 m范围内,风速急剧变小;之后在30 m范围内,风速基本稳定在1~3 m/s。垂直方向上,基本呈对称分布,在水平距离16 m处,垂直分布最宽可达16 m以上。若以风机摆动范围90°计算,研制风机有效作用范围将大于1100 m²。

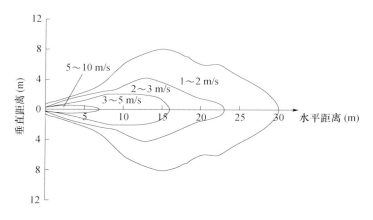

图7.6　圆弧板叶型防霜风机风速分布

田间防霜效果试验设置:风机俯角调整至35°,不摆头。在防霜风机正前方茶树冠层位置的水平面上设置测点,间隔改为5 m。在晚霜冻害发生条件下,启动系统连续运行,夜间每隔1 h测定各点温度,并与外界气温进行比较。

试验选择在霜冻严重的夜晚进行,19:00开始启动防霜风机连续运行。测定风机中心线在冠层位置水平投影25 m范围内的各点温度,并与无风机作用区域的冠层温度进行比较,其结果见图7.7。由图可知,防霜风机具有明显的防霜作用。风机作用前方10 m和25 m处的温升平均达到2.86 ℃,最大高达6.5 ℃。无风机作用

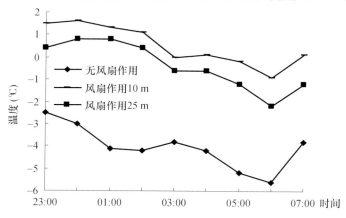

图7.7　圆弧板叶型防霜风机田间防霜效果

区的冠层温度均低于 -2 ℃,有严重霜冻出现(02:00—06:00),而风机作用区的平均温度接近 0 ℃,叶片表面未见结霜。

此外,随着作用距离的增加,温升幅度减小,风机前方 35 m 处的温升不明显。风机中心线水平投影两侧,随着宽度的增加温升也不断减小。试验中还发现,在风机前方 5~6 m 范围内,仍然出现了霜害,其主要原因是风机安装于高空,具有一定的俯角,导致此范围内无气流扰动,冠层的冷空气不能和上方较高温度的气流进行混合。因此,需在其周围安装其他防霜风机,以补偿该盲区的防霜效果。

7.1.3　翼型叶型防霜风机

编者设计开发了双凸和凹凸两种翼型叶型的防霜风机(杨朔;2014;吴文叶,2015),如图 7.8 所示。该类型的防霜风机具有送风距离远、可连续圆周摆动、防霜面积大等优点,但要求的动力功率和安装成本高,也不适用于零散分布的小块茶园。

图 7.8　研制的双凸(a)和凹凸(b)翼型防霜风机样机

7.1.4　气流扰动防霜控制技术

为达到预期的茶园防霜效果,需要对气流扰动防霜装备的运行进行自动控制。以防霜效果和运行节能为目标,从气象和茶树耐冻性入手,可以制定完备、先进适用的控制策略,同时也需要确定不同时间尺度下启用和关闭防霜风机的时机。

(1)基于临界低温的逆温差控制策略(胡永光,2011)

由前述气流扰动防霜的基本原理可知,该方法通过强制对流逆温层上下方不同温度空气,从而达到防霜的目的。所以,使用该原理方法进行防霜的基本前提是逆温的存在,这也是防霜控制的必要条件之一。

设茶树冠层的温度为 T_a,风机安装高度的温度为 T_u,则逆温存在可表达为:

$$\Delta T = T_u - T_a > 0 \tag{7.1}$$

这里,ΔT 为逆温差。

欲提高茶树冠层温度使其不产生霜冻,则需强制对流上方足够多和温度足够高的暖空气,这一方面可以通过增加风机风量和高度来实现,但更依赖于当时的逆温条件。所以进一步对逆温差进行限制,作为气流扰动的充分条件,即

$$\Delta T > T_0 \qquad\qquad (7.2)$$

T_0 为一温度阈值,对于不同的作物和防霜风机,其大小各不相同。当 T_0 太小时,若仍启动气流扰动防霜装备进行防霜,则起不到应有效果,造成能耗浪费。

从作物对冻害的响应而言,茶树在短时内处于其临界冻害温度 T_c 以下,就会造成冻害,这是气流扰动控制的必要条件,即

$$T_a < T_c \qquad\qquad (7.3)$$

对龙井 43 茶树而言,其发生冻害的临界叶温为 $-3 \sim -2$ ℃,但这里 T_c 取 $0 \sim 1$ ℃。

综上分析,在晚霜的逆温持续阶段,满足气流扰动防霜充分必要条件的控制策略是:

$$\begin{cases} \Delta T = T_u - T_a > T_0 \\ T_a < T_c \end{cases} \qquad\qquad (7.4)$$

当茶园出现霜冻时,采用开发的控制系统,控制自主研制的防霜机。该控制器采用了基于临界低温的逆温差控制策略。试验结果表明,采用该控制策略可节能约 20%,亦即防霜效率提升了约 20%。

(2)不同时间尺度上防霜风机运行策略

在发生晚霜的茶园中,试验研究了防霜风机不同时间尺度启闭的防霜效果。在茶树萌芽前不同天数、降霜前和日出后不同时间,分别设定启用和关闭防霜风机的处理,测定其对茶树生长、冠层温度和防霜范围的影响(朱霄岚,2014)。

针对茶树萌芽前后耐冻性的差异,以及气象逆温和反逆温的复杂变化,提出了在不同时间尺度上确定防霜机启用和启闭时机的方法,并确定了茶树萌芽前、降霜前和日出后合理的启闭时间。为保持茶树光合作用的一定强度,使茶树新梢长度、芽密度和百芽质量增幅在 20% 以上,防霜机的启用时机应在茶树萌芽前不少于 7 d;使茶树冠层温度不低于临界冻害温度,同时避免或减轻日出后快速升温导致的二次应激伤害,防霜机的启动时机应在降霜前 1.0 h,而关停时机应在日出后 1.0 h。

7.2 喷水结冰防霜技术与应用

喷水结冰防霜技术在美国、日本和中国的果园、茶园中得到了小范围的推广应用(Snyder et al,2005;堀川知廣,1980;黑岩郁夫 等,1993;大橋真 等,1986),其工作原理是将水喷洒在作物表面,通过周围环境的辐射、热传导以及水凝固结冰释放出的潜热(在 0 ℃ 时,每千克的水凝固结冰时释放 334.5 kJ 的潜热,而每千克水从 20℃

降至 0 ℃仅释放出 83.7 kJ 的显热),使作物叶片表面温度维持在临界冻害温度以上,从而实现防霜。茶园喷水结冰防霜系统,如图 7.9 所示。

图 7.9　茶园喷水结冰防霜系统

喷水防霜系统一次性投资少,防霜效果明显,并且可以缓解茶园旱情,利用率高,易于实现喷水防霜的推广。国外对果园喷水防霜进行了一系列研究,主要为监测喷水防霜过程中果实表面温度的变化,以及对周围环境小气候的影响,从而得出防霜喷灌的建议和注意事项;另外,研究者基于对喷水防霜机理的研究,确定了橘树和苹果树等防霜所需喷灌量的大小。我国的喷水结冰防霜技术研发和应用还处于起步阶段,其中江苏大学农业工程学院在茶园中开展了一系列设计、试验和技术开发工作(Lu et al,2018;Hu et al,2016)。

7.2.1　喷水结冰防霜技术方法

20 世纪 40 年代开始,欧美国家开始尝试采用喷灌技术来保护果树免遭霜冻害(Koc et al,2000;Olszewski et al;2017;Ghaemi et al,2009);日本在 1956 年开始进行散水结冰防霜的相关试验,1970—1977 年东京大学农学部与静冈县农业试验场合作,在防霜喷灌强度、喷头布设等方面开展了一系列试验,之后在该县滨松市附近的三方原地区的樽井茶园开始了实际应用(堀川知廣,1980;黑岩郁夫 等,1993;大桥真 等,1986)。

喷水防霜从技术上可分为树上喷灌和树下喷灌两种方式,见图 7.10。树上喷灌防霜技术主要用于低矮作物以及树枝可以承受冰重的落叶性果树;树下喷灌防霜技术主要用于落叶性果树,防霜过程中树枝上结冰较少,故果树枝损害较小,但相对于树上喷灌系统,其温度提升能力较低。

图 7.10　树上喷灌(a)和树下喷灌(b)

7.2.2　喷水结冰防霜系统与技术参数

　　喷水结冰防霜系统的构建主要包括喷头的选型与布置、管道的设计和水泵的选型(周世峰 等,2011)。喷头选型与布置,主要包括喷头选型、喷头组合间距和系统喷灌强度的计算。其中,茶园中的防霜喷头常采用摇臂式,其具有结构简单、价格低和易维护等优点。喷头布置间距和支管布置间距均设定为 1.3 倍的喷头射程。系统喷灌强度(I),如下所示:

$$I = \frac{1000q_p\eta_pK_wC_p}{\pi R^2} \tag{7.5}$$

式中,q_p 为喷头流量,单位:m³/h;R 为喷头射程,单位:m;η_p 为喷洒水利用系数;I 为系统喷灌强度,单位:mm/h;C_p 为布置系数;K_w 为风系数组合喷灌强度。

　　管道的设计包括管道材质的确定和管道水头损失计算。管道材质确定主要为管路材质选型、竖管内径选型、支管内径选型和干管内径选型。依据农业灌溉系统的设计要求,为了避免管路对茶园生产作业的干扰,需将支管和干管埋入地表以下20.0 cm。主管和干管均选用 PPR 材料。管道水头损失包括沿程水头损失和局部水头损失,沿程水头损失主要发生在管道中直线段的位置,局部水头损失与沿程水头损失的比值一般取 10%。

　　水泵选型及其首部枢纽设计。水泵选型主要为设计流量计算和喷灌系统扬程计算。首部枢纽可采用二级过滤,一级采用进口叠片式过滤器,二级为网式过滤器可对细小微粒进一步过滤。考虑到茶园施肥的需要,首部增加了一套文丘里施肥器。在施肥器、碟片式过滤器和网式过滤器两端分别设置了压力表,根据两端压力表差值,用以检测文丘里施肥器和过滤器是否出现了堵塞现象。另外,还设置了止回阀、回水调压阀、调节阀等阀门控制设备。首部枢纽组成如图 7.11所示。

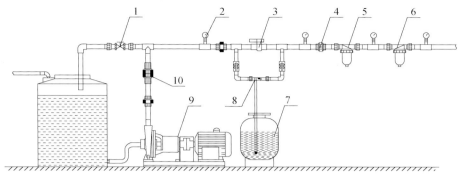

1. 回水调压阀　2. 压力表　3. 调节阀　4. 活接　5. 碟片过滤器　6. 网式过滤器　7. 施肥罐
8. 文丘里施肥器　9. 水泵　10. 止回阀

图 7.11　首部喷水结冰防霜系统枢纽组成

7.2.3　茶园喷水结冰防霜效果测试

为明晰喷灌对茶园小气候的影响以及不同喷灌强度下的喷水防霜效果,编者团队利用设计构建的喷灌系统进行了试验验证。

(1)材料与方法

试验于 2014 年 1—3 月在江苏省丹阳市迈春茶场($32°01'33''$N,$119°40'22''$E,海拔高度为 18 m)进行。供试茶树为安吉白茶,树龄约为 7 年。在典型的倒春寒霜夜条件下,进行了不同喷灌强度的防霜效果试验。

利用喷灌系统中无相互干涉的三个喷头进行喷水防霜。以喷头为起点,沿径向分别在 0 m、2 m、4 m、6 m、7 m、8 m、9 m、10 m 茶树冠层处布置雨量筒,测量各点的喷灌强度;将温度自动记录仪的温度探头分别布置在雨量筒布置点、对照区域和水塘水面下方 0.5 m 处,记录仪记录数据的时间间隔为 10 分钟;当空气湿球温度下降到 0 ℃时,打开喷灌系统;当太阳已经升起,且空气湿球温度回升到 0 ℃时,关闭喷灌系统。防霜试验的开启时间为 3 月 21 日 02:30,关闭时间为当日 06:46。

(2)结果与分析

喷头正下方区域喷灌强度可达到 8 mm/h,距离喷头 10 m 处无喷洒水,喷灌强度沿着喷洒半径向外逐渐减弱。水塘水面下方 0.5 m 处水温维持在 11~12 ℃;夜间晴朗无风,非喷灌区域茶树叶片有明显的结霜现象;日出时间为 06:03。对不同喷灌强度下的防霜区域和非喷灌区域茶树冠层气温的变化动态进行监测,结果如图 7.12 所示。

在当日气象条件下,02:30—06:00 时间段内,对照区域茶树冠层平均气温为 −2 ℃,最低温度达到 −2.9 ℃,对茶树新芽造成一定冻害;0~2 mm/h 喷灌强度下防霜区域茶树冠层气温虽较非喷灌区域略高,茶树冠层平均气温为 −1.6 ℃,最低温度为－2.3 ℃,喷灌强度过小,喷洒水释放出的热量不足以将茶树冠层气温提升到临界冻害温度以上,故仍会发生霜冻,不能达到良好的防霜效果。2～4 mm/h 的喷灌强度可以维持茶树冠层气温在 0 ℃ 左右,最低温度为－0.5 ℃,可以有效避免霜冻害的发生;4～8 mm/h 喷灌区域茶树冠层平均气温为 0.4 ℃,最低温度为 0 ℃。

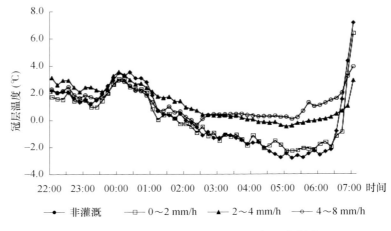

图 7.12　不同喷灌强度对茶树冠层气温的影响

在 3 月 21 日 05:00,各不同区域叶表面温度均较茶树冠层气温低,0～2 mm/h 喷灌区域和对照区域的温差最大,均为 0.6 ℃。随着喷灌强度的增大,叶表面温度呈现出提升趋势,其中 4～8 mm/h 和 2～4 mm/h 喷灌区域叶表面温度已经高于茶叶 1～2 叶期的临界冻害温度(图 7.13)。

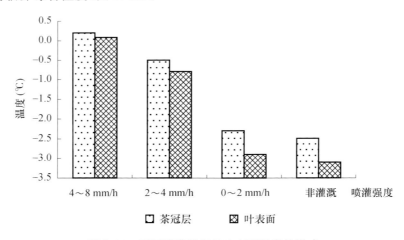

图 7.13　不同喷灌强度对叶表面温度的影响

当茶树冠层气温提升到 0 ℃ 后,若喷灌强度过大,部分喷洒水未凝固结冰,蕴含在该喷洒水中的热量大部分没有被利用,升温效果随强度增大而大幅减弱,故该区域相对于 2～4 mm/h 喷灌强度升温效果不明显,虽可以达到防霜效果,但防霜用水量大,造成对水资源的浪费,且更容易引起茶园涝灾。

7.2.4　茶园喷水结冰防霜控制

在早春,萌芽期临界冻害温度约为−3 ℃,1～2 叶期约为−2 ℃,设定喷灌防霜系统的开启时机为冠层处气温小于等于 0 ℃,设定喷灌防霜停止的时机为日出后半小时,且冠层处气温高于 0 ℃。

喷水防霜系统运行时,一般以某一特定的喷灌强度进行喷洒,但随着外界环境的变化,防霜所需喷灌强度亦随之变化,可采用间歇式喷水方式来实现变喷灌强度的喷水防霜。

7.3　优质绿茶遮阴栽培及环境调控技术

在春茶采摘末期,由于气温快速升高,致使作为茶叶加工原料的芽叶的内部和外观品质下降,且缩短了茶叶采摘期。此时可采用遮阴和喷雾等小环境调控措施来降低光强和温度,改善茶树生长条件,从而保障茶叶品质、延长春茶采摘期和提高茶叶采收量。

在农业生产中遮阳网覆盖有广泛的应用,它具有遮强光,降高温;防暴雨,抗雹灾;减少蒸发,保墒防旱;保温,抗寒,防霜冻;避虫害,防病害等多种功用(张真和 等,1992)。遮阳网覆盖遮阴在茶园生产中也有广泛的应用,茶树属亚热带植物,抗寒能力弱,尤其是在早春茶树芽叶萌发时,容易受"倒春寒"危害(赵良骏,1988)。在春茶采摘前使用遮阳网覆盖,可以起到保温、抗寒和防霜冻的作用,减小芽叶的伤害,并有助于春茶的提前采摘,从而提高春茶产量,增加经济效益(黄海涛 等,2014)。为了改善茶叶品质,日本建有"覆下茶园",即在茶叶开采前的半个多月,采用遮阳网覆盖茶园(陈席卿,1988)。在夏秋季节,遮阳网遮阴可以遮强光、降高温。据黄寿波(1981)研究适宜茶树生长的空气温度为 20～30 ℃。高温季节,茶树适度的遮阴可以减少太阳直射,增加散射光,改善光质,降低抵达叶面的光强,降低茶园冠层极端高温,增加茶园湿度,从而更利于茶树的生长(侯渝嘉 等,2008;段建真 等,1992)。在茶园生产中,遮阳网遮阴技术研究多集中在春茶提前和改善夏秋季茶叶的品质上,而对于在春茶采摘末期保持春茶品质,延长其采摘期的研究较少。

另外,喷雾蒸发可以对局部热环境进行调节,有降温增湿的作用,这也与茶树的喜湿的特性相适应。蒸发降温(evaporative cooling)的基本原理是:液态的水蒸发为气态的水这一汽化相变过程中,需吸收周围空气中的热量,从而降低了环境温度。早期喷雾降温主要应用于灭火、工业方面的增湿和快速传热,现在开始用于开放或半开放热环境的调节(Kim,2007)。试验表明,在开放或半开放环境(如温室、畜禽舍等)下,喷雾蒸发降温可有效降低局部环境温度,增加湿度(Uchiyama et al,2008;

杨洋 等,2008;叶大法 等,2010;王军锋 等,2010;李成成 等,2011;霍海红 等,2011;何泽能 等,2014)。

编者设计开发了高架遮阳网与喷雾降温系统,试验对比分析遮阳网内外气温、相对湿度、光照和土温等环境因子变化;研究了遮阴对茶树新梢、叶片生长状况和芽叶品质指标的影响;试验测试遮阴时喷雾降温效果,提出了茶园遮阳网和喷雾降温环境调节技术(江丰,2017;胡永光 等,2018)。该技术通过调控茶树生长的小气候环境来延长春茶采摘期,从而提高产量,因此具有重要的生产实际意义。

7.3.1 遮阴栽培设施构成

高架遮阳网通过钢丝绳串联立柱而成(图 7.14);其长度为 48 m,跨度为 6 m,高度在 2~2.5 m,立柱间距为 8 m,可设置三个不同遮阳网处理,两个 2.0 m 高遮阴处理,一个 2.5 m 高遮阴处理;选用两种遮光率遮阳网,分别为 40%、60%。喷雾系统中的 PE 管沿中间立柱穿过网架,与其连接的喷头可设置不同高度,喷雾主机型号为 3WZ-860,微雾喷嘴型号为 TW1510。

图 7.14　遮阴栽培结构

7.3.2 遮阴对茶园内外环境因子的影响

供试茶树品种为"茂绿",树龄 5 a。根据不同的遮阳网遮光率、遮阴高度设置不同的遮阴处理,试验测量其内外气温、相对湿度环境因子的动态变化并进行对比分析。设置的 3 个遮阴处理分别为:60%遮光率+2 m 遮阴高度(T1)、40%遮光率+2 m遮阴高度(T2)、40%遮光率+2.5 m 遮阴高度(T3),并以露天栽培为对照处理(CK);试验期(4 月底至 5 月底为期 1 个月)分为前、中、后期,试验结果与常规采摘期(4 月初至 4 月底)进行对比。

由图 7.15 和图 7.16 可知,在整个试验期,遮阴各处理的冠层处日最高气温与CK 相比,平均低 2.17 ℃,且遮光率越高,与 CK 的差值越大;遮阴各处理的近地面白昼平均温度显著低于 CK,平均低 3.56 ℃,且遮光率越高,差异越显著;遮阴各处理的土壤 10 cm 深处日平均温度显著低于 CK,平均低 1.19 ℃,且遮光率越高,差异越显著;遮阴增加了遮阳网下茶树冠层处空气的平均相对湿度,遮光率越高,相对湿度越大,其中 T1 处理最大可增加 7.03%;T1、T2 和 T3 处理的叶片最大温度比 CK 分别低 2.13 ℃、1.28 ℃和 0.94 ℃。对比 T2 和 T3 处理,相同遮光率、不同遮阴高度对环境因子的影响差异不大。

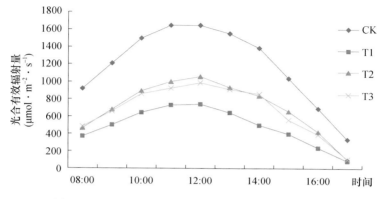

图 7.15　不同遮光处理下茶树光合有效辐射的日变化

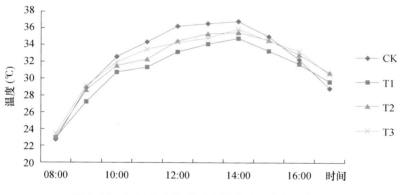

图 7.16　不同遮光处理下茶树叶面温度的日变化

7.3.3　遮阴对茶树生长和芽叶品质的影响

　　试验测量各处理遮阳网内外茶树新梢和芽叶生长状况、叶片光合作用、及茶芽叶品质等指标。

　　结果表明:遮阴后,茶树新梢长度、粗度均增加,以 T1 处理的增幅最大,分别为 22.3%、13.5%;新梢叶片的叶绿素相对含量和芽叶含水率随着遮光率增大而增高;与 CK 相比,T1 处理的新梢叶片净光合速率比对照提高了 8.49%(见图 7.17),T2 和 T3 处理则显著变小;由表 7.1 可知,T3 处理可以增加茶叶水浸出物、茶多酚和酚氨比,降低氨基酸含量,使得茶汤更浓厚,但苦涩味增加。而 T1 处理会增加咖啡碱含量,降低水浸出物含量,并能在前期降低酚氨比,使茶汤稍清淡,但鲜爽度提高而苦涩味减少。

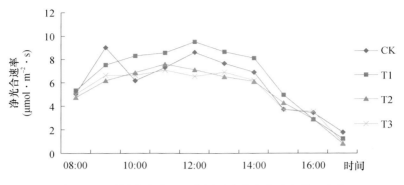

图 7.17　不同遮光处理下茶树叶片净光合速率的日变化

表 7.1　不同遮阴处理对茶叶品质的影响

指标	处理	2016/5/6	2016/5/13	2016/5/24
水浸出物(%)	参照	41.53±1.385a	41.53±1.385a	41.53±1.385a
	CK	38.41±0.374b	39.30±0.051abc	37.34±1.325bc
	T1	35.46±0.283c	36.96±0.284c	35.67±0.483bc
	T2	35.67±0.534c	38.51±0.552bc	35.25±0.76c
	T3	38.52±0.719b	40.25±1.501ab	38.16±0.539b
氨基酸(%)	参照	2.52±0.03a	2.52±0.03a	2.52±0.03a
	CK	2.47±0.079a	2.25±0.049d	2.04±0.01c
	T1	2.45±0.024a	2.32±0.012c	2.07±0.016bc
	T2	2.46±0.038a	2.40±0.026b	2.04±0.034c
	T3	2.25±0.018b	2.26±0.016d	2.10±0.022b
咖啡碱(%)	参照	3.63±0.049c	3.63±0.049b	3.63±0.049b
	CK	3.89±0.038a	3.91±0.048a	3.60±0.002bc
	T1	3.91±0.002a	3.92±0.047a	3.73±0.033a
	T2	3.71±0.025b	3.65±0.018b	3.57±0.031c
	T3	3.75±0.011b	3.51±0.049c	3.48±0.011d
茶多酚(%)	参照	17.62±0.563b	17.62±0.563b	17.62±0.563b
	CK	17.60±0.443b	17.10±1.709b	16.65±0.305c
	T1	16.10±0.721c	17.35±0.312b	15.75±0.246cd
	T2	14.76±1.315c	16.90±1.102b	15.65±0.846d
	T3	19.44±0.604a	19.50±0.547a	19.53±0.4a

指标	处理	2016/5/6	2016/5/13	2016/5/24
酚氨比	参照	6.98±0.191b	6.98±0.191b	6.98±0.191d
	CK	7.12±0.389b	7.61±0.612b	8.16±0.187b
	T1	6.58±0.337bc	7.18±0.575b	7.61±0.144c
	T2	6.01±0.594c	7.04±0.483b	7.67±0.395c
	T3	8.65±0.322a	8.61±0.3a	9.28±0.171a

注:表中数字后的小写英文字母(如 a,b,cd,abc 等)指各处理之间差异的显著性。

7.3.4　喷雾降温对茶树冠层小环境的影响

根据不同遮光率,设置了 2 个喷雾处理,以露天环境为对照,对比了不同喷头高度(1.2 m 和 1.5 m)的降温影响。

试验结果表明:遮阳网下进行喷雾降温可降低茶园冠层气温 2.6~6.8 ℃;喷雾高度为 1.2 m 时,对冠层气温的降温效果更明显,但湿度也会显著增加。

7.3.5　延长春茶采摘期的环境调节技术

(1)春茶采摘结束前 3~5 d,60%遮光率,使用覆盖高度 2 m 的遮阳网遮阴栽培可更好地改善茶园环境,更有利于茶树的生长;前期的咖啡碱含量较高,酚氨比更接近常规春茶期水平,中期的氨基酸含量下降明显,采用 60%遮光率的遮阳网覆盖茶园,预计可延长采摘期 7 d 左右。

(2)试验发现,使用遮阳网覆盖茶园 40 d 后移去遮阳网,会造成茶树局部严重损伤,这是由于光温环境的剧烈变化造成的。因此,建议遮阳网覆盖后期,要逐渐缩短遮阴时间直至完全移除遮阳网。

(3)春茶采摘末期,外界环境温度大于 27℃、相对湿度低于 60%时,遮阳网下采用喷雾降温,可进一步延长春茶采摘期。对于行距为 1.5 m 的茶园,喷头的空间布置宜采用喷头高度距冠层 0.3 m,喷头间距设为 1.5 m,可收到较好的降温效果;喷雾可采用喷 60 s 停 30 s 的控制方式,防止相对湿度过大。

第8章　安吉白茶开采期预报

茶树属亚热带耐阴性的多年生植物,喜温喜湿,生长具有明显的周期性。冬季由于温度较低茶树的营养芽处于休眠状态,芽的外面覆盖着鳞片越冬。翌年冬末春初天气回暖后越冬芽开始萌动生长。越冬芽萌发期以及春茶开采期的早晚,不仅直接影响春茶产量、品质和经济价值,还会影响夏茶甚至全年的茶叶产量。因此,在当今茶叶市场竞争激烈的形势下,准确预报春茶开采期尤为重要。2020年,受新冠肺炎疫情影响,人力流动困难,精准预测采茶最佳时间,可协助地方政府提前做好对春茶采摘人员的统筹安排等工作。加强春茶开采期的预测预报研究,开展春茶开采期预报服务,为名优茶生产提供科学指导十分必要。

影响名优茶春茶开采期的因素有茶树的品种特性、树龄等植物学因素,采摘方式、茶树修剪方式和肥培水平等栽培管理因素,以及气候条件和茶园地形地势等环境因素,这些因素互相影响、互相制约。在茶叶生产实践中,根据这些因素对春茶开采期的影响,科学规划新茶园,选择早、中、晚茶树品种合理搭配种植,综合运用各项农艺措施调节春茶开采期与高峰期,以获得茶树丰产优质高效的栽培目的(杨阳,2003)。关于春茶开采期的预测方法,已有专家学者进行了大量研究(李旭群,1990;朱永兴 等,1993;徐楚生 等,1995;龙振熙,2014;陈健,2018;马于茗 等,2021)。缪强等(2010)利用浙江杭州富阳区历年气象资料及1993—2009年龙井43茶园适采期调查资料进行统计分析,建立龙井43春茶适采期预报模型及回归模型检验,回归模型预测的最大误差为1.9 d,平均误差仅为0.6 d。姜润等(2014)应用积温预报法和多气象因子回归预报法计算白茶开采期,白茶开采期预报以≥10 ℃有效积温算法稳定性较高,在达到指标的前提下通过回归方程的判断,结合实地考察及未来天气趋势,可以提前做出白茶开采期预测。姜燕敏等(2015)利用2001—2014年浙南遂昌县5个春茶主栽品种开采期资料和同期气象资料,应用数理统计方法,分析气象要素对浙南春茶开采期的影响,探讨不同品种春茶开采期的临界温度与积温范围,建立基于气象要素的春茶开采期预报模型,并指出模型预报准确性随预报日离开采时间的缩短而提高。朱兰娟等(2019)基于2005—2018年西湖龙井茶主栽品种开采期及气象资料,应用积温、线性回归方法构建集合预报模型,回代检验平均绝对误差为0.7 d和1.1 d。

安吉白茶具有低温敏感型的特性,海拔越高,白化程度越明显,品质越佳,理想种植在650~750 m的坡地。安吉白茶原产地安吉县,三面环山,山地丘陵面积占总面积的75%左右,属亚热带季风气候,气候温和、光照充足、雨量充沛,土壤中含有较多的钾、镁等微量元素。这些特定的条件,为安吉白茶返白过程和物质代谢提供了良好的生态环境,有利于安吉白茶中氨基酸等氮化合物及营养物质的形成和积累,为安吉白茶香郁味鲜的品质奠定基础。以原产地安吉白茶为研究对象,通过分析计算春茶开采期与同期气象要素相关性,筛选影响春茶开采期的关键气象因子,探究早春茶芽萌动的临界温度与春茶采摘的积温范围,应用统计方法建立基于气象因子的春茶开采期预报模型,开展春茶开采期预报,以期为相关农业部门以及广大茶农提供科学采摘依据,指导茶农适时开采、提高茶叶生产的经济效益。

8.1　开采期变化特征

8.1.1　资料来源

安吉白茶开采期数据采用 2007—2020 年安吉官方发布的白茶开采期,是指每年春季安吉县 30% 左右的茶园开始采摘第一批鲜叶的日期。对于安吉白茶,茶树蓬面每平方米达到 10~15 个标准芽可采时为开采期,茶叶分批次早采、嫩采,要求一芽一叶或一芽二叶。安吉白茶每年春季开采时间因为气候条件、生长环境、管理模式等的不同而有所差异,一般在 3 月下旬至 4 月初开采,采摘的整个周期约 20 d 左右。由于 2019 年 9—11 月受秋旱影响,茶树根系生长不良,2020 年春茶开采期推迟,后续计算相关性及茶芽萌发临界温度与积温时使用的是 2007—2019 年数据。

气象资料包括 2007—2020 年平均气温、平均最低气温、极端最低气温、平均最高气温、极端最高气温、降水量、降水日数、低温日数、日照时数、相对湿度等,来源于安吉国家一般气象站。

8.1.2　统计方法

为了计算方便,将开采期转换成对应的日序值,以每年 1 月 1 日为起始日,即 1 月 1 日的日序为 1,1 月 2 日的日序为 2,依次类推,将开采期转换成日序值。对气象要素资料进行分析整理,计算各气象要素与开采期日序值的相关系数,通过相关系数的大小和显著性水平检验找出对开采期影响最大的气象因子;计算开采期前一天的有效积温、活动积温,根据标准差和变异系数确定春茶萌发临界温度和积温范围;通过逐步回归方法建立安吉白茶开采期气象预报模型,应用 2019 年、2020 年开采期实测值检验模型预报效果。

相关系数是研究变量之间线性相关程度的量。相关系数的绝对值越大,则表明变量之间相关度越高。在自然科学领域,皮尔逊相关系数广泛用于度量两个变量之间的相关程度,用 r 表示:

$$r = \frac{\sum\limits_{i=1}^{n}(X_i - \overline{X})(Y_i - \overline{Y})}{\sqrt{\sum\limits_{i=1}^{n}(X_i - \overline{X})^2}\sqrt{\sum\limits_{i=1}^{n}(Y_i - \overline{Y})^2}} \tag{8.1}$$

总体和样本皮尔逊系数的绝对值≤1;如果样本数据点精确地落在直线上(计算样本皮尔逊系数的情况),或者双变量分布完全在直线上(计算总体皮尔逊系数的情况),则相关系数等于1或−1。皮尔逊相关系数的假设检验部分用t检验的方法。

回归分析是确定两种或两种以上的变量间定量关系的一种最常用的数理统计方法,运用十分广泛。在研究多项式回归问题时,自变量可能是一组不同的变量或某些组合的变量,在自变量很多时,这些自变量对因变量的影响不尽相同,而且自变量之间可能不完全相互独立,有种种互作关系,在这种情况下采用逐步回归分析,进行因子筛选剔除不重要的变量,这样就无须求解一个很大阶数的回归方程,显著提高了计算效率,忽略了不重要的变量,避免了回归方程中出现系数很小的变量而导致在回归方程计算时出现病态,得不到正确的解,在解决实际问题时逐步回归分析是常用的行之有效的数学方法之一。它的主要思路是:在考虑的全部自变量中按其对因变量的作用大小,显著程度大小或者贡献大小,由大到小地逐个引入回归方程,而对那些对因变量作用不显著的变量可能始终不被引入回归方程。另外,已被引入回归方程的变量在引入新变量后也可能失去重要性,而需要从回归方程中剔除出去。引入一个变量或者从回归方程中剔除一个变量都被称为逐步回归的一步,每一步都要进行F检验,以保证在引入新变量前回归方程中只含有对因变量影响显著的变量,而不显著的变量已被剔除。逐步回归分析的实施过程是每一步都要对已引入回归方程的变量计算其偏回归平方和(即贡献),然后选一个偏回归平方和最小的变量,在预先给定的F水平下进行显著性水平检验,如果显著则该变量不必从回归方程中剔除,这时方程中其他的几个变量也都不需要被剔除(因其他几个变量的偏回归平方和都大于最小的一个更不需要被剔除)。相反,如果不显著,则该变量要被剔除,然后按偏回归平方和由小到大地依次对方程中其他变量进行F检验。将对因变量影响不显著的变量全部剔除,保留的都是显著的。接着再对未引入回归方程中的变量分别计算其偏回归平方和,并选其中偏回归平方和最大的一个变量,同样在给定F水平下作显著性水平检验,如果显著则将该变量引入回归方程,这一过程一直继续下去,直到在回归方程中的变量都不能被剔除而又无新变量可以引入时为止,这时逐步回归过程结束。回归方程包含的自变量越多,回归平方和越大,剩余的平方和越小,剩余均方也随之较小,预测值的误差也愈小,模拟的效果愈好。但是方程中的变量过多,预报工作量就会越大,其中有些相关性不显著的预报因子会影响预测的效果,因此,在多元回归模型中,选择适宜的变量数目尤为重要。

标准差(SD)也称标准偏差,描述样本序列各数据偏离平均值的距离的平均数。标准差反映一个样本数据的绝对离散程度,标准差越小,样本序列偏离平均值就越少,变量稳定性就越高。

$$SD = \sqrt{\frac{\sum_{i=1}^{n}(X_i - \overline{X})^2}{N}} \tag{8.2}$$

模拟准确率（AS）用于检验模型模拟效果，以模拟结果与实况相符的数量 n_0 占总样本数 n 的百分率表示，即 $AS = n_0 / n \times 100$。式中，n_0 表示模型模拟的开采期与实际开采期相符的年数，这里分别统计模拟值与实际值两者之差绝对值 $\leqslant 3$ d、$\leqslant 2$ d，即误差在 3 d、2 d 之内的准确率。

8.1.3 开采期特征分析

由图 8.1 可见，2007—2020 年安吉白茶的开采期主要出现在 3 月中下旬至 4 月初，不同年份由于气候条件、茶树的生长环境、管理模式等的不同而差异明显。历年平均开采期为 3 月 26 日，2007 年较早在 3 月中旬前期开采，2011 年、2012 年偏晚，在 3 月底至 4 月初开采，最早和最晚年份相差半个月左右。

据多年气候特征分析，2007 年年初冬季偏暖，2 月平均温度为 9.2 ℃，比常年同期异常偏高 3.7 ℃，创历史同期新高，作物生育期普遍提前，春茶萌发提早。2011 年年初冬季气温偏低，降水偏少，1—2 月中旬平均气温仅 2.1 ℃，比常年同期异常偏低 1.9 ℃，降水量（68.8 mm）仅占常年同期的一半左右，各类作物生育期延缓，1 月山区暴雪使部分茶园树枝被压弯，甚至被折断，造成春茶开采期推迟；2012 年 1—3 月气候异常，出现连续阴雨（雪）寡照天气，气温持续偏低，土壤整体过湿，茶芽萌发的积温不足，生育期推迟。

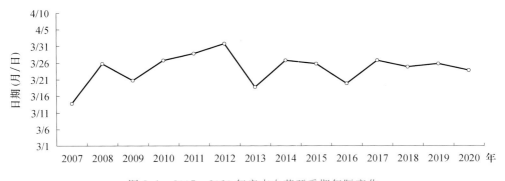

图 8.1 2007—2020 年安吉白茶开采期年际变化

8.2 开采前后气象条件

8.2.1 气象要素的变化特征

在土壤环境和栽培技术相同的条件下，气象条件是决定茶芽萌动早晚和芽叶生长速度快慢的关键要素。春茶开采前后 1～2 个月是决定春茶产量和品质的关键时段,开采前的气象因素是造成开采期提前或推迟的重要依据。图 8.2 给出安吉站 2007—2020 年间 12 月至翌年 4 月逐旬平均气温、日照时数、降水量、相对湿度的年平均值。由图可见,12 月至翌年 4 月,安吉站相对湿度保持在 67%～78% 的较高水平,平均相对湿度为 73%,12 月上旬至 3 月中旬在 70% 以上,3 月下旬至 4 月下旬虽有所降低,但仍维持在 66%～68%。旬平均降水量为 31 mm 左右,波动较为平缓,总体呈缓慢递增的趋势。平均气温呈先略有下降后迅速回温的趋势,1 月下旬平均温度最低为 3.7 ℃,3 月中旬起旬平均气温超过 10 ℃ 随后稳步递增,4 月下旬达 18.4 ℃。日照的变化和平均气温基本一致,先减少后增加,在 2 月下旬降至最低值 (29.5 h),随后增加,3 月下旬至 4 月下旬较为平稳基本为 60 h 左右。较高的空气湿度,充足的雨水,适宜的光照,温暖的气候条件满足茶树生长需求,有利于提高茶叶香气,有好的滋味和嫩度,形成优质茶叶。

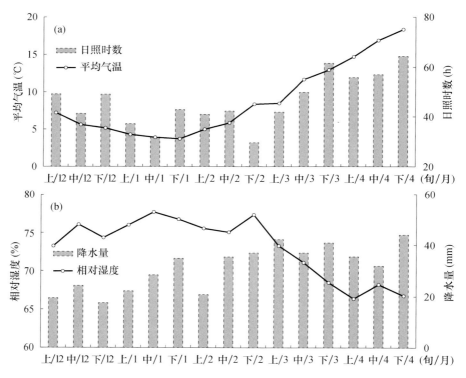

图 8.2 安吉站 12 月至翌年 4 月逐旬气象要素变化

(a)日照时数和平均气温,(b)降水量和相对湿度

8.2.2 气象要素对春茶采摘期的影响

气象因子中与茶树生长关系最密切的是光照、温度和水分。温度是影响物候变

化的主要气候因子。茶树属亚热带耐阴性的多年生植物,喜温喜湿,早春气温回升,茶树越冬芽开始萌动,鱼叶展开,气温稳定在 10 ℃以上时,叶芽生长加快,抽出新梢。因此,气温的高低是左右名优茶开采期早晚的主导因素。有学者的研究表明,春茶的开采期与 2—3 月的温度密切相关,温度偏高,开采期提前,反之则推迟。植物不但需要在一定温度环境中才能生长发育,而且需要一定的积温才能完成其周期,物候期持续的时期与活动积温有显著的相关性;茶树开采期前的积温越高,开采期越早。水是植物体重要的组成部分,据研究,茶树新梢的含水量高达 70%~80%,在茶叶采摘过程中,新梢不断萌发,不断采收,需要不断地补充水分。湿度大时,一般新梢叶片大、节间长,新梢持嫩性强、叶质柔软、内含物丰富,茶叶品质好。干旱会延缓植物生长发育,使植物物候期推迟,茶树在秋冬或早春受旱会造成茶芽萌发推迟。茶树喜光耐阴,忌强光直射。茶树有机体中 90%~95%的干物质是靠光合作用合成,光照充分的叶片比较肥厚、坚实,叶色相对深而有光泽,品质成分含量丰富,制成的茶叶滋味浓厚。茶树生长发育对光照强度的要求并不是越高越好,就茶叶品质而言,低温高湿、光照强度较弱条件下生长的鲜叶氨基酸含量较高,有利于制成香味较醇的绿茶。

　　应用相关系数法,对安吉白茶开采期日序与同期气象因子进行相关分析,并进行分析结果的显著性检验,筛选影响开采期的关键气象因子。分别计算 12 月至翌年 4 月逐月平均气温、平均最低气温、极端最低气温、平均最高气温、极端最高气温、降水量、降水日数、≤4 ℃/3 ℃/2 ℃/1 ℃/0 ℃/−1 ℃/−2 ℃的低温日数、日照时数、相对湿度等气象要素与开采期日序之间的相关性,结果表明,12 月、1 月和 4 月的气象要素与开采期日序的相关系数绝对值较小,相关性不显著,未通过 0.05 水平的显著性检验,即 12 月、1 月和 4 月的气象要素对开采期的影响较小(表中略)。表 8.1 给出了 2—3 月月平均气温、平均最低气温、极端最低气温、平均最高气温、极端最高气温、降水量、降水日数,表 8.2 给出了 1—3 月≤4 ℃/3 ℃/2 ℃/1 ℃/0 ℃/−1 ℃/−2 ℃的低温日数与开采期日数的相关系数。从表中可见,在月尺度上,开采期日序与 2 月的平均气温、平均最高气温呈显著负相关,与 2 月≤4 ℃的低温日数呈显著正相关,均通过 0.05 的显著性水平检验,而其他月份其他气象要素与开采期日序相关性不显著,即 2 月的温度因子对开采期影响较大。

表 8.1　春茶开采期日序与 2—3 月气象要素的相关系数

时段	平均气温	平均最高气温	极端最高气温	平均最低气温	极端最低气温	相对湿度	降水量	降水日数	日照时数
2 月	−0.647*	−0.621*	−0.539	−0.491	−0.029	0.019	−0.021	0.131	−0.165
3 月	−0.547	−0.515	−0.377	−0.392	0.199	−0.206	0.218	0.440	−0.111

注:** 表示通过 0.01 的显著性水平检验,* 表示通过 0.05 的显著性水平检验,下同。

表 8.2　春茶开采期日序与 1—3 月逐月低温日数的相关系数

时段	≤−2 ℃	≤−1 ℃	≤0 ℃	≤1 ℃	≤2 ℃	≤3 ℃	≤4 ℃
1 月	−0.357	−0.225	−0.254	−0.103	−0.25	−0.182	−0.36
2 月	0.232	0.179	0.345	0.497	0.512	0.538	0.618*
3 月	−0.142	−0.231	−0.067	−0.377	−0.141	0.106	0.183

因月尺度时间跨度较长,进一步分析旬尺度各气象要素与开采期日序之间的相关性,见表 8.3。结果表明,2 月中旬平均最低气温、3 月上旬平均气温、极端最高气温、平均最高气温、平均最低气温与开采期日序呈显著负相关;与 2 月中旬≤4 ℃、≤3℃的低温日数呈显著正相关,相关系数为 0.6~0.7(表略)。

表 8.3　春茶开采期日序与 1—3 月逐旬气象要素的相关系数

气象要素	1 月			2 月			3 月		
	上旬	中旬	下旬	上旬	中旬	下旬	上旬	中旬	下旬
平均气温	0.129	0.073	−0.045	−0.332	−0.552	−0.382	−0.721**	0.292	−0.270
极端最高气温	−0.040	0.026	−0.101	−0.439	−0.539	−0.262	−0.620*	0.107	−0.263
平均最高气温	0.145	−0.032	−0.146	−0.459	−0.422	−0.265	−0.620*	0.238	−0.184
极端最低气温	0.169	0.147	0.151	0.127	−0.415	−0.413	0.117	0.147	0.257
平均最低气温	0.042	0.178	0.222	−0.147	−0.608*	−0.374	−0.598*	0.284	−0.338
降水量	−0.334	0.322	0.041	0.181	−0.092	−0.021	0.252	−0.301	0.438
降水日数	−0.295	0.102	0.108	0.157	0.062	0.058	0.533	−0.041	0.189
相对湿度	−0.446	−0.201	−0.010	0.017	−0.038	0.077	0.320	−0.356	−0.437
日照时数	0.095	0.011	−0.137	−0.207	0.053	−0.229	−0.389	0.108	0.234

由以上分析可知,温度是影响开采期早晚的主要因素,尤其是 2 月、3 月的温度起主导作用;温度越高,开采期提前,低温日数增多,开采期推迟。

分别计算 1—3 月各月、各旬≥0 ℃、≥1 ℃、≥2 ℃、≥3 ℃、≥4 ℃、≥5 ℃、≥6 ℃、≥7 ℃、≥8 ℃、≥9 ℃、≥10 ℃的活动积温和有效积温,及其与开采期的相关系数。由表 8.4 可见,开采期与 2 月活动积温、3 月≥7 ℃有效积温呈显著负相关,与 2 月的有效积温、3 月 5 ℃及以上的有效积温呈显著负相关。由表 8.5 可见,开采期与 2 月中旬、3 月上旬的积温相关性显著,尤其是与 3 月上旬积温的相关性最好,两者相关系数达到−0.7~−0.8,与 1 月上旬、中旬、下旬以及 2 月下旬、3 月中旬、下旬相关性不显著(表中略)。

进一步分析不同起止旬时段内不同温度的活动积温、有效积温与开采期的相关性。表 8.6 给出开采期与不同起止旬时段内不同温度的活动积温的相关系数。由表可见,除了 1 月上旬分别至 1 月中旬、2 月上旬和中旬,1 月中旬分别至 1 月下旬、2 月上旬,1 月下旬至 2 月上旬,3 月上旬,3 月中下旬的活动积温与开采期无显著相关性外,其余时段活动积温均与开采期呈显著负相关,即积温越多,开采期越早;尤其是2月上旬至3月上旬、2月上旬至3月下旬、2月中旬至3月上旬的活动积温与开采期的相关性最好,相关系数达−0.8~−0.9。有效积温与开采期的相关性和活动积温类似(表略),与开采期相关性最好的时段同样集中在2月至3月期间。

表8.4　春茶开采期日序与1—3月逐月积温的相关系数

下限温度	活动积温			有效积温		
	1月	2月	3月	1月	2月	3月
≥0 ℃	0.056	−0.684**	−0.538	/	/	/
≥1 ℃	0.052	−0.678*	−0.538	0.070	−0.702**	−0.538
≥2 ℃	0.024	−0.693**	−0.538	0.111	−0.722**	−0.539
≥3 ℃	0.046	−0.700**	−0.533	0.174	−0.735**	−0.540
≥4 ℃	0.154	−0.747**	−0.501	0.215	−0.732**	−0.546
≥5 ℃	0.260	−0.747**	−0.487	0.191	−0.713**	−0.562*
≥6 ℃	0.192	−0.751**	−0.481	0.148	−0.693**	−0.578*
≥7 ℃	0.134	−0.728**	−0.621*	0.149	−0.668**	−0.575*
≥8 ℃	0.123	−0.705**	−0.534	0.135	−0.621*	−0.564*
≥9 ℃	0.136	−0.661*	−0.484	0.111	−0.560*	−0.562*
≥10 ℃	0.126	−0.742**	−0.532	0.083	−0.463	−0.554*

表8.5　春茶开采期日序与2—3月上旬逐旬积温的相关系数

下限温度	活动积温				有效积温			
	2月上旬	2月中旬	2月下旬	3月上旬	2月上旬	2月中旬	2月下旬	3月上旬
≥0 ℃	−0.363	−0.556*	−0.393	−0.729**	/	/	/	/
≥1 ℃	−0.354	−0.553	−0.393	−0.729**	−0.385	−0.560*	−0.395	−0.729**
≥2 ℃	−0.367	−0.561*	−0.402	−0.722**	−0.414	−0.563*	−0.395	−0.732**
≥3 ℃	−0.383	−0.570*	−0.402	−0.713**	−0.442	−0.563*	−0.392	−0.738**
≥4 ℃	−0.409	−0.578*	−0.453	−0.695**	−0.46	−0.555*	−0.376	−0.745**
≥5 ℃	−0.437	−0.570*	−0.457	−0.649*	−0.474	−0.537	−0.35	−0.765**
≥6 ℃	−0.439	−0.572*	−0.446	−0.612*	−0.489	−0.522	−0.319	−0.796**
≥7 ℃	−0.501	−0.541	−0.368	−0.695**	−0.494	−0.506	−0.29	−0.824**
≥8 ℃	−0.476	−0.579*	−0.379	−0.780**	−0.449	−0.468	−0.261	−0.834**
≥9 ℃	−0.509	−0.453	−0.338	−0.792**	−0.409	−0.408	−0.215	−0.840**
≥10 ℃	−0.685**	−0.446	−0.34	−0.799**	−0.323	−0.387	−0.119	−0.838**

安吉白茶气象服务手册

表 8.6 开采期与同起止旬时段内不同温度的活动积温的相关系数

下限温度	1上/1中	1上/2上	1上/2中	1上/2下	1上/3上	1上/3中	1上/3下	1中/1下	1中/2上	1中/2中	1中/2下
≥0℃	0.142	-0.145	-0.366	-0.452	-0.634*	-0.605	-0.632*	-0.009	-0.213	-0.447	-0.522
≥1℃	0.143	-0.141	-0.358	-0.444	-0.625*	-0.596	-0.623*	-0.015	-0.21	-0.44	-0.515
≥2℃	0.124	-0.165	-0.382	-0.466	-0.637*	-0.611*	-0.635*	-0.038	-0.228	-0.458	-0.531
≥3℃	0.145	-0.166	-0.394	-0.477	-0.648*	-0.623*	-0.645*	-0.031	-0.239	-0.476	-0.545
≥4℃	0.162	-0.099	-0.377	-0.484	-0.649*	-0.605*	-0.635*	0.14	-0.152	-0.446	-0.544
≥5℃	0.282	-0.047	-0.359	-0.472	-0.646*	-0.607*	-0.645*	0.272	-0.103	-0.429	-0.527
≥6℃	0.199	-0.122	-0.424	-0.518	-0.694**	-0.634*	-0.675*	0.177	-0.18	-0.503	-0.573*
≥7℃	0.09	-0.231	-0.472	-0.534	-0.733**	-0.670*	-0.713*	0.143	-0.256	-0.537	-0.572*
≥8℃	0.13	-0.293	-0.525	-0.587*	-0.806**	-0.727**	-0.780**	0.105	-0.316	-0.581*	-0.606*
≥9℃	0.091	-0.199	-0.417	-0.505	-0.774**	-0.676*	-0.734*	0.199	-0.22	-0.512	-0.529
≥10℃	0.134	-0.349	-0.497	-0.582*	-.796**	-.775**	-.835*	0.154	-0.431	-0.627*	-.638*

下限温度	1中/3上	1中/3中	1中/3下	1下/2上	1下/2中	1下/2下	1下/3上	1下/3中	1下/3下	2上/2中	2上/3上
≥0℃	-0.719**	-0.688**	-0.716**	-0.265	-0.506	-0.573	-0.765**	-0.735**	-0.781**	-0.607*	-0.864**
≥1℃	-0.711**	-0.681*	-0.709**	-0.262	-0.499	-0.567	-0.759**	-0.730**	-0.775**	-0.599*	-0.861**
≥2℃	-0.719**	-0.692**	-0.717**	-0.283	-0.525	-0.591*	-0.775**	-0.746**	-0.788**	-0.615*	-0.868**
≥3℃	-0.729**	-0.702**	-0.724**	-0.291	-0.538	-0.599*	-0.777**	-0.747**	-0.787**	-0.630*	-0.869**
≥4℃	-0.731**	-0.681*	-0.708**	-0.225	-0.523	-0.610*	-0.783**	-0.737**	-0.777**	-0.666*	-0.888**
≥5℃	-0.726**	-0.681*	-0.712**	-0.252	-0.551	-0.621*	-0.792**	-0.761**	-0.794**	-0.691*	-0.889**
≥6℃	-0.774**	-0.709**	-0.743**	-0.268	-0.585*	-0.644*	-0.823**	-0.768**	-0.805**	-0.696*	-0.901**

续表

下限温度	1中/3上	1中/3中	1中/2下	1下/2上	1下/2中	1下/2下	1下/3上	1下/3中	1下/3下	2上/2中	2上/3上
≥7 ℃	-0.796**	-0.721**	-0.757**	-0.304	-0.572*	-0.616*	-0.831**	-0.762**	-0.798**	-0.681*	-0.902**
≥8 ℃	-0.852**	-0.762**	-0.809**	-0.362	-0.608*	-0.638*	-0.868**	-0.791**	-0.836**	-0.681*	-0.912**
≥9 ℃	-0.829**	-0.702**	-0.729**	-0.316	-0.570*	-0.590*	-0.865**	-0.755**	-0.783**	-0.672*	-0.899**
≥10 ℃	-0.849**	-0.806**	-0.843**	-0.557*	-0.672*	-0.710**	-0.875**	-0.847**	-0.869**	-0.702**	-0.892**

下限温度	2上/3中	2上/3下	2中/2下	2中/3上	2中/3中	2中/3下	2下/3上	2下/3中	2下/3下	3上/3中	3中/3下
≥0 ℃	-0.851**	-0.902**	-0.750**	-0.887**	-0.871**	-0.866**	-0.786**	-0.614*	-0.657*	-0.47	-0.052
≥1 ℃	-0.847**	-0.899**	-0.747**	-0.886**	-0.870**	-0.865**	-0.786**	-0.614*	-0.657*	-0.47	-0.052
≥2 ℃	-0.854**	-0.905**	-0.756**	-0.885**	-0.868**	-0.862**	-0.794**	-0.622*	-0.663*	-0.471	-0.052
≥3 ℃	-0.851**	-0.902**	-0.755**	-0.886**	-0.872**	-0.872**	-0.794**	-0.623*	-0.662*	-0.467	-0.052
≥4 ℃	-0.863**	-0.904**	-0.768**	-0.880**	-0.859**	-0.856**	-0.799**	-0.610*	-0.659*	-0.426	-0.04
≥5 ℃	-0.882**	-0.907**	-0.734**	-0.865**	-0.869**	-0.843**	-0.776**	-0.656*	-0.678*	-0.416	-0.04
≥6 ℃	-0.867**	-0.906**	-0.723**	-0.862**	-0.830**	-0.844**	-0.732**	-0.570*	-0.647*	-0.356	-0.008
≥7 ℃	-0.851**	-0.890**	-0.682*	-0.871**	-0.832**	-0.851**	-0.754**	-0.613*	-0.689**	-0.493	-0.1
≥8 ℃	-0.855**	-0.901**	-0.699**	-0.910**	-0.861**	-0.866**	-0.828**	-0.620*	-0.671*	-0.447	0.176
≥9 ℃	-0.802**	-0.842**	-0.660*	-0.909**	-0.786**	-0.810**	-0.776**	-0.575*	-0.597*	-0.456	0.151
≥10 ℃	-0.858**	-0.887**	-0.684*	-0.868**	-0.803**	-0.846**	-0.765**	-0.620*	-0.638*	-0.514	0.08

注:"1上/1中"表示1月上旬至1月中旬,"2中/3上"表示2月中旬至3月上旬,其他类似。

8.2.3 安吉白茶春茶芽萌动气象指标

春季茶芽萌动开始时间、生长快慢,除取决于茶树品种、栽培技术、土壤环境外,与气象条件密切相关。大量研究指出,在相同的农业技术措施和品种的茶园内,在其他气象条件满足的情况下和在一定的温度范围内,热量是决定茶芽生长发育的主要因子,也就是说,茶树生育期间温度愈高,生育期时间缩短,温度愈低,生育期延长。但这种关系,只有当温度升高到一定程度时,即温度达到茶芽萌发的起始温度(即下限温度)以上时才能表现出来。也就是说,当气温超过某一阈值,茶树某个生育期或整个生长周期所需要的积温为一个常数,或在一定小范围内变动。

积温是指某一时段内逐日平均气温之和。作物发育阶段的积温统计均基于作物生长发育速率对温度反应的生长假设,最常用的一种是基于下限基点温度的线性生长假设,即以温度高于生物学下限温度时启动生长发育为前提,假定在温度等于或低于下限温度时生长发育速率为0;当温度高于下限温度时,生长发育速率随温度的增加而线性增加。高于下限温度的日平均气温称为活动温度,作物在某一时段内活动温度之和称为活动积温(GDDA)。活动温度与下限温度之差称为有效温度,作物在某一时段内有效温度之和称为有效积温(GDDE):

$$GDDA = \sum_{i=1}^{n} a_i \quad a_i = \begin{cases} 0 & t_i < T_b \\ t_i & t_i \geqslant T_b \end{cases} \tag{8.3}$$

$$GDDE = \sum_{i=1}^{n} e_i \quad e_i = \begin{cases} 0 & t_i < T_b \\ t_i - T_b & t_i \geqslant T_b \end{cases} \tag{8.4}$$

式中,a_i 为活动温度,e_i 为有效温度。

为确定安吉白茶茶芽萌动生长的起始温度,分别选取 6 ℃、7 ℃、8 ℃、9 ℃ 和 10 ℃ 为界限温度,统计每年从 1 月 1 日开始至开采期前一天≥6 ℃、≥7 ℃、≥8 ℃、≥9 ℃、≥10 ℃ 的活动积温和有效积温。并使用几何平均法计算 2007—2019 年≥6 ℃、≥7 ℃、≥8 ℃、≥9 ℃、≥10 ℃ 的活动积温和有效积温的平均值,通过积温逐年变动标准差和变异系数的大小来确定安吉白茶茶芽萌动的起始温度。几何平均数是对各变量值的连乘积开数次方根,求几何平均数的方法叫作几何平均法,几何平均数受极端值的影响较算术平均数小。表 8.7 给出≥6 ℃、≥7 ℃、≥8 ℃、≥9 ℃、≥10 ℃ 的活动积温和有效积温的平均值、标准差和变异系数,由表可见,随着温度的升高,标准差减小,≥10 ℃ 活动积温和有效积温的标准差最小。从变异系数来看,活动积温的变异系数为 12%~16%,有效积温为 14%~31%,活动积温的变幅小于有效积温,稳定性较好;活动积温变异系数先随温度的升高而增大然后再减小,≥10 ℃ 的活动积温的变异系数最小为 12.9%,即安吉白茶≥10 ℃ 的活动积温相对于其他界限温度的积温更加稳定,安吉白茶开采需要≥10 ℃ 的活动积温约为 240 ℃·d。

表 8.7　≥6 ℃、≥7 ℃、≥8 ℃、≥9 ℃、≥10 ℃积温平均值、标准差和变异系数

下限温度	平均值(℃·d)		标准差(℃·d)		变异系数 CV(%)	
	活动积温	有效积温	活动积温	有效积温	活动积温	有效积温
≥6℃	430.5	173.2	57.7	25.1	13.4	14.5
≥7℃	383.7	134.2	61.3	21.2	16.0	15.8
≥8℃	334.8	102.0	50.3	18.4	15.0	18.0
≥9℃	289.7	75.4	42.2	17.1	14.6	22.7
≥10℃	240.0	53.9	31.0	16.6	12.9	30.7

8.2.4　春茶芽萌动时间变化特征

采用 10 ℃作为安吉白茶茶芽萌动的起始温度,分别统计 2007—2019 年日平均气温稳定通过 10 ℃的起始日期。结果表明,日平均气温稳定通过 10 ℃的起始日期一般在 3 月中下旬至 4 月上旬,平均起始日期为 3 月 24 日,最早出现在 3 月上旬(2008 年 3 月 10 日、2019 年 3 月 10 日),最晚出现在 4 月中旬(2010 年 4 月 16 日),最早最晚出现日期可相差一个多月。

统计分析 1971—2019 年安吉站日平均气温稳定通过 10 ℃起始日期的年变化趋势(图 8.3)。由图可见,近 49 年来日平均气温稳定通过 10 ℃起始日期呈缓慢提前的趋势,2000 年以来出现在 3 月上中旬的次数明显增多,最早出现在 2002 年,稳定通过 10 ℃起始日期为 3 月 8 日,较历年平均值提前了 18 d(历年平均起始日期为 3 月 26 日)。将平均气温稳定通过 10 ℃起始日期用一元线性方程拟合,即

$$Y' = a + bt \quad t = 1, 2, \cdots, n \tag{8.5}$$

式中,Y' 为稳定通过 10 ℃起始日期拟合值,a 和 b 由最小二乘法确定,b 表示稳定通过 10 ℃起始日期每 10 年的变化率。从一元线性回归拟合来看,气候倾向率为 -1.59 d/10 a,即每 10 年稳定通过 10 ℃的起始日期提前了 1.59 d,这与全球气候变暖大背景一致。

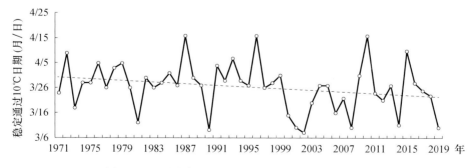

图 8.3　日平均气温稳定通过 10 ℃初日的年际变化

8.3 安吉白茶开采期气象预报模型

分别利用 2007—2018 年平均气温、平均最低气温、极端最低气温、平均最高气温、极端最高气温、降水量、降水日数、低温日数、日照时数、相对湿度等常规气象要素以及不同起止旬时段活动积温和有效积温,通过逐步回归方法建立安吉白茶开采期气象预报模型,并用 2019 年、2020 年开采期实测值检验模型预报效果。

8.3.1 模型构建

8.3.1.1 气象因子回归模型(模型Ⅰ)

利用 2007—2018 年 1—3 月平均气温、平均最低气温、极端最低气温、平均最高气温、极端最高气温、降水量、降水日数、≤4 ℃ /3 ℃ /2 ℃ /1 ℃ /0 ℃ /−1 ℃ /−2 ℃ 的低温日数、日照时数、相对湿度等气象因子作为自变量,开采期日序作为因变量,使用 SPSS 软件的逐步回归方法,构建开采期日序气象因子逐步回归模型[式(8.6)],模型通过 0.01 显著性水平检验。

$$Y = 88.321 - 1.573 \times T + 0.535 \times T_{\text{minday}} \quad (R = 0.924, P < 0.01) \quad (8.6)$$

式中,Y 为开采期年日序值,T_{minday} 为 2 月≤4 ℃ 的低温日数,T 为 3 月上旬平均气温。

8.3.1.2 积温回归模型(模型Ⅱ)

选取不同起止旬时段不同温度的有效积温、活动积温作为自变量,开采期日序作为因变量,使用 SPSS 软件的逐步回归方法,构建开采期日序积温逐步回归模型[式(8.7)],模型通过 0.01 显著性水平检验。

$$Y = 93.207 - 0.079 \times T_{\text{GDDA}(\geq 8\,℃)} + 0.116 \times T_{\text{GDDA}(\geq 10\,℃)}$$
$$(R = 0.989, P < 0.01) \quad (8.7)$$

式中,Y 为开采期年日序值,$T_{\text{GDDA}(\geq 8\,℃)}$ 为 2 月中旬至 3 月上旬≥8 ℃ 的活动积温,$T_{\text{GDDA}(\geq 10\,℃)}$ 为 1 月上旬至 1 月中旬≥10 ℃ 的活动积温。

8.3.1.3 组合模型(模型Ⅲ)

以气象因子回归模型、积温回归模型的预测值作为自变量,开采期日序作为因变量,构建线性回归模型[式(8.8)],模型通过 0.01 显著性水平检验。

$$Y = 8.452 + 0.551 Y_1 + 0.354 \times Y_2 \quad (R = 0.911, P < 0.01) \quad (8.8)$$

式中,Y 为开采期年日序值,Y_1 为气象因子模型拟合值,Y_2 为积温模型拟合值。

8.3.2 模型验证

利用 2019 年、2020 年相对应的气象数据,分别计算气象因子回归模型、积温回归模型及组合模型的开采期日序拟合预测值,并对三种模型的误差及准确率分析,选出最优模型。

表 8.8 给出三种模型的绝对误差及模拟准确率（≤3 d、≤2 d）。由表可见，三种模型的绝对误差都在 2 d 以内，模型Ⅲ最小为 1.3 d；≤3 d 模拟准确率均为 86%，模型Ⅰ≤2 d 模拟准确率最低为 57%，模型Ⅱ、模型Ⅲ均为 86%。

表 8.8　预测模型误差及模拟准确率

模型	绝对误差	≤3 d 模拟准确率	≤2 d 模拟准确率
模型Ⅰ	1.7 d	86%	57%
模型Ⅱ	1.4 d	86%	86%
模型Ⅲ	1.3 d	86%	86%

分别利用三种模型预测 2019 年、2020 年的开采期日序，结果见表 8.9。从 2019 年开采期日序预测值来看，模型Ⅲ效果最优误差仅 0.9 d，模型Ⅰ为 1 d，模型Ⅱ结果偏晚。三种模型对 2020 年的预测值均偏早，模型Ⅰ、模型Ⅲ较实际值偏早 5 d 左右。

表 8.9　2019 年、2020 年开采期预测结果分析

年份	实际开采期日序	预测值	差
2019 年	86	模型Ⅰ 85.0	−1.0
		模型Ⅱ 89.2	3.2
		模型Ⅲ 86.9	0.9
2020 年	84	模型Ⅰ 79.4	−4.6
		模型Ⅱ 75.3	−8.7
		模型Ⅲ 78.9	−5.1

图 8.4 给出 2007—2020 年模型Ⅲ预测值与实际值对比情况，除 2020 年外，两者趋势基本一致。综上所述，模型Ⅲ考虑了常规气象因子及积温，精度较高，预报效果较理想，可进一步适用于生产服务。

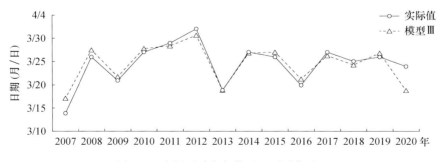

图 8.4　实际开采期与模型Ⅲ预测值对比

8.4 基于 Aqua Crop 模型的安吉白茶开采期预报

8.4.1 Aqua Crop 模型机理简介

8.4.1.1 模型介绍

Aqua Crop 是联合国粮农组织(Food and Agriculture Organization of the United Nations,FAO)来自不同国家和研究中心的气候、作物、土壤、灌溉、水资源等领域的专家以及国际农业研究磋商小组 2009 年 1 月研发的一种新型作物模型(Steduto et al,2009),能够帮助提高作物水分利用效率、节约水资源,解决现有作物模型复杂、透明度不足、输入数据多等诸类问题(孙仕军 等,2017)。

Aqua Crop 模型减少了对输入参数的需求,但并未降低模型模拟的精度(Confalonieri et al,2009)。Aqua Crop 将所有参数分为四大类:保守的全局适用参数、针对特定作物的参数、环境与管理相关参数和特定品种参数,并给出了多种作物的全局适用参数,提供特定作物的保守参数以便使用者参考。根据模型运行需求,输入数据涉及 4 个方面:气象数据、土壤数据、作物特征数据和田间管理数据,参数明确、直观,模型在精度、直观性和稳定性之间实现了最佳平衡。模型输出数据较为丰富,可根据情况设置需要的输出结果。输出结果主要包括作物产量、生物量、冠层覆盖度、土壤水储量变化和水分利用效率等,以及这些数据的逐日变化的过程(王连喜 等,2015)。

该模型为水分驱动模型,即作物产量主要由土壤中可供应的水量决定,着重模拟作物生物量与产量对可利用水的响应状况,揭示作物水分响应机制,用冠层覆盖度日增长或衰减量代替原先模型的叶面积指数的变化,避免了作物生长过程中不确定性造成的模拟误差。作物的生产力水平通过生物量和收获指数综合体现,而生物量的积累用冠层和根系生长模拟获得,使得模拟过程更加接近真实作物生长,彻底解决了现有模型复杂、透明度不足、输入数据较多、区域性较强等问题,具有输入参数少、界面直观清晰、免费共用等特点,主要服务于非洲、亚洲等作物产量受雨量和水分严重限制的干旱地区,模型能够良好地反映这些地区的作物生产规律,可以作为广大用户群体(科研人员、政府机构、技术推广人员、农户等)研究作物生产力及风险评估、栽培技术决策等工具(张涛,2008)。

为了增强 Aqua Crop 模型的功能性,模型开发者将 Aqua Crop 设计为一个土壤—作物—大气的连续系统,整个模型由三大基本模块构成:土壤水分平衡模块、作物生长模拟模块(作物发育、生长和产量形成)和大气组分模块(温度、降水、蒸发需求、CO_2 浓度等)。模型的基本运行过程是:作物吸收土壤中存储的水分供自身生长,在作物持续吸收土壤水分及周围环境因子的共同作用下,土壤水平衡遭到破坏,土壤水分发生变化。作物冠层的扩展、衰老、叶片气孔运动以及收获指数对土壤水分的变化做出响应,作物的生长发生相应变化。模型最终将这种作物水分动态响应机制表现为作物的变化(倪玲,2015)。

图8.5和图8.6为Aqua Crop模型运行原理及输入参数流程图,其中模型输入量有气候模块、作物模块、土壤模块与管理模块。模型模拟结果可用于产量估计、作物与环境间的通量变换、作物需水量等几个方面的研究。

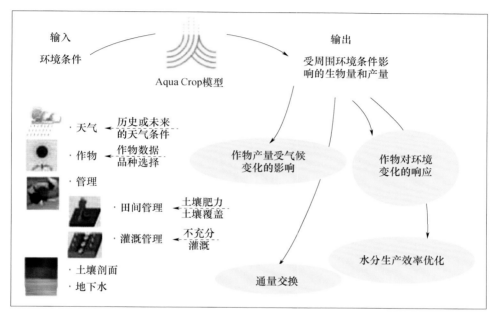

图8.5 Aqua Crop模型运行流程图

8.4.1.2 模型的主要特点

Aqua Crop模型与其他作物模型有着很大的区别,主要特点如下(孙扬越 等,2019):

- 主要专注于水分胁迫对产量的影响;
- 模型中使用冠层覆盖代替叶面积指数;
- 使用水分生产效率的值将大气蒸发和CO_2浓度归一化,使得模型可以对不同地理位置、季节、气候条件下进行模拟分析;
- 模型中所需输入参数少;
- 输入数据过程中参数直观明了,而且便于查看;
- 用户界面视觉层次清晰、简洁;
- 模型考虑了过程精确、简单与稳定之间的平衡关系。

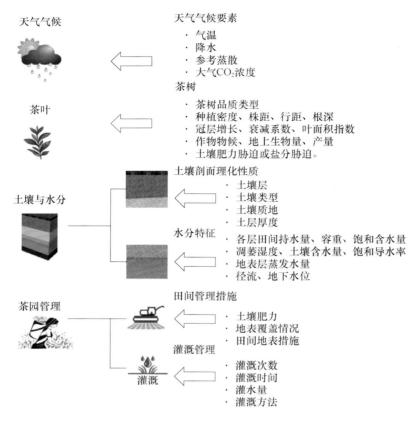

图 8.6　Aqua Crop 茶叶模型的主要输入参数

8.4.1.3　模型基本原理

作物对水分亏缺的反应十分复杂,使得评估作物产量响应水的最合适办法就是采取经验性的数学生产公式。FAO 灌溉与排水第 33 号文件给出了作物产量和水分响应的转换方程(Doorenbos et al,1979),可以通过式(8.9)求得作物生产力:

$$\left[\frac{Y_x - Y_0}{Y_x}\right] = k_y \left[\frac{ET_x - ET_0}{ET_x}\right] \tag{8.9}$$

式中,Y_x 和 Y_0 分别代表作物潜在产量(单位:kg/m^2)和实际产量(单位:kg/m^2),ET_x 和 ET_0 分别代表作物潜在蒸散量(单位:mm)和实际蒸散量(单位:mm),k_y 为相对产量损失和相对蒸散减少的比例因子。Aqua Crop 模型对上述方程进行了改进,将作物蒸散量分为两部分来表达,即土壤蒸发(E)和作物蒸腾(T_r)。此方法作物生产性用水和非生产性用水的效应,这点在不完全地面冠层覆盖条件下非常重要;将最终产量区分为生物量(B)和收获指数(HI),同样可以避免混淆水分胁迫对生物量和收获指数的不同影响。这些变化最终延伸出 Aqua Crop 模型建模的核心方程:

$$Y = B \cdot HI \tag{8.10}$$

$$B = WP \cdot \sum T_r \qquad (8.11)$$

式中:HI 为收获指数(单位:%);T_r 为作物蒸腾量(单位:mm);WP 为生物量水分生产效率(单位:$kg \cdot m^{-2} \cdot mm^{-1}$),其值随年平均 CO_2 浓度及作物品种的不同而发生变化。

AquaCrop 使用生长度日(GDDs)来累计作物生长所需要的有效积温:

$$GDDs = \sum \left[(T_{max} + T_{min})/2 - T_b \right] \qquad (8.12)$$

式中:T_{max} 和 T_{min} 是每天的最高和最低温度,单位:℃;T_b 是作物发育的基底温度,单位:℃。

Aqua Crop 模型主要从植物生理和农艺的角度考虑在水分不足的条件下对作物生长过程的抑制及产量的影响,可以分析模拟不同气候、地理、作物条件下作物生长,优化农田作物管理,宏观上预测分析未来气候变化下作物产量的变化(陈超飞等,2019)。

8.4.1.4 Aqua Crop 模型在茶叶服务中的应用

应用 Aqua Crop 模型可以对茶叶产量,开采期与气象条件的关系以及不利气象条件对其影响等方面进行探究,找出其中规律,帮助农业部门和茶农决策。

8.4.2 Aqua Crop 模型开采期预报参数及指标

8.4.2.1 预报指标选择和气象因素对开采期影响分析

安吉白茶开采期是指每年第一批鲜叶采摘的日期。气象资料来自安吉县国家基本站 2013—2019 年的逐日的地面气象资料,包括降水量、平均气温、最高气温、最低气温、相对湿度、日照时数等。气温和湿度用算术平均法将 1—3 月的日气象资料统计为旬值,降水量和日照时数用求和法算出旬值,雨日数根据日降水量统计而成(日降水量≥0.1 mm 时计 1 个雨日)。日最低气温低于 4 ℃(包括 4 ℃、3 ℃、2 ℃、1 ℃、0 ℃、-1 ℃、-2 ℃)的天数进行旬统计,求出各旬各温度的低温天数。对各种不同气象要素与安吉白茶生长度日进行相关性分析,找出相关性较大的气象因素并进一步分析研究,其中 1 月中旬雨日数是相关性最大的气象因素。

整理 2013—2019 年安吉县气象数据,计算了不同基底温度下生长度日。生长度日是指在实际环境条件下,完成某一生育阶段所经历的累积有效积温值,它是基于温度的一个指数,代表着植物生长期积累的热量,计算方法见式(8.12)。

基底温度的确定:通过前人的研究和安吉县气候的分析(姜润 等,2014),使用 Aqua Crop 模型对 0~10 ℃不同基底温度时安吉白茶生长度日的对比,得出用于预测安吉白茶开采期生长度日的基底温度为 7 ℃。

预测起始日的确定:通过在 Aqua Crop 模型中使用不同起始日和 5 d 滑动平均法确定的起始日模拟效果及得到生长度日变异系数的比较,最终确定模型模拟起始日为 2 月 12 日。

8.4.2.2 安吉土壤情况

安吉县海拔变化大,坡度大,地貌多样性和地质岩性的复杂性导致土壤的形成和分布具有更多的细微变化。根据全国第二次土壤普查分类资料,安吉县土壤共分五类,十一亚类,四十六个土属,六十五个土种表(表 8.10)。主要是发育于酸性岩浆岩和沉积岩的红壤土类(郑建瑜,2007)。

表 8.10 安吉县主要土壤类型及分布

土类	亚类	面积(hm²)	主要分布
红壤	红壤、黄红壤、侵蚀性土壤	90.65	海拔高程在 600 m 以下的丘陵
黄壤	黄壤	17.01	海拔高程在 600 m 以上
岩性土	石灰岩土、玄武岩幼年土	3.89	中部和北部丘陵特殊性风化形成
潮土	潮土	3.31	安吉县主要的旱地土壤,母质为第四纪冲击物
水稻土	渗育型水稻土、潜育型水稻土、潴育型水稻土	54.61	主要是苕溪两岸河谷及丘陵岗坡、山地缓坡、沟谷、山坞

Aqua Crop 模型所需土壤资料主要包括土壤的名称类型、质地、土壤的各层田间持水量、饱和含水量、永久性凋萎点、容重等。不同地域的土壤养分状况、储水性由土壤的类型、质地等诸多因素决定。

8.4.3 Aqua Crop 模型预报方法

在茶叶开采日期模拟中,各品种茶叶生长度日的累计值和回归预报值回代到 Aqua Crop 模型中检验平均绝对误差(MAE),对模拟结果进行检验,MAE 值越小,表明模拟结果越准确。

$$\text{MAE}(X,h) = \frac{1}{m} \sum |h(x_i) - y_i| \qquad (8.13)$$

式中:$h(x_i)$ 为模拟值,y_i 为实测值,m 为样本数量。

(1)生长度日预报法:利用 Aqua Crop 模型对安吉县气象数据与采摘日期进行分析和模拟验证,参考前人的研究(姜润 等,2014;姜燕敏 等,2015)得到误差最小的“白叶一号”茶叶从 2 月 12 日到采摘日期≥7 ℃的生长度日为 140 ℃·d,使用该生长度日的预报结果如图 8.7 所示,MAE 为 1.1 d。

(2)逐步回归预报法:采用相关分析方法,计算 2013—2019 年不同气象因子与安吉白茶开采期生长度日的相关系数,然后将相关系数较大的气象因子和开采期生长度日导入 SPSS 软件,采用逐步回归分析的功能,得到生长度日预报方程,选取预报效果好的方程构建模型。并对其进行验证,模型方程为

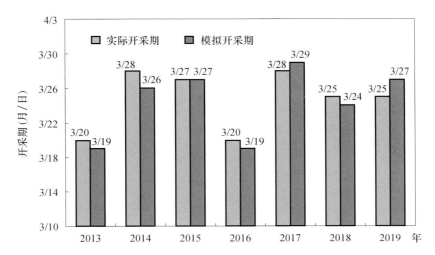

图 8.7　Aqua Crop 模型对安吉白叶一号开采期生长度日预报法的验证结果(2013—2019 年)

$$Y = 147.762 - 5.799 X_1 + 9.282 X_2 + 1.62 X_3 \qquad (8.14)$$

式中:Y 为当年的模拟生长度日,X_1 为 1 月中旬雨日数,X_2 为 2 月下旬最低气温≤ −1 ℃的天数,X_3 为 2 月中旬最低气温≤0 ℃的天数。

　　将回归方程得到的生长度日作为作物参数输入 Aqua Crop 模型后运行,结果如图 8.8 所示,其模拟开采日期和实际日期最大误差只有 1 d,MAE 为 0.7 d,模拟效果非常好,但是由于回归方程所用的数据只有 7 年,得到的方程具有一定局限性,如果遇到异常年份其准确度会变化剧烈,需要经常引入更多年份的数据来提高模型适用性和精度。

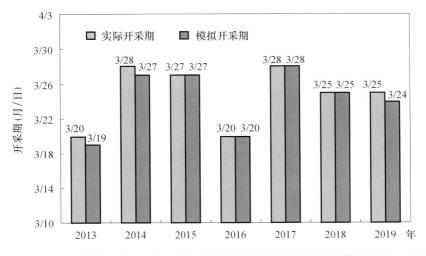

图 8.8　Aqua Crop 模型对安吉白叶一号开采期逐步回归预报法的验证结果(2013—2019 年)

预报模型的选择：不同预报方式的开采期预报结果如图8.7和图8.8所示，通过对比两种预报方式的分析得出，正常年份时使用逐步回归预报结果较为准确，预报效果好，如果当年2月的温度异常（如2020年2月平均温度较往年高出2℃左右），使用140℃·d的积温预报结果较为准确。

在2020年3月4日时利用未来15 d的天气预报结果（气温预报），对安吉白叶一号开采期进行预测（图8.9）。由于2020年2月的温度异于正常年份，使用140℃·d的生长度日用来预测采摘日期较为准确。通过模型模拟，到3月19日，安吉白茶的生长度日已经达到132℃·d，接近140℃·d，因此可以初步预测2020年，安吉白茶开采日期在3月20日左右。

由于样本数量较少，预报模型的精度还有较大的提升空间，在实际应用中，可随着样本数的增加，不断调试模型并结合Aqua Crop模型对茶叶的产量和冠层覆盖度等参数的预测，提高预报的精度。

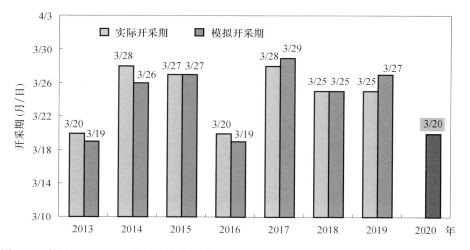

图8.9 利用Aqua Crop模型对安吉白叶一号开采期预报结果与实况对比（2013—2020年）

8.4.4 基于Aqua Crop模型的安吉白茶开采期预报流程

8.4.4.1 所需数据

2月初至3月底的逐日最高温度和最低温度数据。其中3月的数据可以用未来天气预报数据代替，预报时间越晚，数据越准确，预报结果越好。

8.4.4.2 操作流程

以2015年为例，以下是一次开采期模拟的操作流程，所用数据均为安吉县气象站实测数据。

（1）获取当年2月初至3月底的逐日最高温度和最低温度数据并将其保存在文本文档中，文档中只能出现数字。建立文本文档后将其放入Aqua Crop的IMPORT

文件夹中。

（2）在 Aqua Crop 模型中建立气象文件：打开软件后点击 Start 进入主菜单，在 Path 中可以改变文件的路径。选择 Climate 后单击 Select/Create Climate file 选项，然后选择 Import/Create，进入后选择用于预报的数据（鼠标左键单击即可）。在 Time range 中选择数据的起始和终止日期，然后在 Climatic parameters 中点击 code 的空白处选择各列数据对应的气象要素，在 Temperture 中选择温度数据的单位，按图 8.10 顺序依次点击即可（数据单位是乱码可能是中文系统导致的，101～103 的单位为℃）。

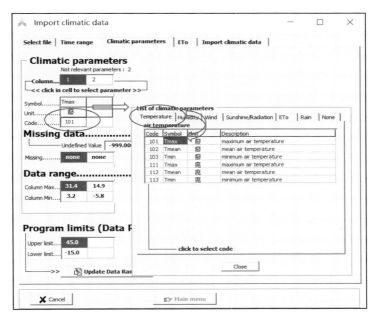

图 8.10　气象要素数据导入窗口

在 ET₀ 一栏中输入对应的安吉县海拔和纬度数据。在最后一栏 Import climatic data 中依次单击 Import climatic data 和 create climatic file。输入想要创建的文件名，然后分别选中 ET₀ 和 Temp，单击 Select file from ET₀ Data Base，在打开的界面中分别选中之前建立的 ET₀ 和 Temp 文件单击 Accept selection，最后点击 Create climate file 创建气候文件，如图 8.11 所示。

（3）建立作物文件：选择 Crop 后点击 Select/Create Crop file 后单击 Create Crop file，输入文件名后按图 8.12 所示选择各项参数，然后单击 Create。

先在 Development 中选择 Canopy development，将 days 中各项数字点击向下的箭头降低到 40 以下（必须先做这一步，否则由于设定的模拟时长超过了气象文件的时长软件会报错，如果报错将软件关闭重开即可）。然后在 Temperature 中将 Base temperature 改为 7 后（如果没有 Temperature 一栏在 Description 中选择 Full set 即可），再在 Mode 一栏中选择 Growing degree-days，而后回到 Development 中选

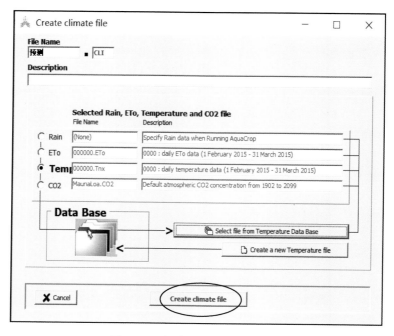

图 8.11　创建气象要素文件界面

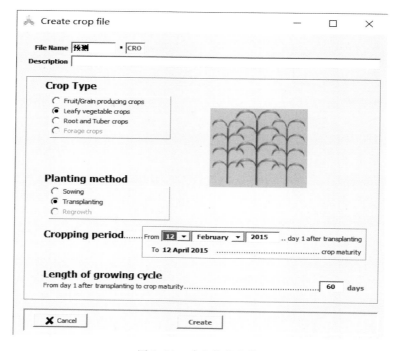

图 8.12　建立作物文件

择 Canopy development,将所选用的生长度日输入到 degree-days 的 harvest 中。最后点击 Main Menu 回到主界面。注:作物文件可多次使用,在 Display/Update Crop characteristics 中可以改变作物文件的参数,更改其中数据后弹框询问是否保存时点击 YES。

(4)开采期预报:点击 select/Create Crop file 在气候和作物文件中选择好之前建立的文件,在 specify 中可以改变模拟开始日期。每次模拟开始之前最好在 specify 中将模拟开始日期随便输入一个数据再改回 2 月 12 日,否则模拟结果可能仍然与上一次模拟结果相同。

点击 Run 进入模拟界面,在模拟界面中点击 START 即可模拟出当年安吉白茶开采期,如图 8.13 所示。

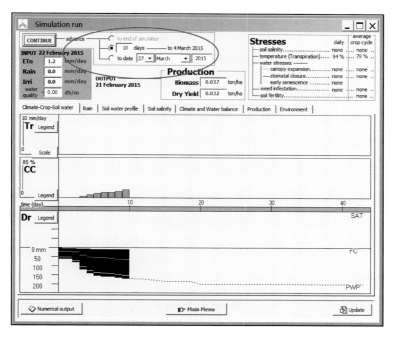

图 8.13　开采期预报界面

8.5　安吉白茶开采期预报服务

茶树采摘时间的早晚直接关系着茶叶的品质、产量和价格,在当今茶叶市场竞争激烈的形势下,准确预报春茶开采期显得尤为重要。湖州开展安吉白茶气象服务工作已有十余年历史,从最初只提供单一的天气预报,到推出"安吉白茶开采期预报""茶叶霜冻监测预警""春茶采摘期农用天气预报"等多个茶叶气象服务专题产品(图 8.14),并通过业务网站、农民信箱、气象影视、微博微信等多途径发布。此外,建立了湖州茶叶气象服务群组,开展直通式茶叶气象服务。在安吉县黄杜村建成高差梯度优先、同纬度平行对照、宏观与微观配套的3个监测主站和5个子站的安吉白茶高密度精细化梯度观测站网(图8.15);应用黄杜村立体气象观测成果,将安吉白茶开采期预测、气象灾害监测预报(霜冻害及干旱)、气象采摘适宜度评价等气象指标结合智能网格预报、监测实况,形成5 km空间分辨率的安吉本地化白茶监测预报预警服务产品集,为安吉白茶全生长期、采摘生产期等提供精准精细化服务,助力安吉白茶产业发展。

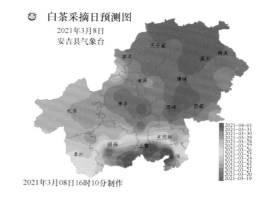

白茶采摘日预测图
2021年3月8日
安吉县气象台

2021年3月08日16时10分制作

图8.14 安吉白茶开采期预报产品

2020年安吉白茶开采期也是疫情防控特殊时期,2019年遭遇的秋旱导致部分茶园根系生长不良,暖冬天气使得作物生育期普遍提前,2020年安吉白茶开采期预测关系到春茶采摘计划的制定、采茶用工情况提前测算和安排等。为保障春茶顺利采摘,省、市、县气象部门三级联动多措并举积极开展安吉白茶开采期气象保障服务

图 8.15　安吉白茶立体气象观测

(a)测站分布；(b)茶园全景；(c)自助观测站

工作。春茶采摘期间，加强值班值守，密切监视天气变化，切实做好雨雪、低温霜冻、倒春寒等春季频发茶叶气象灾害的预报预警服务。根据前期气象条件和未来天气趋势，结合茶叶开采期预报模型以及实地白茶长势，提前至 2 月开始制作安吉白茶开采期预测，每周滚动发布；制作发布上一年冬季以来天气气候条件对农业生产的影响、春茶霜冻预报预警、春茶采摘期农用天气预报等专题气象服务产品；通过网站、短信、传真、微信、微博等多渠道为春茶生产提供直通式、精细化气象服务，建议茶农提前做好春茶开采准备，达到采摘标准及时开园采摘；采后注意补施催芽肥，中高山茶园因茶树萌动较晚，可赶在雨前追施萌芽肥；同时密切关注天气预报，防范低温霜冻等，为疫情期间科学制定春茶采摘计划提供依据。同时根据不同时期茶叶的生产需求，积极探索气象服务新方式，为安吉白茶增产增收提供可靠的气象保障。

第9章　安吉白茶气候适宜性评价

在全球气候变化的大背景下,茶叶生长的光、温和水等气候资源发生了显著变化,影响着茶叶的产量、品质和种植布局。茶叶生产如何顺应气候变化,受到了茶农和各级政府的广泛关注。因此,开展安吉白茶生长气候适宜性评价分析,已受到农业生产和有关部门的高度重视。

作物气候适宜性研究主要侧重于作物产量的统计分析、作物生理生态模拟及作物响应全球气候变化的试验研究等方面(马兴祥 等,2005)。基于模糊数学理论建立的作物气候适宜度动态模型和气候生产潜力模型能客观反映气候条件对作物生长发育的满足程度,可为作物品种的改良与布局、农业投入方案的选择和农业配套设施的改进等提供理论支持和指导(刘国成,2007)。为此,基于安吉白茶生长对气象条件的需求,结合生产实际,构建安吉白茶生长气候适宜度模型,为安吉白茶生长气象条件定量评价提供技术支持。

9.1　气候适宜性指标

气候条件对茶树生长发育和茶叶品质、产量形成的影响,表现为多个气象要素的综合效应(中国农科院农业气象室,1982;李湘阁 等,1995;王明月 等,2016)。基于安吉白茶生物学特性,结合安吉白茶生长对光温水条件的需求(浙江省茶叶学会,2006;郭水连 等,2010),筛选出茶叶生长气候适宜度指标。

(1)温度适宜度指标

与其他农作物一样,茶叶在不同的生长阶段都有三基点温度,即最适温度、最低温度和最高温度。在最适温度下,茶叶生长发育迅速而良好;在最高和最低温度下,茶树停止生长发育,但仍能维持生命。如果继续升高或降低,就会对茶树产生不同程度的危害,直至死亡。因此,以茶叶不同生长阶段三基点温度作为温度适宜度指标。

(2)水分适宜度指标

土壤含水量和空气相对湿度与茶树生长发育和茶叶产量高低、品质优劣存在密切关系。通常农作物的水分适宜度模型都是基于降水量来建立,考虑到空气相对湿度是茶叶品质形成的关键要素,因此,在构建安吉白茶水分适宜度模型时,以植株正常生长的降水蒸散比作为茶园土壤适宜水分的标准,集成空气相对湿度,构建安吉白茶生长水分适宜度指标。

（3）日照适宜度指标

安吉县春季阴雨天较多,日照百分率偏低,茶叶产量几乎与日照时数呈正相关性。夏季长时间强光对茶树光合作用具有抑制作用,日照时数对茶树的生长存在双临界点现象。日照百分率即某时段内实际日照时数与该地理论上可照时数的百分比。以日照百分率作为安吉白茶生长日照适宜度指标,安吉白茶适宜生长的日照百分率范围为 45%～55%。

（4）气候适宜度指标

由于安吉白茶生长发育以及茶叶品质和产量形成是光温水多个气象要素的协调效应,应用几何平均法集成温度适宜度指标、水分适宜度指标、日照适宜度指标,构建安吉白茶生长综合气候适宜度指标。

9.2　气候适宜度模型

气候条件对安吉白茶生长发育和品质、产量形成的影响,表现为多个气象要素的综合效应。应用模糊数学分析方法（陈国桢 等,1982）,分别建立基于温度、水分和日照的气候适宜度模型,以及综合气候适宜度模型,定量评价气象条件对安吉白茶生长的影响。各个气象要素的适宜度模型评价结果的量化指标,统一定义域值为[0,1],即:最适宜为"1",最不适宜为"0"。

（1）温度适宜度模型

温度是影响茶芽萌动、新梢生长快慢,甚至茶树能否成活的重要因子。温度的变化,直接影响茶树新梢的正常生长、茶叶品质的优劣及其产量的高低。应用模糊数学法（梁轶 等,2011）,建立了安吉白茶生长的温度适宜度（P_T）模型,计算公式如下:

$$P_T = \frac{(T - T_1)(T_2 - T)^B}{(T_0 - T_1)(T_2 - T_0)^B} \tag{9.1}$$

$$B = \frac{(T_2 - T_0)}{(T_0 - T_1)} \tag{9.2}$$

式中,T 为安吉白茶生长季内的平均温度;T_1、T_2、T_0 分别是不同时段内安吉白茶生长的最低温度、最高温度和最适宜温度。当 $T = T_1$ 或 $T = T_2$ 时,$P_T = 0$;当 $T = T_0$ 时,$P_T = 1$。

（2）水分适宜度模型

以植株正常生长的降水蒸散比作为茶园土壤适宜水分的标准,集成空气相对湿度（金志凤 等,2014a,b）,建立安吉白茶生长的水分适宜度（P_R）模型,公式如下:

$$P_R = aP_S + bP_H \tag{9.3}$$

式中,P_S、P_H 分别为土壤水分适宜分量和空气相对湿度适宜分量;a 为 P_S 的权重系数;b 为 P_H 的权重系数。P_H、P_S 的计算公式分别为:

$$P_H = \frac{H - H_{\min}}{1 - H_{\min}} \tag{9.4}$$

$$P_S = \begin{cases} R/E & (\text{当 } R < E \text{ 时}) \\ E/R & (\text{当 } R \geqslant E \text{ 时}) \end{cases} \tag{9.5}$$

式中,H 为安吉白茶生长时段内的空气平均相对湿度,$H_{\min}$ 为同时段内平均相对湿度的最低值,R 为同期的降水量,E 为茶园可能蒸散量。E 的计算公式为:

$$E = K_c \times ET_0 = K_c \times \frac{0.408\Delta(R_n - G) + r\dfrac{900}{T + 273}u_2(e_s - e_a)}{\Delta + \gamma(1 + 0.34u_2)} \tag{9.6}$$

式中,K_c 为作物系数,安吉白茶茶园 $K_c = 0.85$;ET_0 为参考作物蒸散,由 Penman-Monteith 公式计算而得;Δ 为温度随饱和水汽压变化的斜率;R_n 为茶树冠层的净辐射;G 为土壤热通量密度;γ 为干湿表常数;T 为日平均气温;u_2 为 2 m 高度处风速;e_s 为饱和水汽压;e_a 为实际水汽压。

(3)日照适宜度模型

与温度和降水一样,光照条件对作物生长的影响亦可理解为模糊过程,即在"适宜"与"不适宜"之间变化(赵峰 等,2006)。设定茶叶适宜生长的日照百分率范围为 $35\% \sim 55\%$,光照条件在该范围内,茶叶对光照条件的反应即达到适宜状态。而当日照百分率低于 45% 或高于 55%,对茶叶的生长都有不利。安吉白茶生长日照适宜度(P_S)模型的计算公式为:

$$P_S = \begin{cases} e^{-[(s_0 - s)/b_0]^2} & S < S_0 \\ 1 & S_1 > S \geqslant S_0 \\ e^{-[(s - s_1)/b_1]^2} & S \geqslant S_1 \end{cases} \tag{9.7}$$

式中,S 为实际日照百分率(%);S_0、S_1 分别为 45% 和 55% 的日照百分率;b_0 和 b_1 为常数。

(4)气候适宜度模型

安吉白茶生长期一般为每年的 3—10 月,分为春茶、夏茶和秋茶 3 个生长季。应用加权指数求和法,计算春季、夏季和秋季以及安吉白茶整个生长期内的单个气象要素气候适宜度,公式如下:

$$P_K(y) = \sum_{i=1}^{n} b_i P_K(y_i) = \sum_{i=1}^{n} b_i P[K(y_i)] \tag{9.8}$$

式中,K 为气象要素 T、R 和 S;n 为生育期内的总旬数;i 为生育期内旬的数量;b_i 为第 i 旬的权重系数;y 为资料年份($y = 1, 2, 3, \cdots, 40$)。

考虑到安吉白茶生长发育以及茶叶品质和产量的形成是光温水多个气象要素的协调效应,为了客观反映和合理评价安吉白茶生长对可能提供的气候资源的适宜动态及其对研究期间气候变化的响应特征,应用几何平均法建立了安吉白茶生长综合气候适宜度(P)模型:

$$P_i(y) = \sqrt[3]{P_\mathrm{T}(y_i) \times P_\mathrm{R}(y_i) \times P_\mathrm{S}(y_i)} \qquad (9.9)$$

式中，P_T、P_R 和 P_S 分别为温度适宜度、水分适宜度和日照适宜度。

9.3　气候适宜度评价

采用安吉白茶气候适宜度模型，结合安吉县常规气象站和自动气象站观测资料，统计 1971—2019 年安吉白茶春季、夏季、秋季、全年的气候适宜度，以及 2020 年春季安吉白茶生长期间的气候适宜度，开展安吉白茶气候适宜度评价。

9.3.1　历年安吉白茶气候适宜度时间变化特征

1971—2019 年，安吉白茶春季、秋季和全年的气候适宜度变化较为平缓（图 9.1），夏季变化波动明显。春季气候适宜度最高，平均值为 0.75，最大值出现在 2019 年，为 0.86，最小值出现在 1996 年，为 0.65；其次是秋季，历年气候适宜度平均值为 0.70；夏茶最低，历年气候适宜度平均值为 0.62，最大值出现在 1999 年，为 0.80，最小值出现在 1971 年，为 0.46。安吉白茶全年气候适宜度平均值为 0.69，由此可见，安吉白茶生长期间，春季气候条件最佳，最适宜安吉白茶生长发育和品质形成；秋季气候条件良好，夏季相对较差。

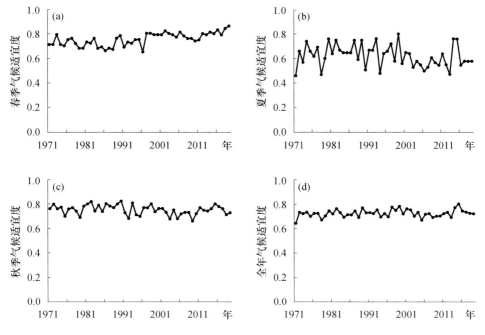

图 9.1　1971—2019 年安吉白茶气候适宜度逐年变化趋势

(a)春季，(b)夏季，(c)秋季，(d)全年安吉白茶不同季节气候适宜度年代际变化趋势如图 9.2 所示。春季气候适宜度从 1970s 到 1980s 略减,减少了 0.02,之后开始逐渐增加,至 2010s 达到 0.80;夏季气候适宜度从 1970s 到 1980s 略增,增加了 0.08,之后开始逐步减少,至 2000s 为 0.57,2020s 逐步增加至 0.60;秋季气候适宜度年代际整体变化趋势与夏季比较相似,但变化幅度相对夏季而言较小,从 1970s 至 1980s 增加了 0.03,之后开始缓慢减少,至 2000s 减少了 0.11,随后增加至 0.60;全年气候适宜度年代际变化趋势也较为平缓,基本维持在 0.70 左右。

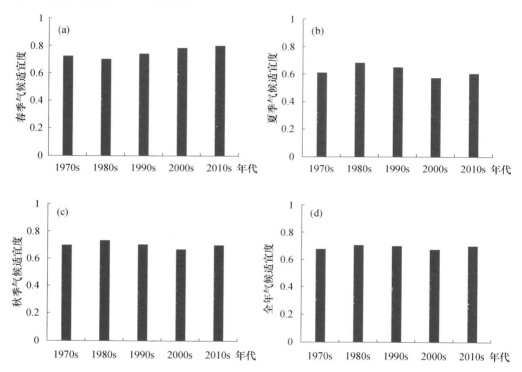

图 9.2　安吉白茶不同季节气候适宜度的年代际变化
(a)春季,(b)夏季,(c)秋季,(d)全年

9.3.2　2020 年春季安吉白茶气候适宜度变化特征

(1)温度适宜度

2020 年春季,安吉白茶温度适宜度(图 9.3)平均值为 0.81,其中 3 月中旬最高,为 0.98,其次是 3 月上旬为 0.93,4 月下旬为 0.91。3 月下旬、4 月中旬温度适宜度相对较低,分别为 0.64、0.59,主要是因为 3 月 27—29 日、4 月 11—12 日均遭受冷空气影响,部分地区最低气温低于 4 ℃,安吉白茶产区遭受霜冻害影响,不利于优质茶叶生长。

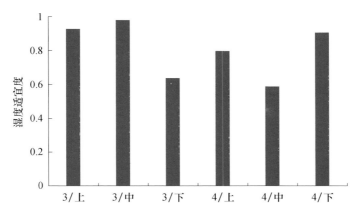

图 9.3　2020 年春季安吉白茶温度适宜度变化趋势

（2）水分适宜度

2020 年春季，安吉白茶水分适宜度（图 9.4）平均值为 0.58。3 月上旬、3 月下旬降水较为充沛，水分适宜度在 0.70 左右。3 月中旬、4 月水分适宜度相对较低，在 0.50 左右，期间降水相对较少，温度较高，茶园蒸发加快，湿度在一定程度有所下降，但基本可以满足安吉白茶生长需求。

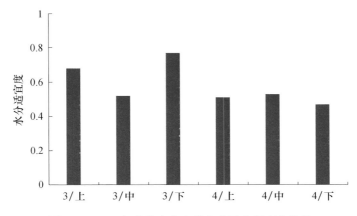

图 9.4　2020 年春季安吉白茶水分适宜度变化趋势

（3）日照适宜度

2020 年春季，安吉白茶日照适宜度较高（图 9.5），平均值达 0.92。除 3 月下旬日照适宜度为 0.72，其他时段日照适宜度均在 0.9 以上，其中最高值出现在 3 月中旬，为 0.98。安吉白茶主要种植在山区丘陵，光照条件较为适宜，利于安吉白茶优质。

（4）综合气候适宜湿度

以旬为尺度，分析 2020 年春季安吉白茶生长综合气候适宜度（图 9.6）变化特征。3 月上旬、3 月中旬、4 月下旬气候适宜度较高，均在 0.85 以上。期间，气温偏

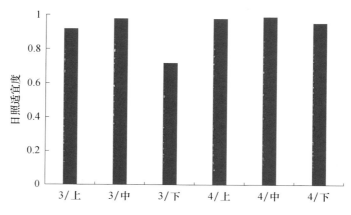

图 9.5　2020 年春季安吉白茶日照适宜度变化趋势

高,有利于安吉白茶萌动和生长,加上适宜的水分和光照条件,可提升品质;3 月下旬和 4 月中旬气候适宜度相对较低,分别为 0.67、0.66。3 月 27—28 日、4 月 11—12 日安吉县均遭受冷空气影响,日最低气温低于 4 ℃,部分安吉白茶茶园影响较重,春茶产量和品质都受到较大影响;4 月上旬气候适宜度为 0.8,光温水气候条件匹配良好。

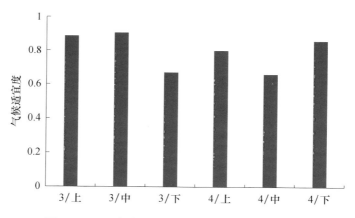

图 9.6　2020 年春季安吉白茶气候适宜度变化趋势

9.4　气候生产潜力

农业气候生产潜力是以气候条件来估算农业生产潜力,是在一个地区的光、热、水等气候资源条件下,假设作物品种、土壤肥力和管理技术等都处于最优状态时,区域内作物可能达到的最高产量,一般表示为单位时间、单位面积土地的绿色植物生产和累积的干物质数量。农业气候生产潜力从定量角度综合表征了一个地区气候资源的状况,反映了气候资源的光、热、水各气象要素情况。对农业生产和各类农作物而言,生产潜力主要有光合生产潜力、光温生产潜力、气候(光温水)生产潜力和土地生产潜力等4个层次的含义。其中光合生产潜力是产量理论上限,是一种期望值;光温生产潜力是高投入水平下在一地可能达到的产量上限;气候生产潜力则是在自然降水条件下可能达到的产量上限;而由一地气候、土壤和地形条件所决定的生产力称为土地生产潜力。

气候生产潜力的计算方法主要有3种:(1)逐级订正法:即环境因子逐段订正模型,又称潜力衰减法,是通过对光合生产潜力、光温生产潜力、气候生产潜力几个阶段逐步订正来计算的。(2)气候因子综合法:一种经验法,这类模式主要有迈阿密模型、筑后模型和桑斯维特纪念模型等,是利用经验公式来计算气候生产潜力的一种方法。(3)作物生长过程模拟方法:此类方法是根据作物光合作用过程、生理生态特性和外界环境因子来计算生产潜力的一种方法。常见的有 GERES 模型、EPIC 模型、CROPGRO 模型等。

9.4.1　气候生产潜力模型

综合考虑安吉白茶生产对光照、温度和水分的需求,利用温度、降水、平均相对湿度、太阳辐射等气象数据,选用"逐级订正法"模型,估算浙江省茶叶气候生产潜力。具体为估算光合生产潜力(Y_Q)、光温生产潜力(Y_T)和气候生产潜力(Y_w)。

$$Y_w = Q \times f(Q) \times f(T) \times f(W) = Y_Q \times f(T) \times f(W) = Y_T \times f(W)$$
(9.10)

式中,Q 为太阳辐射,$f(Q)$ 为光照订正函数,$f(T)$ 为温度订正函数,$f(W)$ 为水分订正函数。

(1)光合生产潜力

光合生产潜力(Y_Q)是指当温度、水分、CO_2、养分等外部条件最佳、植株群落结构合理和光能充分利用的情况下,单位面积单位时间内光照资源所形成的理论产量(郭建平 等,1995)。计算公式如下:

$$Y_Q = \mu EQ$$
(9.11)

$$\mu = \alpha \Omega K / [C(1-I)(1-J)]$$
(9.12)

$$E = \varepsilon(1-R)(1-t)(1-n)(1-R_s)(1-\gamma)\varphi$$
(9.13)

式中,Y_Q 的单位为:kg/m^2,μ 为光能转换为化学能的效率,E 为光能利用率(0.036),Q 为茶树冠层所接收的辐射总量,α 为经济系数(0.2)(黄寿波,1986),Ω 为茶树固定 CO_2 的能力(0.95)(黄寿波 等,1993),K 为单位转换系数(10),C 为单位干物质含热量(17.77 MJ/kg),I 为干茶叶的无机灰分比例(0.08),J 为鲜茶叶的含水量(75%),ε 为光合有效辐射占太阳总辐射的比例(0.49),R 为茶树群体反射率(0.1),t 为茶树群体平均透光率(0.04),n 为非光合器官截获太阳短波辐射的比例(0.1),R_s 为群体呼吸消耗占光合产物的比例(0.56)(杨亚军,2005),γ 为超过光饱和点的比例

(0.03)，φ 为量子效率(0.22)。

浙江省地域面积为 10.18×10^4 km^2，仅有 2 个太阳辐射观测站点，采用气候学方法对全省各个气象观测站的太阳辐射(Q_z)进行估算。杭州观测站有连续 43 年（1971—2013 年）的太阳总辐射逐日数据，且观测站地址没有变更，因此，利用杭州站太阳总辐射的观测值 Q 对公式估算值 Q_z 进行订正。根据中国气象局编制的《气象辐射观测方法》的规定，对 1981 年 1 月 1 日前的辐射观测资料 Q 进行订正，即原观测值乘以系数 1.022。应用数理统计方法，建立 Q 和 Q_z 的模拟方程，公式如下：

$$Q = 0.78 \times Q_z - 1.82 \tag{9.14}$$

式中，Q 和 Q_z 两者之间相关系数高达 0.94，通过了 0.01 显著性水平检验。

（2）光温生产潜力

光温生产潜力(Y_T)是指单位面积单位时间内，由当地太阳辐射和温度所形成的理论产量，即在光合生产潜力基础上进一步考虑温度影响。计算公式如下：

$$Y_T = f(T) \times Y_Q \tag{9.15}$$

$$f(T) = \frac{(T - T_1) \times (T_2 - T)^B}{(T_0 - T_1) \times (T_2 - T_0)^B} \tag{9.16}$$

式中，Y_T 的单位为 kg/m^2，T 为茶叶生长期内的日平均气温，T_0、T_1 和 T_2 分别为茶叶生长季内（3—10 月）生长发育的最适温度（20 ℃）、下限温度（10 ℃）和上限温度（35 ℃）；式中 B 见式(9.2)。

（3）气候生产潜力

考虑到作物的生长发育和产量形成是光、温、水等环境条件的共同影响，因此，在光温生产潜力基础上进一步考虑水分的影响，即为气候生产潜力(Y_W)（顾浩 等，2008）。计算公式如下：

$$Y_W = f(W) \times Y_T \tag{9.17}$$

$$f(W) = \begin{cases} (1 - A - B)\dfrac{\gamma}{ET} & (1 - A - B)\gamma < ET \\ 1 & (1 - A - B)\gamma \geq ET \end{cases} \tag{9.18}$$

$$ET = k_c \times ET_o \tag{9.19}$$

式中，Y_W 的单位为 kg/m^2。利用月和日资料相结合的方法评估水分对生产潜力影响，即利用日降水强度估算每日实际可利用降水量（主要考虑降水强度对径流和冠层截流影响），再将逐日可利用降水量累加与月总蒸散量进行比较，制定水分订正函数。其中，A 为茶树冠层对降水的截留率（日降水量<25 mm 冠层截留系数为 0.3）（聂小飞 等，2013），日降水量≥25 mm 时冠层截留系数为 0.15；B 为径流系数（0.3），径流产生需要一定强度降水，本文取单日降水量≥25 mm 作为径流产生的临界条件；r 为降水量，ET 为茶园蒸散量，ET_o 为根据 Penman-Monteith 方法（Allen et al，1998）估算的茶园潜在蒸散量，k_c 为茶树作物系数（0.85）。

9.4.2 气候生产潜力特征

1971—2019 年,安吉白茶光合生产潜力随时间呈增加趋势,气候倾向率为 0.003 $(kg/m^2)/10\ a$,光温生产潜力、气候生产潜力随时间呈下降趋势,气候倾向率分别为 $-0.003(kg/m^2)/10\ a$、$-0.012(kg/m^2)/10\ a$。气候变化背景条件下,气温、日照时数随时间呈升高趋势,降水量则波动幅度较大。光合生产潜力变化趋势与光照条件基本一致,光温生产潜力与温度条件呈相反的变化趋势,气候生产潜力受温度、水分、光照等综合条件的影响,变化波动幅度相对较大。

从平均条件来看,安吉白茶光合生产潜力最大(图 9.7),平均值为 1.51 kg/m^2,最大值出现在 2018 年,为 1.74 kg/m^2,最小值出现在 1999 年,为 1.27 kg/m^2;光温生产潜力次之,平均值为 1.14 kg/m^2,最大值出现在 1974 年,为 1.38 kg/m^2,最小值出现在 1983 年,为 0.99 kg/m^2;气候生产潜力最小,平均值为 0.94 kg/m^2,最大值为 1.91(2015 年),最小值为 0.68 kg/m^2(1996 年)。分析原因,安吉县地处浙江省西北部丘陵山地,光照条件资源丰富,光合生产潜力较高。但随着气候变化变暖,安吉白茶遭受低温霜冻、高温热害的风险加大,造成光温生产潜力低于光合生产潜力。此外,气候变化引起台风、暴雨等灾害性天气过程频发重发,限制了气候生产潜力增加。

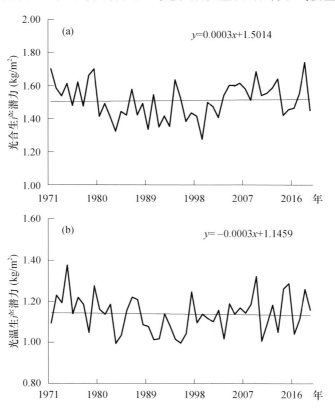

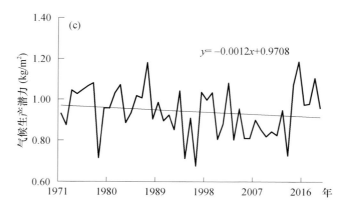

图 9.7　安吉白茶光合生产潜力(a)、光温生产潜力(b)和气候生产潜力(c)逐年变化趋势

从安吉白茶生产潜力年代际变化趋势来看(图 9.8),光合生产潜力与光温生产潜力变化趋势比较一致,即从 1970s 至 1990s 呈下降趋势,之后升高,最大值均出现在 1970s,分别为 1.60 kg/m², 1.20 kg/m²,最小值出现在 1990s,分别为 1.43 kg/m²、1.08 kg/m²。气候生产潜力年代际变化特征为,1970s 为 0.97 kg/m²,1980s 升高至 0.99 kg/m²,之后开始逐步下降,最低值出现在 2000s,为 0.87 kg/m²,随后升高,2010s 为 0.96 kg/m²。

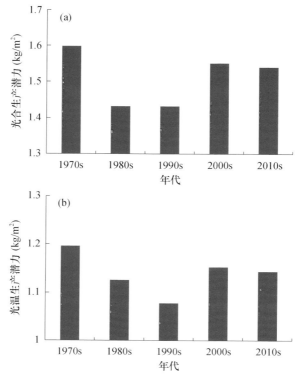

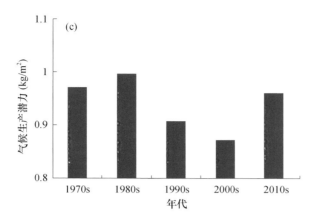

图 9.8　安吉白茶光合生产潜力(a)、光温生产潜力(b)和气候生产潜力(c)年代际变化趋势

　　未来气候变化背景下浙江省气温仍将升高,极端气候事件发生频率和强度将增加,为保障气候变化背景下浙江茶叶生产的安全,需加强安吉白茶低温霜冻防御技术研究及应用,夏季正午时段利用遮阳网对树冠上方适当遮阴,通过增加地表覆盖物、中耕、合理施肥等农技措施增强安吉白茶茶园土壤蓄水能力,完善茶园水利工程提高茶园蓄水和集水灌溉效率。

9.5　气候资源利用率

　　农作物气候资源利用率是指作物的实际产量占理论计算的气候生产潜力的百分率,即气象因子看成几乎不变的资源条件,在雨养的农业条件下,通过品种改良、栽培措施改进等技术实现的资源利用率(马树庆 等,1997)。安吉白茶气候资源利用率(P)计算公式为(金志凤 等,2011):

$$P = \frac{Y_a}{Y_w} \times 100\% \tag{9.20}$$

式中,Y_a 为安吉白茶实际生产力,即单位面积茶园上茶叶经济产量(单位:kg/m^2),Y_w 为估算得出的茶叶气候生产潜力(单位:kg/m^2)。

　　1989—2019 年,安吉白茶单产和气候资源利用率随时间的变化趋势特征明显。由图 9.9 可知,在 2002 年以前,安吉白茶单产相对较低,除了 1993 年单产为 0.003 kg/m^2,其他年份在 0.00028～0.0013 kg/m^2 变化。随后陡增,2003 年增加至 0.0089 kg/m^2,之后逐步增加。2003—2019 年,单产以 0.005 (kg/m^2)/10 a 的速率增加,最大值出现在 2013 年,为 0.019 kg/m^2。

　　1989—2019 年,安吉白茶气候资源利用率整体较低,平均值为 0.895%,最小值出现在 1989 年,为 0.029%,最大值出现在 2013 年,为 2.683%。历年气候资源利用率变化趋势与单产比较一致,2002 年以前气候资源利用率较低,均低于 0.4%,之后

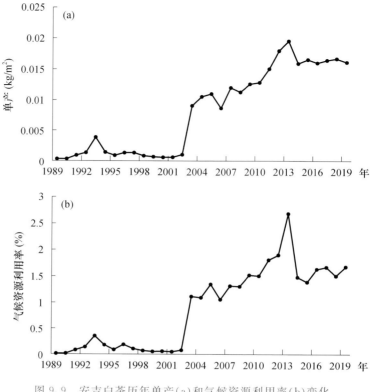

图 9.9   安吉白茶历年单产(a)和气候资源利用率(b)变化

增加明显,2003 年增加至 1.12%。2003—2019 年,安吉白茶气候资源利用率以 0.386%/10 a 的速率增加,最大值出现在 2013 年,为 2.683%。

随着时间的推移,茶园的基础设施建设、栽培技术和管理水平逐年提高,2002 年 之后,安吉白茶单产明显提升。在茶叶单产迅速提升阶段,茶叶气候资源利用率主 要是受科技投入和品种改良等的影响。21 世纪以来,茶园单产基本维持稳定,安吉 白茶生产模式由"数量增长"向"质量增长"转变;而期间受全球气候变化的影响,低 温冰冻、高温干旱等极端气候事件频发重发,导致茶叶气候生产潜力波动较大,因 此,气候生产潜力对茶叶气候资源利用率的影响愈发凸显。

第 10 章　安吉白茶气候品质评价

农产品气候品质认证是用表征农产品品质的气候指标对农产品品质优劣等级所做的评定(金志凤 等,2015)。茶叶是中国传统优势农产品,具有优质高效的特性。茶叶品质形成是品种遗传特性和土壤、地形、生态、气候等环境条件综合作用的结果(黄寿波,1984)。在一定遗传基础上,环境因子作用至关重要。茶叶品质的优劣,可以通过色、香、味、形四个方面来评价,即看外形、色泽,闻香气,摸身骨,开汤品评。茶叶气候品质评价(金志凤 等,2017)时应用品质指标就是影响茶叶香气和口味的内在的理化指标,主要包括水浸出物、茶多酚、游离氨基酸总量、咖啡碱等。通过气候品质认证,实现科技转化为生产力,进一步提升安吉白茶品牌效益和国际竞争力(李秀香,2016)。

10.1　关键术语

初级农产品,是指未经过加工、生理生化指标未发生改变的种植业生产的产品。

农产品品质,是指由农产品的生理生化指标和外观指标等表征的农产品的优劣程度。

农产品气候品质,是指由天气气候条件决定的初级农产品品质。

气候品质指标,是指表征农产品品质的关键气象因子。

气候品质认证,是指用表征农产品品质的气候指标对农产品品质优劣等级所做的评定。

气候品质评价指数,是指评价天气气候条件对农产品品质影响优劣的指数。

10.2　评价要求

10.2.1　农产品要求

申请气候品质认证的农产品应是具有地方特色和一定的种植规模,且以常规方式种植的生产区域范围内的初级农产品。农产品品质应主要取决于独特的地理环境和气候条件。

10.2.2　农产品资料

申请认证的农产品资料包括农产品的名称、品种、品质指标、生产基地、农业统计等信息。其中,品质指标主要包括内在生理生化指标和外观指标;生产基地信息包括基地名称、地址、生产规模、产地概况、环境条件等。

10.2.3　气象资料

气象资料应是代表该农产品生产区域和影响该农产品生产的时间范围内的资料。

气象资料来源于气象观测站,以最能代表认证区域内气象条件的气象观测站为准,如认证区域内或周边区域的农田小气候观测站、区域自动气象站或基本气象站。

气象要素主要包括气温、降水量、空气相对湿度、日照时数、土壤温度、土壤相对湿度、太阳辐射等与认证农产品品质密切相关的关键气象因子。

10.3　评价方法

10.3.1　获取品质信息

田间试验,获取安吉白茶品质的理化指标数据。选择安吉白茶主要产区,在安吉白茶生长关键时节——春茶采摘期间,每隔 5～10 d,动态取样。样茶标准参照名优茶要求,一芽一叶或一芽二叶,每次鲜叶不少于 250g。样品蒸青烘干后,密封,阴凉干燥处保存。取样结束后,所有样品集中送至农业农村部茶叶质量监督检验测试中心,对样茶品质的理化指标(茶多酚、氨基酸、咖啡碱、水浸出物和含水量等)进行检测。

茶叶品质理化指标茶多酚、氨基酸、水浸出物和水分含量检测严格参照国家标准进行,咖啡碱含量测定采用高效液相色谱法。茶多酚含量测定参照国家标准《茶叶中茶多酚和儿茶素类含量的检测方法》(GB/T 8313—2018)(中华全国供销合作总社,2008)。游离氨基酸含量测定参照国标《茶 游离氨基酸总量的测定》(GB/T 8314—2013)(全国茶叶标准化技术委员会,2013a)。水浸出物含量测定参照国标《茶 水浸出物含量的测定》(GB/T 8305—2013)(全国茶叶标准化技术委员会,2013b)。水分含量测定参照国标《茶 水分测定》(GB/T 8304—2013)(全国茶叶标准化技术委员会,2013c)。

10.3.2　筛选气候品质指标

茶树原产于中国西南地区,在生长过程中,形成了喜温、喜湿、喜散射光等特性。通常情况下,茶树生长要求的气象条件为:年平均气温在 13 ℃以上、年内≥10 ℃的活动积温在 4000 ℃·d、年降水量≥1300 mm 和空气相对湿度≥70%。与此同时，茶树喜弱光而耐阴，需要一定的光照条件以促进植物体内芳香物质和含氮物质的形成和累积，有利于品质提高。

基于安吉白茶树的生物学特性，结合前人的研究成果（李倬 等，2005；杨俊虎 等，2012；陆文渊 等，2012），筛选出影响安吉白茶茶叶品质的气象指标为鲜叶采收前半个月的 3 个关键因子，分别是平均气温、平均相对湿度和日照时数。

10.3.3　气象数据预处理

影响茶叶品质的气象指标分别代表热量条件、水分条件和光照条件。考虑到 3 个气象要素温度、降水和日照时数的量级不同，采用无量纲化方法，对气象数据进行预处理。参照常规农业气象条件定量化等级评价标准，将 3 个气象指标统一划分为 4 个等级，分别赋予 0~3 的数值。等级（M_i）划分标准如下：

$$M_i = \begin{cases} 3 & T_{i01} \leqslant X_i \leqslant T_{i02} \\ 2 & T_{i11} \leqslant X_i < T_{i01} \quad \text{or} \quad T_{i02} < X_i \leqslant T_{i12} \\ 1 & T_{i21} \leqslant X_i < T_{i11} \quad \text{or} \quad T_{i12} < X_i \leqslant T_{i22} \\ 0 & X_i < T_{i21} \quad \text{or} \quad X_i > T_{i22} \end{cases} \tag{10.1}$$

式中，X_i 为气象指标的实际值，T_{i01}、T_{i02} 分别表示茶叶品质最优的气象指标的下限值和上限值，T_{i11}、T_{i12} 表示茶叶品质较优的气象指标的下限值和上限值，T_{i21}、T_{i22} 表示茶叶品质良好的气象指标的下限值和上限值。如果气象指标低于 T_{i21} 或者高于 T_{i22}，则茶叶品质较差。这里 $i=3$，表示 3 个气象指标。

10.3.4　建立气候品质指数模型

考虑到茶叶品质优劣是受多个气象要素的综合影响，因此，应用加权指数求和法构建茶叶气候品质指数模型（金志凤 等，2015）。计算公式如下：

$$I_{\text{tea}} = \sum_{i=1}^{n} a_i M_i \tag{10.2}$$

式中，I_{tea} 为安吉白茶气候品质评价指数；M_i 为影响茶叶品质的气象指标的评价等级；a_i 为气象指标的权重系数，由最小二乘法迭代运算得到。

10.3.5　制定气候品质等级标准

根据气候品质指数计算结果，结合安吉白茶产业实际，将安吉白茶气候品质等级标准统一划分为四级，按优劣顺序为：特优、优、良和一般。

安吉白茶气候品质评价等级划分标准见表 10.1。

表 10.1　安吉白茶气候品质评价指数和等级划分标准

等级	茶叶气候品质评价指数（I_{tea}）	茶叶品质指标-酚氨比（E_{RPA}）
特优	$I_{tea} \geqslant 2.5$	$E_{RPA} < 2.5$
优	$1.5 \leqslant I_{tea} < 2.5$	$2.5 \leqslant E_{RPA} < 5.0$
良	$0.5 \leqslant I_{tea} < 1.5$	$5.0 \leqslant E_{RPA} < 7.5$
一般	$I_{tea} < 0.5$	$E_{RPA} \geqslant 7.5$

10.4　安吉白茶气候品质评价

10.4.1　2012 年大山坞安吉白茶气候品质评价

安吉县大山坞茶场是安吉白茶第一代茶人盛振乾（于 1981 年 9 月从大溪白茶祖剪取枝条无性繁殖成功培育成安吉白茶新品种）始创于 1980 年的家庭农场,专业于白叶茶的研究与开发。大山坞茶场 2012 年有安吉白茶园 120 余公顷,年产名优茶34 t,产值近 5000 万元,是安吉县白茶产区有规模的集产、供、销一体的名茶生产企业。该茶场是经国家质检总局准予使用安吉白茶地理标志产品专用标志的生产加工企业。大山坞茶园基地坐落于安吉县溪龙乡黄杜村,海拔高度为 60~250 m,坡度40°~45°,坡向以东为主。该茶园是安吉白茶的核心产区。

根据溪龙乡黄杜村中尺度区域气象观测站资料,结合安吉县基本气象站观测资料,安吉白茶主要生长期（上年 11 月至当年 5 月）气候条件分析,平均气温为10.0 ℃,极端最高气温为 37.4 ℃（出现在 2011 年 5 月 20 日）,极端最低气温为－17.4 ℃（出现在 1977 年 1 月 5 日）;同期,降水量为 619 mm,雨日为 92.4 d;常年无霜期为 232 d,日平均气温稳定通过 10 ℃的回暖期在 3 月 26 日。安吉白茶生产主要气象灾害为:寒潮、雪灾、大风、持续低温冰冻、春季低温连阴雨、春霜冻、春旱等,其中,对白茶品质影响较重的主要气象灾害为春霜冻、春季低温连阴雨、旱害、冻害、春季积雪等。

2012 年 1—3 月上旬,该地出现了持续的低温阴雨寡照天气。根据气候资料统计,期间平均气温为 4.1 ℃,雨量为 310.4 mm,日照时数为 146.3 h。与历史同期气象数据相比,平均气温偏低 0.4 ℃;降雨量只比 2010 年、1998 年略偏少,位居历史同期第三少;日照时数创历史同期最低。

3 月中旬开始,天气好转,气温逐步回升。根据气候资料监测,3 月 14 日开始日平均气温已升至 10 ℃以上（图 10.1）,虽然 3 月 20 日前后出现了冷空气,由于势力较弱,没有出现霜冻等气象灾害,间歇性降水（图 10.2）,及时补充水分;同期,日照充足（图 10.3）,适宜的气象条件利于春茶芽的萌动、生长,以及茶叶品质的形成。

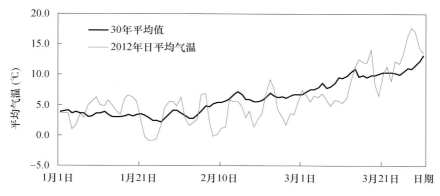

图 10.1　2012 年 1 月 1 日—3 月 31 日安吉逐日平均气温变化

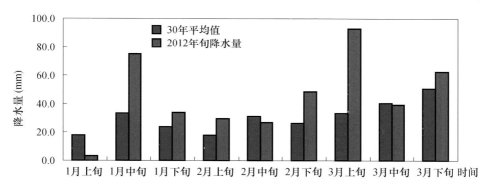

图 10.2　2012 年 1—3 月安吉旬降水量对比分析

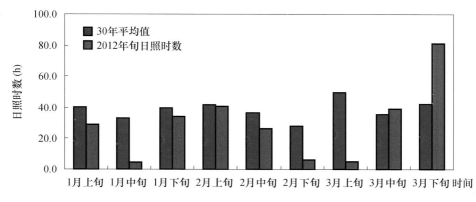

图 10.3　2012 年 1—3 月安吉旬日照时数对比分析

茶叶品质优劣与茶芽生长期的平均气温、湿度、光照等气象条件密切相关。根据安吉白茶前期生长气象条件分析，以及茶叶气候品质模型计算结果，茶叶气候品质指数为 2.3。参照表 10.1 气候品质等级划分标准，认定 2021 年 4 月大山坞茶场生产的安吉白茶气候品质等级为优。

10.4.2 2014 年江南天池安吉白茶气候品质评价

安吉县天荒坪天池茶场是专业生产"江南天池"牌安吉白茶企业。始创于 1995 年,创始人为严荣火,是"安吉白茶制作技艺"非物质文化遗产传承人。

安吉天荒坪天池茶场茶园,位于安吉县天荒坪镇大溪村横坑坞自然村,是安吉白茶原产地永久保护区。茶园基地位于 119.62°E,30.46°N,海拔在 500~800 m,以丘陵山地为主,野生茶资源丰富。茶园周围是竹海丛林,常年云雾缭绕,雨量充沛,光热充足,土壤肥沃,环境优美无污染,得天独厚的自然生态环境适宜于安吉白茶生长。茶园面积为 18 余公顷,每年可生产名优茶约 2250 kg。

根据安吉县天荒坪区域自动气象站监测资料,2013 年 11 月 1 日—2014 年 3 月 25 日,天荒坪天池茶场的平均气温偏高,降水量、降水日数和日照均正常(图 10.4~10.6),为茶芽萌动前的物质积累提供了充足的光温水条件。

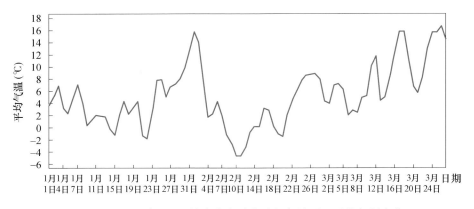

图 10.4 2014 年 1—3 月安吉大溪自动气象站逐日平均气温变化

2014 年 1 月平均气温达 5.7 ℃,创历史新高;月雨量偏少,月内雨水分布不均,主要出现在上旬后期到中旬前期、下旬后期;月内多晴好天气,日照充足,21—24 日虽然出现了阶段性低温冰冻天气,但总体气象条件利于茶树安全越冬。

2014 年 2 月冷空气活动频繁,气温跌宕起伏,低温雨雪天气居多,并伴有阶段性冰冻天气出现,其中上旬前期晴雨交替,气温较高;上旬后期到中旬后期先后出现了三次明显的低温雨雪天气,低温冰冻有利于杀死虫卵和病菌孢子,减轻后期病虫危害。

2014 年 3 月 11 日开始多晴好天气,气温呈现为上升趋势。根据区域自动气象站资料监测,15 日开始日平均气温稳定通过 10 ℃,18 日最高气温达到 28.0 ℃,光照充足,适宜的气象条件对茶叶生长非常有利,生长速度加快。预计 2014 年安吉白茶开采期为 3 月 28 日,采摘高峰期为 4 月上旬和中旬,是一年中茶叶品质最好的时期。

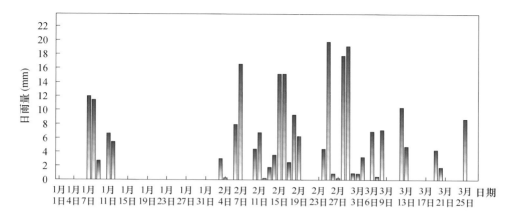

图 10.5 2014 年 1—3 月安吉大溪自动气象站逐日降水量变化

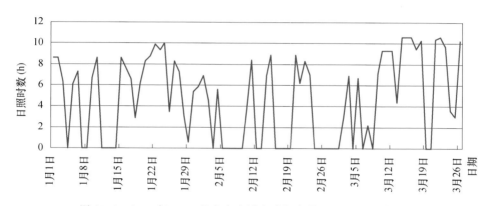

图 10.6 2014 年 1—3 月安吉大溪自动气象站逐日日照时数变化

据浙江省气候中心预测,2014 年 3 月下旬至 4 月中旬平均气温为 11～13 ℃,接近常年或略偏高;降水量为 100～140 mm,接近常年或略偏少。未来温度和降水适宜,气象条件对认证区域内的茶叶生长和品质形成比较有利。

茶叶品质优劣与产地气候条件和当年安吉白茶的生育期气象条件密切相关。经过现场勘查,结合当年气象条件分析,认定安吉县天荒坪天池茶场 2014 年 4 月 1 日—4 月 20 日生产的"江南天池"牌安吉白茶气候品质等级为"特优"。

10.4.3 2018 年黄杜村安吉白茶气候品质评价

黄杜村位于安吉县溪龙乡南侧。据统计,黄杜村现有茶园种植面积为 814.3 hm²,茶叶产值达 1.8 亿。全村总人口约为 1524 人,从事茶叶人员 820 余人,其中 90% 的家庭从事白茶种植、加工和销售,素有"中国白茶第一村"美誉。2011 年,建有万亩国家级生态白茶基地。

2004年8月,安吉县气象局在溪龙乡黄杜村布设了茶园小气候自动气象站,观测要素包括气温、降水、空气相对湿度、风向风速等。

根据黄杜村茶园小气候气象监测站资料统计分析黄杜村气候概况。近14年,黄杜村年平均气温为16.3 ℃,≥10 ℃活动积温为4863.2 ℃·d,≥35 ℃的高温日数为31 d,极端最高气温为41.7 ℃(出现在2013年8月7日),≤0 ℃的低温日数为48 d,极端最低气温为－13.1 ℃(出现在2011年1月16日);年降水量为1525.4 mm,年降水日数为159 d,年平均相对湿度为74.9%;年日照时数为1899.1 h,日照百分率为42.7%,太阳总辐射量为6574.1 MJ/m²。

黄村村春茶生长期气候概况。根据近14年茶叶生产资料统计,黄杜村安吉白茶平均开采期为3月26日,最早在3月21日(2006年),最晚在4月2日(2005年)。采摘周期单株为15～25 d,整个村为30～35 d。热量是决定茶芽萌动的主要因子,大多数品种茶芽萌动气象指标为日平均气温稳定通过10 ℃,当积温达到一定阈值即可开采。统计2005—2018年春季日平均气温稳定通过10 ℃的临界温度出现日期及其至开采期的活动积温和有效积温。结合生产实际,确定黄杜村安吉白茶萌动和开采气象指标。结果表明,黄杜村安吉白茶萌动气象指标为日平均气温稳定通过10 ℃,开采期气象指标为自萌动日起活动积温在(170±30)℃·d,有效积温为(50±10)℃·d。

影响黄杜村安吉白茶生产的主要气象灾害有春霜冻、冬季冻害、高温热害、大风等。其中,早春晚霜冻和夏季高温热害是最为主要的气象灾害。

2018年,在黄杜村安吉白茶春茶生长主要时段3月下旬至4月上旬,动态取样,委托农业农村部茶叶质量监督检验测试中心开展茶叶品质生化指标的检测。2018年黄杜村安吉白茶的氨基酸含量为5%～7%,茶多酚含量为17%～22%,水浸出物含量48%～50%。品质关键指标酚氨比值为2.4～3.5。

根据气候资料统计分析,黄杜村安吉白茶春季关键生长阶段(3月10日—4月20日),平均气温13.3 ℃,≥10 ℃活动积温为448.5 ℃·d,极端最高气温34.8 ℃(2013年4月15日),极端最低气温为－6.2 ℃(2010年3月11日),降水量为172.0 mm,平均相对湿度波动较明显,范围在61.5%～73.8%,平均值为68.4%,日照时数为230.8 h,日照百分率为44.2%,太阳总辐射量为837.3 MJ/m²。

2018年黄杜村安吉白茶开采期为3月26日,名优茶结束时间为4月6日。根据逐日气象监测信息,黄杜村安吉白茶名优茶叶采摘期内,平均气温呈稳定上升趋势,变化范围在11.7～16.3 ℃;平均相对湿度平稳下降,变化在74.4%～80.7%;平均日照时数3月平稳增加,4月变化较小,变化范围在4.8～6.8 h。应用茶叶气候品质指数模型,2018年黄杜村安吉白茶名优茶采摘期内茶叶气候品质指数为2.4～3.0(动态变化见图10.7)。参照国家气象行业标准《茶叶气候品质评价》(QX/T 411—2017)(全国农业气象标准化委员会,2017b)等级标准,黄杜村安吉白茶气候品质等级除采摘前两天(3月26日、3月27日)为优,其他时段均为特优。

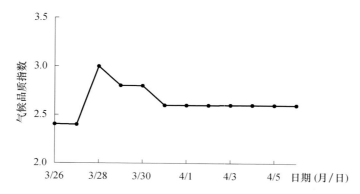

图 10.7　2018 年黄杜村安吉白茶春茶气候品质指数动态变化

统计分析 2015—2017 年,黄杜村春季安吉白茶生长期(3 月 10 日—4 月 20 日)平均气温为 13.3 ℃,降水量为 233.9 mm,平均相对湿度为 73%,日照时数为 202.4 h。评估这 3 年黄杜村春茶采摘期内的气候品质指数分别为 2.2～3.0、1.6～2.8、1.6～2.8,等级为优或特优。

10.5　安吉白茶气候品质认证

2013 年 11 月 7 日,《中国气象报》头版头条新闻专题报道《农产品的气候品质新名片——浙江省农产品气候品质认证工作纪实》(汪玲玲,2013)。

"地域范围为浙江安吉县溪龙乡大山坞茶厂 1、3、8 号茶园;主要生长期平均气温为 10 ℃,适宜白茶生长;认证结论为'优'"。2012 年春,随着大山坞白茶被贴上气候品质认证"优"的标签,浙江农产品拥有了自己的气候品质"身份证"。从此,农产品气候品质认证工作给浙江广大农民带来了看得见的好处。

(1)寻找气象为农服务新支点

浙江,素有"七山一水二分田"之说,各种气象灾害频发,农业具有高投入、高产出、高风险的特点,加之劳动力成本高,因此对开发利用气候资源潜力、提高特色农产品附加值的要求更为迫切。

近年来,浙江省委立足于转变农业发展方式,以粮食生产功能区、现代农业园区"两区"建设为抓手,突出推进产品优质化,在特色精品上下功夫,实施"品牌兴农"战略。

如何响应省委要求,基于部门优势,进一步开拓气象为农服务的新路子？浙江气象部门深刻地认识到,农产品也可以打造"气象品牌"。光照、湿度、温度等气象要素通过光合作用直接决定着农产品的产量和质量,优越的自然气候条件,是对农产品优质化的保障,也是赋予某一区域的"特色招牌"。

围绕惠农富农需求,浙江气象部门积极探索开展农产品气候品质认证工作。农产品气候品质认证工作是指天气气候对农产品品质影响的优劣等级作评定。具体而言,就是依据农产品品质与气候的密切关系,通过相关数据的采集收集、实地调查、实验试验、对比分析等技术手段方法,设置认证气候条件指标,建立认证模式,综合评价确定气候品质等级,最后统一颁发认证报告和认证标志。

在农产品的外包装上贴上邮票大小的气候品质"优"的标签,为农产品气候品质书写"身份"名片,这一创新之举有效提升了农产品的知名度和市场竞争力。

(2)科技成果转化现实生产力

农产品气候品质认证工作开展以来,浙江省气候中心组织技术人员通过走访全省各地农业专家、种养大户,针对当地特色优质农产品对气象要素的适宜度和敏感性进行沟通,明确各阶段主要气象条件可能对农产品产量和品质的影响。

"省气象局专门成立技术攻关团队,为农产品气候品质认证工作提供技术支撑。"浙江省气候中心主任姚益平说。气象科技人员进行大量的数据采集、实地调研、实验试验、比对分析工作,并在此基础上,形成了相关技术指标参数,建立茶叶、杨梅等优质农产品气候品质评价模型,通过试验对模型进行验证,形成较为科学的优质特色农产品气候品质评价系统,实现气候品质的广泛、快速认证。

浙江省气象局还先后多次牵头召开特色农产品气候品质认证研讨会,邀请农林、质监等部门专家研讨技术标准,就工作思路、技术路线、认证标准等深入讨论。由气象部门牵头、多部门专家联合论证通过《浙江省农产品气候品质认证工作规定》,对申请开展气候品质认证的农产品、认证流程、省市县气象部门业务分工、认证标识的应用等进行规定。

流程简、速度快、效率高,农产品气候品质认证工作获得普遍好评。在便民惠农的背后,是严谨的规范指引,是厚实的数据储备,是扎实的科技支撑。浙江特色农产品气候品质认证工作真正将气象科技成果转化为现实生产力,使农民受惠。

(3)助推高效生态现代农业发展

位于"中国美丽乡村"安吉的大山坞茶厂,自然景色优美,生态环境优越,但以往种植都是靠经验。该茶厂董事长盛潮湧说:"2013年,省气象局的专家专门对白茶产地的气候和生育期的气象条件进行鉴定,并针对白茶提出技术指标,在他们的科学指导下,白茶长势更好了。"大山坞白茶成为浙江省首批进行气候品质认证的农产品。

农产品气候品质认证在浙江各地相继推广。截至目前,浙江省已相继完成茶叶、杨梅、葡萄、柑橘、梨、水稻等4大类15个品种280多个单位的农产品气候品质认证,发放气候品质认证标识近300万枚。农产品气候品质认证有效提升了浙江特色农产品的知名度,部分农业企业通过气候品质认证建立了本地的特色品牌;同时提升了特色优质农产品的市场竞争力和产品的附加值,进一步掌握了影响农产品品质气候条件的时空分布,为加强农业小气候资源区划、合理开发利用气候资源、提高农产品质量奠定了基础。农产品的品牌影响力逐步扩大,为促进农村发展、提升农业效益、增加农民收入发挥了积极作用。

第 11 章 安吉白茶生产管理技术

安吉白茶生产管理技术主要包括茶苗繁育、茶园规划与种植、茶树栽培管理和茶叶采摘与加工四个方面。

11.1 茶苗繁育

11.1.1 育苗

安吉白茶苗木繁育的方法是短穗扦插。影响扦插成活率的因素包括插穗质量、扦插时间、扦插技术和插后管理等。

(1)母穗留养

母穗不仅关系到扦插成活率高低,还影响苗木的长势,培育好健壮的安吉白茶母穗是扦插工作的重中之重。一般以 5～10 年生长旺盛、无病虫害的母本园为好,苗圃需穗条 4500～6000 kg/hm²,可出圃茶苗 180～220 万株/hm²。

母本园应在头年冬季施农家肥 37500～75000 kg/hm² 和饼肥 1500～2250 kg/hm²,春茶后期将养穗母树离地深剪 40 cm,施饼肥 1500～2250 kg/hm²。培养夏梢,当新枝长到 6～8 片叶时打顶,再过 10～15 d 即 8 月上中旬剪穗扦插。每千克穗条可剪扦插短穗 400～450 个。

(2)苗床整理

选择交通方便,旱能灌、涝能排的旱地。苗圃地施腐熟饼肥 1500～2250 kg/hm² 和过磷酸钙 300 kg/hm²,肥泥均匀拌和。苗床畦宽 120～150 cm,畦长 10～15 m,高 15～20 cm。苗床表层铺分筛过,颗粒细匀的酸性红黄壤土,土层厚 5～6 cm,铺后压实,画扦插行,每行宽 7 cm。

(3)扦插时间

扦插育苗以秋季 8—10 月最好,地温、气温均在 25 ℃ 以上。一般插后 30 d 左右发根,45 d 左右齐根。生长期对培育壮苗十分有利,长根快,成苗率高,管理周期短。秋季扦插宜早不宜迟。

(4)扦插技术

当天剪当天扦插。剪穗应选择枝条 1/3 茎已褐色的枝条,剪取穗长 3～4 cm,每个穗上应具有 1 个饱满腋芽和 1 片健全真叶,剪口斜向与叶向一致。宜在上午阳光较弱时剪穗,下午阳光转弱扦插最佳。

扦插前将土喷湿,不粘手时,按行距 7 cm 将插穗斜插入土中,深度以露出叶柄为度,过猛会将土压实,插穗 225 万～300 万枚/hm²。插后立即充分浇水,搭棚遮阴,避免日光强烈照射,减少水分蒸发,利于成活。插后立即盖好荫棚,荫棚高 35～50 cm,上覆弓形遮阳网。

11.1.2 插后管理

(1)浇水。扦插初期,因插穗未发根,要经常保持土壤湿润,以保持土壤含水量 70%～90% 为宜。未发根前,要勤浇水,晴天早晚各一次,阴天 1 d 浇 1 次。发根后隔天或几天浇水一次,保持土壤湿润。大雨后注意排水。

(2)荫棚。冬季加覆地膜保温,但棚内气温偏高时应及时通风和去除地膜。当插穗腋芽长出 2～4 片叶时,根据天气情况,可揭去遮阳网,露天进行炼苗。

(3)除草。发现杂草要及时拔除。及时剪除短穗上的茶果。

(4)施肥。适量施肥,少量多次。扦插苗初步形成根系后,可施追肥。初期施肥要淡,以后随苗木长大逐渐加浓,前期追肥用 0.2% 的尿素水溶液,第二年开春后施稀释 100 倍尿素或 0.5% 硫酸铵尿素溶液,以后每月一次。

(5)病虫防治。在虫害发生季节要注意经常检查,发现后应及时喷药防治。苗期常见的病有茶小绿叶蝉、茶蚜、螨类、茶赤叶斑病、茶褐色叶斑病,扦插后 7～10 d 喷一次半量式波尔多液,入冬前再喷一次,或 75% 托布津 1000 倍或 65% 代森锌 600 倍。

(6)出圃苗标准。合格安吉白茶苗高不低于 20 cm,茎粗不小于 1.8 mm,分枝、着叶低、无病虫为害。

11.2 茶园规划与种植

11.2.1 园地选择与规划

(1)园地选择。园地应选择交通方便,远离公路和"三废",生态环境优良,土壤肥沃,土层深厚,pH4.5～6.5 的微酸性的壤质土。过黏则通透性差易板结,过砂保水保肥性差易受旱害。园地坡度宜在 25°以下,以坐西南朝东北向为上。

(2)园地规划。选址后进行全面规划。茶园开垦应注意水土保持。根据基地规模、地形和地貌等条件,设置合理的道路系统;建立完善的水利系统,做到能蓄能排。新建茶场根据地形地貌,因地制宜设置场部、种茶区、道路和排灌系统,以及防护林、隔离带和绿化区。做到"头戴帽、脚穿鞋、腰系带"。

在规划中要设计好园区主、支干道,要求主、支干道互通,坡地茶园主干道应为 S 型,不能直上直下,道路两旁种植行道树。树种可选择香樟、红叶石楠、无患子、杜英等常绿阔叶树。

园区内水利设施规划要做到山顶、山腰有蓄水池，山脚有水塘，园区内沟渠相通，做到小雨不出园，中雨、大雨能蓄能排，有条件的地方应建固定喷灌设施或移动式喷、滴灌系统。

（3）茶园开垦。开垦分初垦和复垦两次。初垦开垦深度在 50 cm 以上，去除地上部原有植被、树根和石块等杂物，让太阳暴晒；复垦深度在 30 cm 以上，同时做种植行，15°以下缓坡地，水平种植，将树根、石块等置于行边作坝，建成土石相交的梯坎；坡度 15°～25°要求筑等高梯田，并且内低外高，建石坎以防止水土流失。

（4）开沟与施肥。茶苗须根发达而无主根。因此，种植沟内土壤环境的好差，直接关系到根系的发育与生长，从而影响地上部的生长。种植沟要求宽在 50～60 cm、深为 60 cm。如是生荒地，要把操作行的面土回填沟内，以提高沟内土壤的肥力。如在熟地上栽植，要进行底土与表土交换，即把表土埋入底层，底土留在表面，以预防根结线虫病与杂草的危害。

为保证新建安吉白茶园早生、稳产和丰产，对种植沟内的土壤必须进行深翻及施足有机肥。施入沟内的基肥以土杂肥、饼肥与迟效化肥为主。沟深达到 60 cm 以后，再深翻一遍，然后施入堆肥 45000 kg/hm² 或栏粪 37500 kg/hm²，均匀地铺在底层，覆上一部分土后拌匀，再覆上 30 cm 厚的土层。第三层施入饼肥 3000～4500 kg/hm²，与土拌匀，覆上厚 10 cm 的土层，这样底土离地面沟深 15～20 cm。

11.2.2　种植

（1）品种选择。安吉白茶园选用"白叶一号"茶树品种。"白叶一号"是由浙江省安吉县农业局与安吉县林科所从当地茶园中发现的一棵单株，采用单株选育而成的灌木型中叶类无性系良种。1998 年通过浙江省品种认定。由于该品种在春芽萌发至一芽二叶期，其芽叶表现为白色，加之鲜叶中氨基酸含量特高，因而被专家认定为具有特殊利用价值的茶树品种。在浙北茶区发芽期一般是 3 月下旬，一芽二叶盛期在 4 月中旬，此时，新梢呈白色，但成叶和夏秋季新梢呈浅绿色，分枝和发芽密度中等，育芽能力较强，抗逆性弱。适制名优绿茶，制作的白茶具有滋味鲜爽，香气清高，叶底玉白的品质特征。

（2）茶苗移栽。在栽植以前，要对合格茶苗进行进一步挑拣与分类，把优质苗与一般苗分开，分开栽植便于根据不同情况制订相应的管理措施。栽植时按单条双株的尺寸分发茶苗于种植沟内，理直根系后填土，当土填到泥门时，扶正踏实，浇上定根水。有条件的施 1500 kg/hm² 有机无机复合肥，再覆上表土，超过泥门 5 cm 左右，距地表 10 cm。移栽种植时间为 10 月中下旬—11 月下旬或 2 中旬—3 月上旬。种植行株距为 120～130 cm×30 cm。种植数量为 15°以下坡地茶园用苗 49500～52500 株/hm²。移栽时要求当天取苗当天移栽，种植时边挖种植穴边种植，每穴 2 株，茶苗大小均匀。若移栽时天气干燥，茶苗要先用黄泥浆水蘸根再移栽。种植后马上定型修剪，定型高度为 12～15 cm，留 3～4 片叶，不宜过高。

（3）铺草保水。栽种以后立即铺草效果最好，但在夏季来临前应再加铺一次，才能达到抗旱保苗的最佳效果。为了提高抗旱保苗的成功率和降低成本，生产上常在出梅以前铺草，其效果更好。一般铺干草 15000 kg/hm² 或鲜草 37500 kg/hm²。铺草前应进行除草、施肥，草要铺在茶行的两边，特别是小行间一定要铺上。

（4）浇水抗旱。若苗期出现旱情，应立即浇稀薄粪水抗旱。具体在早晨或傍晚，用 10% 的人粪水浇苗，一星期浇 2～3 次，直到旱情解除。

（5）除草保苗。栽种以后，种植行间常有杂草生长，应做到见草就除。如一时错过季节，部分杂草较大，也要在尽量不伤苗的情况下拔除杂草。栽种当年，茶树行内禁止松土，以免伤根。同时禁止使用各类除草剂，以免影响茶苗正常生长。

11.3 茶园栽培管理

11.3.1 施肥

茶树是一种多年生常绿植物，一年中多次采收嫩梢、嫩叶，养分消耗大。为了保证茶树新梢不断的旺盛生长，应源源不断地供应养分。因此，施肥是增加产量、提高品质的重要措施。茶园施肥除了满足茶树生长所需的养分外，更应讲究施肥的经济效益，达到节约用肥、提高肥效、减少流失、改良土壤的目的。

"白叶一号"品种与其他茶树品种不同，其他茶树品种需要氮肥量较多。"白叶一号"品种在幼龄期要多施一些含氮高的速效肥料，促使茶树快速生长早日形成采摘面。在茶园进入开采后，则要适当控制氮肥的使用，特别是早春的催芽肥不能施，施用后茶芽叶片中叶绿素形成加速，茶芽玉白程度受到影响，进而影响茶汤风味爽滑度。

安吉白茶生产茶园每年施肥 2～3 次，分别在春茶结束后、梅雨季节和入冬前进行。

第一次施肥：一般在春茶结束后（4 月底或 5 月初）进行，开沟施有机肥 1500～2250 kg/hm² ＋复合肥 300 kg/hm²。

第二次施肥：6 月中下旬～7 月上旬视茶树生长情况而定。夏梢生长旺盛的免施，夏梢生长较弱的施速效肥 300～450 kg/hm²。

第三次施肥：一般在初秋（9 月中下旬～10 月初）施基肥，用量为施饼肥 2250～3000 kg/hm² ＋复合肥 300～450 kg/hm² 或商品有机肥 4500～5250 kg/hm² ＋300～450 kg/hm² 复合肥。

施肥要求开沟深施，深度在 20～30 cm，施肥后覆土。

11.3.2 耕作

茶园耕作可以改良土壤的性状，使之适合茶树生长需要。合理的耕作可以改善土壤的物理结构和水、气状况,翻埋肥料和有机质,熟化土壤,增厚耕作层,提高土壤保肥和供肥能力,有利于茶树根系对养分和水分的吸收。同时还可以清除杂草,减少病虫害。"茶地不挖,茶芽不发",充分说明了茶园耕作的重要性。安吉白茶园耕作主要包括浅耕和中耕。

一般茶园每年结合茶园除草进行浅耕、中耕各一次。干旱季节浅耕可以减少土壤水分蒸发,保持土壤含水量,同时使病虫虫卵和蛹暴露于地表而死亡。茶园耕作可结合施肥除草进行,浅耕时间为每年 4 月底—5 月上中旬,中耕时间为 7—8 月。

11.3.3　水分管理

植物生长离不开水。茶树生长需要一定水分,但茶树又是怕涝的植物。茶树在幼龄期对水的要求比较敏感,到了成龄茶园,茶树抗旱能力相对较强。

幼龄期茶园在种植当天要浇透水。1～2 龄幼龄茶园,如遇半月以上高温干旱应浇水,浇水时一次性浇足且持续浇水至旱情结束。如遇连续阴雨应及时做好茶园清沟排水。茶园的排灌系统应做到"大雨能排清,小雨不出园"。有条件的茶园建议安装喷灌系统,旱可灌溉,早春可以防霜冻,还可以实现水肥一体化,做到精准施肥和水分管理。

11.3.4　修剪

安吉白茶园树冠的高低、大小、形状、结构,直接影响茶树的产量和质量。自然生长的茶树,树姿直立、高大,侧枝短小,芽叶立体分布,难以养成"宽、密、壮、茂"的优质高产型树冠,应采用人为的修剪措施,剪除茶树部分枝条,使树冠向外围伸展,培育树冠骨架粗壮、分布均匀,高度适中,生产枝健壮、茂密,从而达到持续优质、高产、高效的目的。安吉白茶幼龄茶园进行三次定型修剪,成龄茶园根据茶树长势,进行重修剪和台刈。

(1)幼龄茶园修剪。一般进行三次定型修剪。第一次是种植当天,定干高度为12～15 cm,留 3～4 片叶;第二次修剪为翌年的春茶后,高度在原剪口基础上提高10 cm;第三次定干为第三年的春茶打顶后,高度在上年度基础上再提高 10 cm,经过三次定型修剪基本养成了树冠主干枝条。

(2)成龄茶园修剪。从种植的第四年起,茶园逐步进入了生产期。安吉白茶园培养的是立体型的采摘树冠,按国家标准《安吉白茶》(GB/T 20354—2006)(全国原产地域产品标准化工作组,2006)规定,芽叶玉白经脉翠绿是标准之一,"白叶一号"茶树品种幼嫩芽叶在早春气温 19～23 ℃时呈玉白色,后随温度升高转为花白最后转为绿色,所以安吉白茶园只生产一季春茶。为减少养分的不必要消耗和培养立体式树冠,每年在春茶结束后及时进行重修剪,修剪高度掌握在 40 cm 左右,生产 5～10年后出现较多鸡爪枝时可以进行一次离地 15～25 cm 左右的台刈修剪。对种植相对较密,且茶园已封行的,须定期对茶树进行修边处理。修剪可以用单人修剪机或双人修剪机。

（3）修剪时间。修剪时间宜早不宜迟，最晚不能超过5月中旬。随着6月高温天气来临，越晚修剪对夏梢生长越不利。

11.3.5　病虫害防治

遵循以防为主，综合防治。以农业、物理、生物防治为主，化学防治为辅；努力营造茶园生物多样性生态系统，实现以虫抑虫、以虫治虫，形成良好的生态循环系统，在不影响产量的前提下尽量少用或不用化学农药，确保安吉白茶产品安全。

（1）常见虫害和防治方法

安吉白茶园茶树害虫主要有茶小绿叶蝉、黑刺粉虱、茶橙瘿螨、茶跗线螨、茶叶瘿螨、长白蚧、红蜡蚧、茶黄蓟马、蚜虫、茶尺蠖、茶毛虫、茶黑毒蛾、茶卷叶蛾、茶刺蛾、扁刺蛾、茶蓑蛾、茶丽纹象甲等。其中以茶尺蠖、茶小绿叶蝉、黑刺粉虱、茶叶害螨发生较为严重。

①茶尺蠖。幼虫咬食叶片，严重时叶片和新梢均被食尽，形成秃枝。一年发生5～6代。第一代幼虫高发期在4月上中旬；第二代5月下旬—6月上旬；第三代6月中旬—7月中旬。以后每月发生1代。初孵幼虫常聚集在树冠面上，形成"发虫中心"，成虫具有趋光性。

防治方法：

一是在发生严重的茶园中，冬季结合深耕，将越冬虫蛹深埋入土内，或翻至土面致其死亡。

二是喷施病毒制剂。在三月上中旬，气温在23 ℃以下，虫龄在1～2龄幼虫期，用多角体茶尺蠖病毒制剂2250亿个/hm²～10500亿个/hm²喷施，或结合茶园封园进行防治。

三是灯光诱虫。茶尺蠖成虫具较强的趋光性，可采用灯光诱杀成虫，降低下一代虫口数量。

四是药剂防治。可采用矿物油、苦参碱、藜芦碱、鱼藤酮等植物源和矿物源药剂；或50％辛硫磷800倍、联苯甲维盐、5％除虫脲喷施。

②茶小绿叶蝉。成、若虫均用刺吸式口器吸食芽叶汁液，受害芽叶沿叶缘变黄，叶脉变红，芽叶生长停滞。一年有两个发生高峰期，第一个高峰期5月中旬—6月中下旬，第二个高峰期8—9月。时晴时雨的天气有利于发生。茶小绿叶蝉第一个高峰期来临时，修剪后的夏梢生长有20 cm以上，可以不用防治，任其危害茶芽顶端，去其顶端优势促进侧芽分枝。如因修剪时间过迟，夏梢生长量在10 cm以内，有茶小绿叶蝉危害应及时进行防治。

防治方法：

一是清除茶园杂草，及时分批采摘鲜叶。

二是色板诱捕。在春茶结束至夏茶期间若虫高峰期之前进行防治。茶园插天敌友好型色板 150～225 块/hm² 进行诱捕。

三是药剂防治。用苦参碱或 50％辛硫磷 1000 倍液防治,或在成虫高峰期喷洒 22％螺虫乙酯 30 ml 或吡虫啉 525～750 g/hm²。

③黑刺粉虱。以幼虫于叶背吸取茶树汁液,并排泄蜜露,诱发霉病发生,严重时茶树一片漆黑,育芽能力差,发芽迟,芽叶瘦弱,茶树落叶严重。该虫一年发生 4 代,在茶树郁蔽、阴湿的茶园中发生严重,窝风向阳洼地茶园中的虫口密度往往较大。

防治方法:在发生高峰期可选用黄板性引诱,吸引黑刺粉虱成虫,茶园插黄板 100～150 块/hm²。

④螨类。主要有茶橙瘿螨、茶叶瘿螨和茶短须螨。主要为害成叶,被害叶片黄绿色,无光泽,叶正面主脉红褐色,叶背形成锈斑,叶片变厚,嫩芽叶萎缩,严重时茶园呈现一片铜红色,状如火烧,后期大量落叶。第一个高峰期在 6 月上中旬(梅雨季节),第二个高峰期在 8—9 月的秋雨季节。随温度升高虫口会自然消长。高温干旱则不利于螨虫的发生。

防治方法:

一是及时分批采摘可带走大量的成螨、卵、幼螨、若螨,是十分经济且有效的防治措施。

二是药剂防治。秋末气温低于 18 ℃后,茶园喷施 45％的晶体石硫合剂 150～200 倍液或 99％矿物油封园。药剂防治应在傍晚光线较弱时进行,用水量充足且药剂必须喷施在叶片的背面,才能起到较好的防治效果。

(2)常见病害和防治方法

安吉白茶园茶树病害主要有茶白星病、茶芽枯病、茶炭疽病、茶褐色叶斑病、茶赤叶斑病和茶煤病。

①茶白星病。主要为害成叶和嫩叶,先在叶片上产生圆形褐色小斑,中央凹陷呈灰白色,边缘暗褐色或紫褐色,属低温高湿型病害。高山茶园较易发病。

防治方法:加强肥培管理,增施有机肥和钾肥,及时采摘和修剪,增强树势。在春茶芽叶初展期,可选用 70％甲基托布津 1500 倍液或 50％多菌灵 1000 倍液、50％托布津 1000 倍液喷施。在重发病区间隔 7～10 d,再重复喷药 1 次。

②茶芽枯病。主要为害幼嫩芽叶,有时还为害嫩梢。病斑开始在叶尖和叶缘发生,呈黄褐色,以后扩大成不规则形,无明显边缘。属低温高湿性病害。

防治方法:在春茶期间实行早采勤采,尽量少留嫩叶在茶树上,减少病菌的侵害。可选用 70％甲基托布津 1000～1500 倍液或 50％多菌灵 800 倍液。停采茶园可喷洒 0.6％～0.7％石灰半量式波尔多液进行保护。

③茶炭疽病。先从叶缘或叶尖产生水浸状暗绿色病斑,病斑与健壮部位分界明显,发病严重的茶园可引起大量落叶。全年以梅雨期和秋雨期发生最重。一般偏施氮肥或缺少钾肥的茶园、幼龄茶园及台刈茶园发生较多。

防治方法:加强茶园培育管理,做好积水茶园的开沟排水,秋冬季清除落叶。同时选用抗病品种,适当增施磷钾肥,增强抗病力。防治药剂与茶芽枯病防治相同。

④茶褐色叶斑病。主要为害叶,多从叶缘处开始现褐色小点,后扩展成圆形或半圆形至不规则形紫褐色或暗褐色病斑,上生灰褐色小粒点,病健部分界不明显。病菌以菌丝块(菌丝体或子座)在病树的病叶及落在土表上越冬,翌春条件适宜时,借风雨传播。该病属低温高湿型病害。每年早春和晚秋,即 3—5 月和 9—11 月发生居多。遭受冻害、缺肥或采摘过度,茶园排水不良、湿气滞留发病重。

防治方法:增施有机肥。加强茶园管理,做到合理采摘,采养结合。做好清沟排渍工作,雨后及时排水,以减轻发病。晚秋发病初期及时喷洒 70%甲基托布津可湿性粉剂 1000 倍液或 50%苯菌灵可湿性粉剂 1500 倍液、75%百菌清可湿性粉剂 700 倍液,也可用 0.6%~0.7%石灰半量式波尔多液或 12%绿乳铜乳油 600 倍液。

⑤茶赤叶斑病。主要为害叶片。多从叶尖或叶缘处开始产生浅褐色病斑,后扩展到半叶或全叶,形成不规则形大型病斑,病斑颜色较一致呈深红褐色至赤褐色,边缘具深褐色隆起线,病健部分界很明显,后期病部生出略凸起的黑色小粒点,即病原菌的分生孢子器。该病属高温高湿型病害,5—6 月开始发病,7—8 月进入发病盛期。茶园缺水,抗性下降易诱发该病。向阳坡地、土层浅或梯田茶园发生较重,致整个茶园呈红褐色焦枯状,落叶严重。

防治方法:

一是增施酵素菌或 EM 活性生物有机肥,改良土壤理化性状和保水保肥,是防治该病的有效措施。

二是夏季干旱要及时灌溉,合理种植遮阴树,减少阳光直射,防止日灼。

三是夏季干旱到来之前喷洒 50%苯菌灵可湿性粉剂 1500 倍液、70%多菌灵可湿性粉剂 900 倍液或 36%甲基硫菌灵悬浮剂 600 倍液。

⑥茶煤病。该病发生时,先在叶片表面发生圆形或不规则形黑色霉层。茶煤病常与黑刺粉虱、蚧虫或蚜虫的严重发生密切相关。低温潮湿的生态条件、虫害发生严重的茶园均可引发此病。

防治方法:加强茶园管理,适当修剪,以利通风,增强树势,可减少病害。加强茶园病虫害防治,控制粉虱、蚧类和蚜虫,是预防茶煤病的有效措施。在早春或深秋茶园停采期,喷施 0.5 波美度石灰硫黄合剂,防止病害扩散,还可兼治蚧、螨;也可喷施 0.6%~0.7%石灰半量式波尔多液,抑制病害发展。

11.4 采摘与加工

11.4.1 采摘

以茶树蓬面每平方米达到 10~15 个标准芽时开采,应分批多次勤采。采摘按标准采一芽一叶或一芽二叶,芽叶成朵,大小均匀,不带老叶、鱼叶,不采病虫叶,留柄要短。采摘时采用双手或单手提采,轻采轻放,盛装物用竹篓,贮运用竹筐,鲜叶不能挤压,及时送加工厂摊放,以确保鲜叶质量。

鲜叶采摘做到五分开:

一是幼龄茶树鲜叶与成年茶树鲜叶要分开;

二是长势不同的鲜叶要分开,特别是受过冻害、病虫害,老叶少的茶树鲜叶要分开;

三是晴天叶与雨天叶要分开;

四是不同地块的鲜叶分开。特别是阳坡与阴坡茶树鲜叶,山上和水田的茶树鲜叶要分开;

五是上午采的鲜叶与下午采的鲜叶要分开。

因为不同的鲜叶,它们的芽叶大小、叶张厚薄、颜色深浅、茎梗粗细、水分含量都不一样。

成年茶树的鲜叶,梗子细、叶张薄,炒制时要求温度低一些。若将它与幼龄茶树的叶张厚、芽头大、梗子粗的鲜叶混在一起炒制,结果会使前者由于温度太高而出现焦边,后者由于温度不够高而出现红梗红叶。

又如阳坡茶树的鲜叶,色泽亮绿,芽短粗,节短,叶片着生角度大。阴坡茶树的鲜叶则相反,平地茶叶色绿且发乌。若将它们混在一起炒制,会导致干茶色泽花杂,长短不一。

在重视采摘的同时,对受过冻害、病虫害的茶树要重视留叶养蓬,保证修剪后成活。

11.4.2　加工

安吉白茶加工工艺流程为:鲜叶摊放—杀青理条—初烘—摊凉回潮—复烘—整理入库

(1)鲜叶摊放。摊放的目的,一是为了降低茶叶中水分含量,提高工效和节省能源,降低成本,减少能源消耗和炒制时间。二是摊放过程中茶叶形成特有的芳香物质,鲜叶经过摊放后再炒制成的干茶,色泽金黄或翠绿、无团块、表面光洁,茶叶品质明显提高。

鲜叶到厂后,需马上分开摊放。安吉白茶鲜叶细嫩,应将鲜叶摊放在竹匾上。摊放过程中避免阳光直射、风吹。

摊放厚度,一般以隔鲜叶能见到竹匾为宜。如果炒制原料供应不上,可以摊薄一些;遇到天气干燥,炒制来不及,摊放可以稍厚一些。但不能太厚,否则会使鲜叶发热变红。摊放程度为茶树鲜叶变软,手捏茶叶茶梗不顶手为宜。摊放时间为 4～8 h。

摊放过程中抛抖等动作要轻,并且不随意翻动鲜叶,否则会损伤芽叶,产生红变,影响干茶品质。

（2）杀青理条。杀青即通过高温破坏鲜叶组织，使鲜叶内含物迅速转化。用多功能机杀青理条，杀青时转速先慢后快，逐步提高，叶温从烫逐步降到比较热，锅内湿度逐步降低。理条前期转速慢，以理直条形，后期转速加快，以茶叶在锅中纵向整齐排列为佳。湿度可用风机控制，以保持适宜的理条时间。待条索挺直、紧结时出锅摊凉。

①杀青原则。一是高温杀青，先高后低。目的是破坏茶叶中酶的活性，防止红变。

二是抛闷结合，先闷后抛。闷有提高叶温破坏酶活性和加速化学物质分解的作用，抛有散发水汽、青草气的作用，抛闷结合有利于干茶鲜活色泽和香气的形成。

三是嫩叶老杀，老叶嫩杀。嫩叶含水量较高，酶的活性较强，在杀青中所需要的热量较多，若不老杀，容易产生红梗红叶。老叶水分含量相对少，纤维素含量高，若杀青过老，易产生焦边。

②杀青要点。采用多功能理条机，槽体温度 250～300 ℃。投叶量 750～1000 g，时间 5～7 min。杀青叶含水量在 60% 左右，即手握叶质柔软，失去光泽变成暗绿色，青草气散失，清香透出。进入下一步理条阶段。

③理条要点。采用多功能理条机，锅温下降到 90～120 ℃，时间 4～6 min。理条后茶叶失水率在 75% 左右。当叶色转暗绿，叶质柔软，折梗不断，无青气、无焦边、无红梗红叶，茶香透露为适度。

（3）初烘。采用履带式或五斗式烘干机进行烘干。烘干机温度达到 100～120 ℃时，或斗温在 80～90 ℃时开始上叶，将理条叶均匀薄摊于烘网或斗盘上。5 min 后上下翻动一次，烘干时间 8～10 min，失水率在 85%～90%，烘至茶梗略硬，即可出锅。

（4）摊凉回潮。初烘叶堆放在竹匾中，堆放厚度为 20～30 mm，时间为 20～30 min，茶叶中水分均匀即进行复烘。

（5）复烘。采用微型烘干机或箱式烘干机烘干。温度 80～90 ℃，时间 20～30 min，用手指捻能成粉末，茶叶含水率达 5% 左右下烘。

（6）整理入库。采用风选机去除茶叶中的黄片、碎末等，装箱编码入库。

第 12 章　安吉白茶气象指数保险

农业气象指数保险是帮助农民应对极端自然灾害的一种风险处理机制。它是指把一个或几个气候条件(如气温、降水、风速等)对农作物损害程度指数化,每个指数都有对应的农作物产量和损益,保险合同以这类指数为基础,当指数达到一定水平并对农产品造成一定影响时,被保险人就可以获得相应标准的赔偿。农业气象指数保险,相比传统农业保险具有显著优势,对于解决农民风险管理问题具有重要意义。安吉白茶气象指数保险是国内首创的新型保险模式,该保险理赔的依据是气温和降水量数据,当气温或降水量达到理论设置的触赔点,即进入保险白茶理赔程序。安吉县于 2015 年在浙江省率先开展茶叶气象指数保险试点工作,6 年来平均赔付率达 132.12%,极大地挽回了茶农的经济损失,增强了安吉白茶抵御气象灾害风险的能力。

12.1　安吉白茶气象指数保险概况

12.1.1　农业保险的目的

农业是风险性行业,农业气象灾害是危害农业生产最主要的自然灾害。随着全球气候变暖影响的日益明显,农业气象灾害发生的频率越来越高,强度也不断增加。安吉地处浙江西北部,遭受气象灾害的种类繁多,频率较高,影响严重,每年因气象灾害造成的经济损失占到自然灾害总损失的 70% 以上。由于农村的气象防灾减灾能力不足,依靠农户自身的力量难以承担台风、洪涝、霜冻、干旱等灾害的农业风险(张恒 等,2012)。

为了提高农业防灾减灾能力,防范化解农业生产风险,降低农业受灾损失,增强农业抗风险和灾后恢复能力,一个较为有效的方法就是实施农业保险。农业保险是专为农业生产者在从事种植业、林业、畜牧业和渔业生产过程中,对遭受自然灾害和意外事故等保险事故所造成的经济损失提供保障的一种保险。由于农业保险的高风险性和农户有限的支付能力,一般来说,农业保险不属于商业性保险的范畴,而是国家为稳定国民经济基础、加强农业保护、维护农村社会稳定而实行的一种政策。

政策性农业保险将财政手段与市场机制相对接,可以创新政府救灾方式,提高财政资金使用效益,分散农业风险,促进农民收入可持续增长,属于 WTO(世界贸易组织,下同)所允许的支持农业发展的"绿箱"政策,是各国政府保护、促进农业发展的有效工具之一。近年来,随着我国政府对"三农问题"的高度重视,政策性农业保险在我国已经展开了几年,并取得了一定的成果(马雪莲,2016)。

12.1.2 农业气象指数保险

20 世纪 80 年代以来,国外不断创新农业保险产品,有效减轻和降低了以灾损为保险责任的传统农业保险中存在的理赔成本高、效率低以及道德风险等弊端,促进了农业保险的发展。在国外气象保险指数产品设计的基础上,结合浙江省政策性农业保险的实践及区域产量保险产品的优点,提出并设计了农业气象指数保险。

农业气象指数保险,是指将某个或某几个气象要素(如气温、降水、风速等)对农作物的损害程度指数化(范红丽 等,2015),每个指数对应农作物的产量和损益,保险合同以这种指数为基础,当指数达到一定水平并对农产品造成一定影响时,投保人就可以获得相应标准的赔偿(武翔宇 等,2012)。

农业气象指数保险,相比传统农业保险具有显著优势,对于解决农民风险管理问题具有重要意义。但是它也有其独特的局限性,主要体现在基差风险的存在和数据信息采集上。发展气象指数保险的过程中会遇到很多困难,要求气象指数保险在设计产品之初,就必须做好气象指数保险的可保性的研究。从技术层面积极寻求突破,合理设计使用气象自动站、遥感卫星等数据资料的农业气象指数保险产品,可以一定程度上解决数据采集的问题。目前我国在推进气象指数保险的试点工作,对于发展气象指数保险是一个机遇,也是挑战。

12.1.3 安吉白茶气象指数保险

安吉白茶("白叶一号")是一种珍罕的变异茶种,属于"低温敏感型"茶叶,低温冻害是白茶嫩芽面临的主要农业风险之一。春茶是安吉白茶的最主要产值来源,每年大部分白茶只采春茶一季。所以影响安吉白茶生产的自然灾害主要在春季 3—4 月,在这个时期安吉白茶易受低温霜冻灾害("倒春寒")影响导致茶树发芽率降低,鲜茶产量降低,品质下降,地势低洼处尤甚,特别是当茶芽萌发后,遇有气温降至 0 ℃以下冷空气影响时,一般均会发生冻害,茶芽被冻坏。遇有持续低温时白茶生长缓慢,白茶采收受影响,而低温霜冻将致使经济收入明显下降,严重的将导致当年无收。如 2016 年受倒春寒影响,全县 5333 hm² 白茶不同程度受灾,减产 60 t,直接经济损失近亿元(白艳,2019)。

农业灾害造成的损失差异大,灾后需要大量的人力、物力勘查定损,理赔时效低、成本高、灾损评估误差大,这些因子是造成中国农业保险市场失灵的主要因子之一。国际金融保险界从 20 世纪 80 年代以来,先后开发了两个农业保险产品:区域产量指数保险和气象指数保险。区域产量指数保险是当保单持有者的农作物发生了灾害损失时,只有在整个地区的平均产量低于保险产量时,才能得到保险赔款的农业保险模式。

传统农业保险模式对于茶叶种植地域覆盖、地质经纬度、气象统计以及人工勘察都格外复杂,具有难以想象和实现的工作量,困难程度人力无法克服。且操作复杂,保险公司和投保人双方在查险、定损、理赔、估价等方面往往存在较大的分歧,从而限制了农业保险业务的推行。

气象指数保险与大灾后实际的农作物受损状况无关,不存在逆选择和道德风险,无须逐户勘查定损。因此,安吉县人民政府、安吉人保财险及浙江省气候中心多方协作,对当地气候特征、历年气象灾害进行统计汇总,对白茶种植经纬度与地质状况反复认证,提出并设计安吉白茶气象指数保险,因地制宜,具有强大的理论与实际依据,对安吉白茶进行风险保障。

安吉白茶气象指数保险是国内首创的新型保险模式。开展白茶气象指数保险,目的是希望白茶能够像水稻、葡萄、蔬菜等政策性农业保险产品一样得到更大的风险保障。该保险理赔的唯一依据是气温数据,当气温达到理论设置的触赔点的温度,即进入保险白茶理赔程序。这是气象指数保险与传统保险的根本区别,也是气象指数保险试点工作得以顺利推进的基础。

12.1.4　安吉白茶气象指数保险的优势

与传统农业保险(表 12.1)相比,安吉白茶气象指数保险风险保障能力更有优势。因为在以往的农业保险中,由于自然条件的差异,白茶受灾造成的损失也相差较大,灾后需要投入大量的人力物力勘察、定损,灾后评估误差大,可能存在投保人故意隐瞒信息和行为的道德问题。而白茶气象指数保险充分利用现有的气象数据,使白茶保险费率的厘定和风险区域的规划都以客观数据和科学方法为基础,避免了主观臆断,有利于农业保险费率的科学厘定。灾害发生后依靠气象部门实际测得的气象数据来计算赔付金额,所以基本不存在投保人故意隐瞒信息和行为的问题,这就有效降低了保险公司的保险成本,减少了纠纷。气象指数保险的优势还在于理赔成本低、时效快、合同结构标准、透明以及易与其他金融产品绑定而具有多功能性等。另外,还有利于提高农户防灾积极性,主动做好灾前预防和抢收工作。

表 12.1　传统农业保险与白茶气象指数保险优劣对比

特点	传统农业保险	白茶气象指数保险
理赔方式	3~5 人主观勘察定损,有纠纷	客观气象指数定损,少纠纷
时效性	慢,几个月	快,保险期内或保险结束
理赔成本	高	低
防御积极性	一般,坐等定损	高涨,有利于鼓励农户主动做好灾前预防与抢收

12.1.5　安吉白茶气象指数保险概况

2014 年浙江省在全国首创茶叶低温气象指数保险,安吉县被确定为茶叶低温气象指数地方特色保险省级试点,推出了"安吉白茶低温气象指数保险"。2014 年经半年的调查摸底,通过分析安吉春季十几年的气候变化以及历年倒春寒、霜冻、春季连续阴雨等气象灾害受灾情况,建立低温冻害损失与赔付评估模型,科学制定了政策性农业保险方案。2015年正式启动安吉白茶气温霜冻气象指数保险试点,安吉县发展改革局、气象局、人保财险安吉支公司等政策性农业保险共同体在上级部门的指导下推出了"安吉白茶低温气象指数保险",是国内较早开展这一新型保险模式的地区之一,理赔的唯一依据是气温数据,不需要通过人工查勘实际损失情况。通过2015年的试点工作,安吉白茶低温气象指数保险对增强茶产业抗风险能力、保护茶农利益、促进茶叶产业健康发展具有积极作用。

根据安吉白茶年平均生产成本,安吉白茶气象指数保险的保险金额确定为30000元/hm²,基础费率为5%,即保险费为1500元/hm²。试点期间,按照省政府关于地方特色品种保险补贴办法,省财政补贴保费30%,县财政补贴35%,农户自负35%,即所有参保茶农每公顷只需支付525元,剩余975元由省、县两级财政分担。承保茶园要求为种植面积在3.3 hm²(含)以上,且种植1年以上。

保险期间确定为开采日前10 d(含)至开采日后21 d(含),当日最低气温低于0.5 ℃(含)以下,即视为保险事故发生,保险人按照保险合同的约定负责赔偿。温度测定数值采用双方约定离茶园基地距离最近的气象观测点数据。以保险事故发生之日起8 d为1个理赔周期,1个理赔周期内限赔1次,即赔偿损失金额最高的1次,实行累计赔偿,最高赔偿金额不超过30000元/hm²。

经过2015年的试点,安吉县不断完善安吉白茶低温气象指数保险条款内容。为了让这项保险更加惠民,经与省气候中心积极沟通与协调,2016年对安吉白茶低温气象指数保险起赔温度进行调整,保险理赔的最低气温改为1 ℃(含),即起赔温度由0.5 ℃上升至1 ℃。

经过试点及逐步推广,目前已实现全县15个乡镇(街道)全覆盖。6年多来累计为受灾茶农理赔2278万元,极大地挽回了茶农的经济损失,增强了安吉白茶抵御气象灾害风险的能力。

2021年2月安吉县农险协调办联合人保财险安吉支公司对安吉白茶气象指数保险做出调整,主要调整内容为:①变更保险名称。将"安吉白茶低温气象指数保险"更名为"安吉白茶气象指数保险"。②增设秋冬季干旱保险责任。在保险期间内,所在区域的气象观测站实测干旱天数大于等于11 d时,视为保险事故发生,保险人按照保险合同的约定负责赔偿。③调整低温保险责任费率。增加一批气象观测站,低温保险责任费率由5%单一费率调整为不同站点对应不同费率(6%~9%),投保人可以根据实际情况,选择与自己茶园匹配度较高的气象观测站作为主站(含备份站)。

12.2 安吉白茶气象指数保险设计

12.2.1 设计流程

在安吉白茶气象指数保险产品设计过程中,通过研究分析安吉近十几年来倒春寒、霜冻、春季连续阴雨及秋冬连旱等天气过程并进行风险评估，按照霜冻指数及干旱指数级别，建立了灾害损失和赔付评估模型，制定了冻害及旱害标准和灾害程度所对应的可能减产率，科学制定出了安吉白茶气象指数保险产品。

　　安吉白茶气象指数保险作为一种新型保险模式，需具有客观独立、科学敏感、公开透明、及时有效、连续可分等特性。一套完整的安吉白茶气象指数设计过程主要包括需求分析、实地调查、资料收集与处理、天气指数的构建、灾害模型的建立、理赔触发值的确定、纯费率厘定与产品设计与服务等方面。具体指数设计流程见图 12.1。

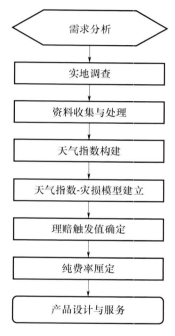

图 12.1　天气指数设计流程图

12.2.2　需求分析与实地调查

　　安吉白茶低温气象指数保险的设计制定首先需要联合气象、财政、农业和保险公司等多部门对当地安吉白茶生长环境及特征、气候生态特点、主要气象灾害、社会各界的需求、相关市场行情进行分析，初步确定天气指数保险安吉白茶和保障程度，如保险金额、保险试点范围、政府财政补贴、多数农户的实际参保需求及农户缴费比例等事项。

　　接下来需对相关内容进行深入调查，主要包括：安吉白茶的主要种植区域分布，安吉白茶主要发育期，影响安吉白茶产量的主要气象要素、主要影响时段；不同年景下安吉白茶单产值，正常年景、好年景、差年景的代表年份；安吉白茶单产的种植管理成本，安吉白茶产品价格，不同年景的收入水平，购买保险产品最多能承受的保费等信息。

调查形式包括：对投保安吉白茶主要产区进行调研，通过实地观察、与当地农户交流；邀请经营主体、政府部门有关人员和相关专家座谈。

在需求分析和实地调查的基础上，初步确定安吉白茶的主要承保灾种、主要保险时段和关键气象要素。

12.2.3 资料收集与处理

目前，国内对于气象指数保险定价主要依赖于通过历史数据进行产量趋势拟合，寻找损失率和免赔率之间相关关系对保险纯费率进行定价；或通过主成分分析确定天气指标，寻找主要气象指标基线进行定价。

安吉白茶气象指数保险需要收集包括农业、气象、保险及相关政策等多源资料，其中主要包括承保区域气象资料（历史气象资料、历年重要气象灾害灾情资料）、安吉白茶生产资料（安吉白茶的生长发育期资料、安吉白茶多年产量资料、种植区基础地区信息、生产记录资料、试验观测资料等）、相关保险资料（气象指数保险的定价、损失率、免赔率等）。资料主要来源于气象、农业、统计、民政等部门，以及高校、科研院所、新型农业经营主体（专业合作社、种养殖大户）和文献资料等。

收集到的气象、产量和灾情等历史资料需要进行质量控制，主要包括实地调查验证和统计检验方法。通常数据采集主要存在两个问题，一是历史数据的可得性与完整性，气象站点较少或建立较晚的地区，气象信息历史数据较少，或由于气象站位置变化、观测标准改变等影响，历史信息的获取往往存在障碍，通常认为，气象指数保险定价需要30年以上的历史数据。这时需要对相应的气象数据进行筛选、适当的插补等将资料补充完整，尽可能地使数据全面。二是合同期内所涉及的特定气象站进行的数据测量、记录和发布情况等。气象数据与监测站点的位置有关，监测站点过于稀疏的地区定价上比较困难。气象学上解决站点数量不足的方法之一是通过空间插值，使用先进的卫星遥感技术，也是未来解决气象站点不足的有效途径。

与此同时利用历史气象资料，结合气象灾害指标值，对收集到的气象灾情资料进行甄别。

12.2.4 安吉白茶气象指数保险指标构建

12.2.4.1 安吉白茶气象指数的构建

通常天气指数可以由单一气象要素构成，也可以是多个气象要素构成的综合气象指数。一般应满足客观性、独立可验证性，并具有较好的稳定性。指数可采用已有的气象灾害指标，也可通过统计分析方法构建得到与减产率显著相关的指数作为反映保险标的物灾害损失程度的天气指数。

安吉白茶气象指数保险产品的设计首先要基于已颁布的国家标准、行业标准、地方标准或印发的业务指标等规范化农业气象灾害指标,确定造成安吉白茶霜冻害及旱害的天气指数。其次,通过查阅文献,初选造成安吉白茶霜冻害及旱害的相关气象要素(光、温、水),采用敏感系数、方差分析或多重比较等方法分析减产率与气象因子的关系,按照引入因子对产量的影响最大,且因子之间相关性较低的原则,筛选灾害关键致灾因子作为安吉白茶霜冻害的天气指数。

12.2.4.2　气象指数-灾损模型的构建

建立白茶气象指数与灾害损失关系模型,步骤如下(以减产率为例):

(1)计算白茶气象灾害减产率:基于历年单产数据,采用时间序列分析方法拟合趋势产量得到相对气象产量,减产率即为相对气象产量中的减产部分。

$$y_w = (y - y_t)/y_t \times 100\% \tag{12.1}$$

式中,y_w 是相对气象产量,y 是实际产量,y_t 是趋势产量。

(2)确定典型气象灾害样本(年):将某一气象灾害明显发生且导致安吉白茶发生减产的样本作为典型气象灾害样本(年)。

(3)构建白茶气象指数-灾损模型:基于提取的典型气象灾害样本(年),采用统计学等方法,得到天气指数与白茶减产率的关系模型。

(4)确定气象指数阈值:基于气象指数-灾损模型,计算获得不同减产率对应的天气指数阈值(即不同程度灾害对应的天气指数阈值)。

12.2.4.3　理赔触发值确定

天气指数理赔触发值表征的是当实际天气指数超过指数保险中规定的值时,保险公司开始做出赔付的值。

安吉白茶理赔触发值的确定过程为:基于建立的白茶气象指数-灾损模型,利用保险区域的自动站气象资料和白茶产量资料,分析历史上白茶灾害发生损失,计算得出不同天气指数阈值对应的灾害赔付率。考虑赔付率等实际情况,确定相应的天气指数理赔触发值。

12.2.4.4　纯费率厘定

安吉白茶气象指数保险采用单产风险分布模型法来厘定费率,计算公式为:

$$R = \frac{E_{\text{loss}}}{\lambda Y} = \frac{\int_F^1 x f(x) \, dx}{\lambda Y} \tag{12.2}$$

式中,R 为纯保险费率;E_{Loss} 为白茶产量损失的数学期望,x 为减产率序列,$f(x)$ 为白茶单产风险的概率分布;F 为理赔触发值对应的减产率;λ 为保障比例,根据安吉白茶种区域的实际情况确定;Y 为预期单产。

为了降低基差风险,白茶气象指数保险产品设计到乡镇一级。乡镇区域气象站建站时间短,一般在 10~13 年。利用乡镇区域气象站和茶叶受害经济损失率模型得到该乡镇历年茶叶受害经济损失率,采用信息扩散模型计算各级损失率的概率。由各级损失率和它的概率得到纯保险费率。

12.3 安吉白茶气象指数保险服务

12.3.1 安吉白茶气象指数保险费率优化

开展安吉白茶气象指数产品设计时,要注重基差风险控制。基差风险,简单地说,就是保险赔付与相关天气风险造成的实际损失之间的不匹配,这种不匹配可能偏大,也可能偏小。所以,需要对保险费率进行优化。

12.3.2 安吉白茶气象指数保险条款设计

由保险公司设计保险条款。气象部门重点对保险条款中保险责任、保险期限和赔偿处理中的与气象相关的条款进行把关。

(1)明确承保对象。主要承保对象为在安吉县域内种植的"白叶一号"茶树,并按标准化技术规范管理,生长正常的茶园;种植面积相对连片在 3.3 hm²(含)以上,单户种植面积不足 3.3 hm² 的,经合作社、行政村组织后统一投保;茶农或茶叶企业信誉良好,无违法违纪记录的。

(2)明确保险责任。

低温保险责任:在保险期间内,投保选定的气象观测站实测日最低气温达到或低于 1 ℃ 且产生对应赔偿金额大于零时,视为保险事故发生,保险人按照本保险合同的约定负责赔偿;

干旱保险责任:在保险期间内,所在区域的气象观测站实测干旱天数 ≥11 d 时,视为保险事故发生,保险人按照本保险合同的约定负责赔偿。

(3)明确保险期间。低温保险期间自 3 月 1 日起至 4 月 20 日止;秋冬干旱保险期间自 8 月 11 日起至次年 4 月 20 日止,以保险单载明为准。

(4)明确保险金额。保险金额＝30000 元/hm²×保险面积(hm²)。即:每公顷保险金额参照"白叶一号"茶树年生长期内所发生的物化成本;保险面积以保险单载明为准。

(5)明确费率测算。按照浙江省气候中心提供计算的,历史损失率和农业部门提供的历年开采情况测算。

(6)明确赔偿处理。保险茶叶发生保险责任范围内的损失,每公顷茶叶赔偿金额参照《安吉白茶低温保险责任每公顷损失赔偿金额表》《安吉白茶秋冬干旱保险责任每公顷损失赔偿金额表》及备注说明。

赔偿金额＝∑每公顷赔偿金额,赔偿金额以保险金额为限。

安吉不同海拔高度茶园白茶低温保险责任损失具体赔偿金额如表12.2、表12.3和表12.4所示。

1) 安吉白茶低温保险责任每公顷损失赔偿金额表

表 12.2　安吉白茶低温保险责任每公顷损失赔偿金额(海拔 300 m 以下)

气温指标 T_L (℃)	气温指标出现日期对应赔偿金额(元/hm²)										
	3.1—3.4	3.5—3.10	3.11—3.13	3.14—3.16	3.17—3.18	3.19—3.25	3.26—3.28	3.29—3.31	4.1—4.5	4.6—4.10	4.11—4.20
[1~0.5)	0	0	0	0	150	300	300	150	150	150	150
[0.5~0)	0	0	0	0	450	900	900	600	450	300	300
[0~−0.5)	0	0	0	0	600	1200	1500	1200	900	600	300
[−0.5~−1)	0	0	0	0	900	1500	1800	1500	1200	900	300
[−1.0~−1.5)	0	0	0	0	1050	2100	2400	1800	1500	900	600
[−1.5~−2.0)	0	0	0	450	1200	3300	3600	3000	1800	1500	600
[−2.0~−2.5)	0	0	0	900	1500	4200	4500	3600	1800	1500	600
[−2.5~−3.0)	0	0	150	1200	1800	4800	5400	4500	2400	1650	600
[−3.0~−3.5)	0	150	300	1500	2400	5700	6000	4800	3000	1800	600
[−3.5~−4.0)	0	240	450	2400	3000	6000	6600	5400	3600	2400	600
[−4.0~−4.5)	0	300	600	4500	6000	7500	7500	6000	4500	2700	600
[−4.5~−5.0)	150	450	900	6000	9000	12000	10500	7500	5400	3300	600
≤−5.0	300	450	1200	7500	10500	13500	12000	9000	6000	3600	600

表12.3　安吉白茶低温保险责任每公顷损失赔偿金额[海拔300(含)～500 m]

气温指标 T_L(℃)	气温指标出现日期对应赔偿金额(元/hm²)										
	3.1—3.4	3.5—3.10	3.11—3.13	3.14—3.16	3.17—3.18	3.19—3.25	3.26—3.28	3.29—3.31	4.1—4.5	4.6—4.10	4.11—4.20
[1~0.5)	0	0	0	0	0	150	300	300	150	150	150
[0.5~0)	0	0	0	0	0	450	900	900	600	450	300
[0~-0.5)	0	0	0	0	0	600	1200	1500	1200	900	600
[-0.5~-1)	0	0	0	0	0	900	1500	1800	1500	1200	900
[-1.0~-1.5)	0	0	0	0	0	1800	2100	2400	1800	1500	900
[-1.5~-2.0)	0	0	0	0	450	3000	3300	3600	3000	1800	1500
[-2.0~-2.5)	0	0	0	0	900	3600	4200	4500	3600	1800	1500
[-2.5~-3.0)	0	0	0	150	1200	4500	4800	5400	4500	2400	1650
[-3.0~-3.5)	0	0	150	300	1500	4800	5700	6000	4800	3000	1800
[-3.5~-4.0)	0	0	240	450	2400	5400	6000	6600	5400	3600	2400
[-4.0~-4.5)	0	0	300	600	4500	6000	7500	7500	6000	4500	2700
[-4.5~-5.0)	0	150	450	900	6000	9000	12000	10500	7500	5400	3300
≤-5.0	0	300	450	1200	7500	10500	13500	12000	9000	6000	3600

表 12.4　安吉白茶低温保险责任每公顷损失赔偿金额[海拔 500 m(含)以上]

气温指标 T_L(℃)	气温指标出现日期对应赔偿金额(元/hm²)										
	3.1~3.4	3.5~3.10	3.11~3.13	3.14~3.16	3.17~3.18	3.19~3.25	3.26~3.28	3.29~3.31	4.1~4.5	4.6~4.10	4.11~4.20
[1~0.5)	0	0	0	0	0	0	150	300	300	150	150
[0.5~0)	0	0	0	0	0	0	450	900	900	600	450
[0~-0.5)	0	0	0	0	0	0	600	1200	1500	1200	900
[-0.5~-1)	0	0	0	0	0	0	900	1500	1800	1500	1200
[-1.0~-1.5)	0	0	0	0	0	0	1800	2100	2400	1800	1500
[-1.5~-2.0)	0	0	0	0	0	450	3000	3300	3600	3000	1800
[-2.0~-2.5)	0	0	0	0	0	900	3600	4200	4500	3600	1800
[-2.5~-3.0)	0	0	0	0	150	1200	4500	4800	5400	4500	2400
[-3.0~-3.5)	0	0	0	150	300	1500	4800	5700	6000	4800	3000
[-3.5~-4.0)	0	0	0	240	450	2400	5400	6000	6600	5400	3600
[-4.0~-4.5)	0	0	0	300	600	4500	6000	7500	7500	6000	4500
[-4.5~-5.0)	150	150	150	450	900	6000	9000	12000	10500	7500	5400
≤-5.0	300	300	300	450	1200	7500	10500	13500	12000	9000	6000

注:①表中"["为含,")"为不含,如[1.0,0.0)表示1.0≥气温 T_L>0.0,温度≤1.0;

②表中气温指标"3.1~3.4",表示3月1日(含)至3月4日(含)期间;

③理赔事故之日起10 d内为一个理赔周期,选取赔偿金额最高一次进行赔付,其对应日期为理赔日。保险触发机制约定气象监测点约定的茶园为一个风险单元,监测站实测日最低气温低于1℃(含)日产生对应赔偿金额大于零时视为发生保险事故。发生保险事故之日起10 d内为一个理赔周期,选取赔偿金额最高一次进行赔付,其对应日期为理赔日;若理赔周期内发生多次最高赔偿金额相同时按首次出现最高赔偿金额对应日期为理赔日;且次日仍持续触发赔偿最后一天,则理赔周期顺延,直至触发赔偿结束。赔款按该理赔周期内顺延理赔周期。自理赔周期结束次日起按照本段上述方法重新计算理赔,一个理赔周期限赔一次。保险期内同一茶园实行累计赔偿,但每公顷累计赔偿金额以每公顷保险金额为限。

2)安吉白茶秋冬季干旱保险责任每公顷损失赔偿金额表

安吉白茶干旱损失保险责任赔偿具体金额见表12.5。

表 12.5　安吉白茶干旱保险责任每公顷损失赔偿金额表

干旱天数(d)	11～20	21～30	31～40	41～50	51～60	61～70	71～80
赔偿金额(元/hm²)	1500	3000	4500	7500	10500	13500	16500
干旱天数(d)	81～90	91～100	101～110	111～120	121～130	131～140	141～150
赔偿金额(元/hm²)	19500	22800	26400	30000	30000	30000	30000

注:①旱期起始日算法:指选定气象观测站8月11日—10月31日期间,如某一天降水量<1.0 mm,从该日开始连续10 d内不发生连续2 d及以上逐日降水量均>1.0 mm的情况,且连续10 d的累计降水量<8.0 mm,则在第11天开始统计旱期,旱期起始时间必须在8月11日—10月31日期间,否则不作旱期统计。

②旱期结束日算法:旱期结束日有三种算法计算,并以最早到达的旱期结束日进行干旱天数统计。

a. 算法1:如旱期起始日后遇到某日有降水(降水量≥0.1mm)且其后连续2 d总降水量达到15 mm,则该日前一日作为旱期结束日;

b. 算法2:如旱期起始日后遇到某日有降水(降水量≥0.1 mm)且其后连续3 d的总降水量达到20 mm,则该日前一日作为旱期结束日;

c. 算法3:如旱期起始日后遇到某日有降水(降水量≥0.1 mm)且其后连续5 d总降水量达到30 mm,则该日前一日作为旱期结束日。

③干旱天数统计:按照旱期起始日与结束日计算干旱天数。在11月15日前,1个干旱日按1 d统计,11月15日(含)后,1个干旱日按0.5 d统计。

旱期如遇跨年,仍可连续统计,直至旱期结束,最晚不超过次年4月20日(含)。保险期限内实行累计赔偿,累计赔偿金额以保险金额为限。

（7）明确资金保障。白茶园单位保额为30000元/hm²,按照省政府关于地方特色品种保险补贴办法,省财政保费补贴20%,安吉县财政给予20%的补贴,农户自负60%。经报县委县政府研究决定,对于保险方案中的低温保险责任和秋冬季干旱保险责任,茶农根据自身需求二选一自愿投保。预计2021年参保规模为0.3万hm²,按照干旱保险责任12%的费率进行测算,保费规模为1200万元,按省财政、县财政、农户2:2:6比例承担计算,省、县财政各承担240万元,农户承担保费720万元。

12.3.3　安吉白茶气象指数保险气象服务

气象部门可以提供的天气指数保险理赔服务包括但不限于:天气指数跟踪、气象灾害监测预警评估及相关证明出具等。

对于安吉白茶气象保险的气象服务首先要明确理赔所依据的气象站点。

全县所有乡镇(街道)茶山绑定自动气象观测站和备选站。参保茶农可自行选择乡镇(街道)所对应的两个自动气象观测站中的一个作为主站,另一个作为副站(备选站)。保险期限内发生约定的保险事故时,保险公司依据主站测得的温度为赔偿依据,如主站设备发生故障导致不能使用时,以副站测得的温度作为赔偿依据。

12.4　安吉白茶气象指数保险典型案例

安吉白茶低温气象指数保险的试点工作时间为 2015—2017 年。此项试点工作的开展不仅有利于稳定安吉县白茶产业,保障茶农收益,而且对于安吉县开拓农险新领域等方面都具有十分重要的意义。安吉县白茶低温气象指数保险试点工作的成功,对于全省乃至全国的茶叶种植保险都具有参考价值。

12.4.1　2015 年保险理赔

2015 年在安吉白茶主产区溪龙乡、孝源街道、递铺街道 3 个乡镇(街道)试点,该三个区域具有很明显的地势差别,溪龙乡地势以高山为主、递铺街道以平原为主、孝源街道以低丘为主。共承保面积近 649 hm²,参保户数达到 208 户。2015 年安吉白茶低温气象指数保险的起赔温度为 0.5 ℃,保险生效期为 3 月 17 日至 4 月 17 日。当年的开采日是 3 月 27 日,保险生效期内,安吉孝源街道气象监测点实测最低气温为−0.5 ℃,孝源街道的茶园因清明节前后强冷空气入侵,共计受灾面积达200 hm²,符合保险理赔条件,按照保险合同约定,保险公司最终以 1500 元/hm² 的价格赔付给茶农,全年支付白茶保险理赔款 34 万余元,共有 110 户农户得到赔偿。

12.4.2　2016 年保险理赔

2016 年,参保面积扩大到梅溪镇、天子湖镇等 10 个乡镇街道,承保面积超过2000 hm²,较上一年新增近 1357.5 hm²,涉及全县 2290 户茶农。2016 年安吉白茶低温气象指数保险的起赔温度调整为 1 ℃,保险生效期调整为 3 月 10 日至 4 月 10 日,即承保期内全县各区域范围内自动气象观测站实测日最低温度达到 1 ℃(含)以下,即视为保险事故发生。3 月有两次寒潮袭击安吉,3 月 11 日安吉县孝源街道气象监测最低气温为−5.5 ℃,3 月 28 日为−2.5 ℃,部分茶农遭受严重损失。4 月 11 日开始,白茶低温气象指数保险进入理赔程序,按照保险合同的约定,依据最低气温对茶叶造成的损害指数模型,两次共超过 2400 余户(次)茶农获得了共计 1623 万元的理赔金,获赔茶园面积数占全部参保茶园面积的 91%,占全部参保农户的 89%(白艳,2019)。

12.4.3　2017 年保险理赔

2017 年,承保对象扩大到全县种植面积在 3.3 hm²(含)以上的农业企业、种植大户和专业合作社,承保面积近 3276.2 hm²,涉及茶农 2909 户。3 年来安吉县共计有5400 余户农户、近 6000 hm² 白茶参保,实现全县 15 个乡镇(街道)全覆盖。2017 年安吉白茶低温气象指数保险生效期调整为 3 月 18 日至 4 月 18 日。3 月 28 日安吉白茶开采,这段时间,3 月 22 日以及清明节前后出现低温灾害天气,茶园受灾面积达

1800 hm²。根据温度指标及气象指数保险合同的约定,1500 余户茶农得到赔偿,赔付金额达 295 万余元。

综上所述,2015—2017 年保险试点期间,安吉白茶低温气象指数保险共调整起赔温度一次,调整保险生效期两次,触发保险理赔 4 次(表 12.6)。截至 2020 年,安吉白茶低温气象指数保险已开展 6 年,理赔涉及农户 11000 余户,辐射茶园 11498 hm²,累计赔付金额 2278 万元。通过开展低温气象指数保险,极大地挽回了农户的经济损失,增强了安吉白茶抵御低温霜冻风险的能力,为促进茶叶产业健康发展起到了积极作用。

表 12.6　2015—2017 年安吉白茶低温气象指数保险试点理赔情况

项目	2015 年	2016 年	2017 年
理赔次数(次)	1	2	1
理赔金额(万元)	34.07	1623.02	295.98
赔付比率(%)	34.99	539.26	60.23

12.5　农业保险专有名词

(1)农业保险

保险机构根据农业保险合同,对被保险人在种植业、林业、畜牧业和渔业生产中因保险标的物遭受约定的自然灾害、意外事故、疫病、疾病等保险事故所造成的财产损失,承担赔偿保险金责任的保险活动。

(2)政策性农业保险

以保险公司市场化经营为依托,政府通过保费补贴等政策扶持,对种植业、养殖业因遭受自然灾害和意外事故造成的经济损失提供的直接物化成本保险。政策性农业保险将财政手段与市场机制相对接,可以创新政府救灾方式,提高财政资金使用效益,分散农业风险,促进农民收入可持续增长。

(3)保险标的物

保险人对其承担保险责任的各类保险对象。适宜开展天气指数保险的标的物主要是种植业保险对象,如大宗粮食作物(水稻、小麦、玉米)、油料作物(如油菜、大豆、花生)、特色经济作物(棉花、茶叶、苹果、甘蔗、马铃薯、烟叶)、部分水产养殖(露天养殖对象)等。

(4)天气指数

一个或一组外部的、独立的变量,一般由与保险标的物产量或品质相关的温度、降水和光照等气象要素构成。

(5)天气指数保险

把一个或几个气象要素(如气温、降水、光照等)对保险标的物的损害程度指数化,并以这种客观的指数作为保险理赔依据的一类保险。

（6）农业气象灾害

在农业生产过程中所发生导致农业减产的不利天气或气候条件的总称。适宜开展天气指数研发的农业气象灾害一般包括：干旱、洪涝、渍害、连阴雨、低温冷害、冻害、高温热害、干热风等。

（7）保费

投保人为取得保险保障,按保险合同约定向保险人支付的费用。

（8）天气指数保险触发值

开始启动保险理赔时所对应的天气指数值。

（9）赔付率

一定会计期间赔款支出与保险收入的百分比,单位为百分率（%）。

（10）保险费率

保险人按单位保险金额向投保人收取保险费的标准,单位为百分率（%）。

（11）纯费率

纯保费占保险金额的比率,是保险费率的主要组成部分,由损失概率确定。

（12）基差风险

保险合同约定天气指数所反映的保险标的风险状况与保险标的实际风险状况之间的差异。

参考文献

安徽省气象标准化技术委员会,2012.茶树冻害期气象指标:DB34/T 1591—2012[S].合肥:安徽省质量技术监督局.

白艳,2019.安吉白茶低温气象指数保险试点实践与思考[J].中国茶叶,41(9):57-59.

蔡福,于贵瑞,祝青林,等,2005.气象要素空间化方法精度的比较研究-以平均气温为例[J].资源科学,27(5):173-179.

陈超飞,柳双环,郭大辛,等,2019.基于 Aqua Crop 模型的夏玉米生长模拟及灌溉制度优化[J].干旱地区农业研究,37(3):72-82.

陈国祯,顾恒岳,1982.农业气候的适宜度模型[J].西南农学院学报,4(4):21-25.

陈海燕,郭巧红,2004.浙江省 2003 年夏季高温干旱分析[J].浙江气象,25(1):23-28,31

陈健,2018.浙中南春茶采摘期的气象条件分析及预报模型建立[J].浙江农业科学,59(5):722-724,727.

陈联寿,罗哲贤,李英,2004.登陆热带气旋研究的进展[J].气象学报,62(5):145-153.

陈联寿,孟智勇,2001.我国热带气旋研究十年进展[J].大气科学,25(3):420-432.

陈明,傅抱璞,于强,1995.山区地形对暴雨的影响[J].地理学报,50(3):256-262.

陈明轩,俞小鼎,谭晓光,等,2004.对流天气临近预报技术的发展与研究进展[J].应用气象学报,15(6):754-766.

陈席卿,1988.覆盖遮阴对茶树生理生化和茶叶品质的影响[J].茶叶,(3):1-3.

程德瑜,1988.危害积温及其在作物灾害中的应用[J].中国农业气象,(1):51-53.

董敏,余建锐,高守亭,1999.东亚西风急流与热带对流加热关系的研究[J].大气科学,23(1):62-70.

段建真,郭素英,1992.遮阴与覆盖对茶园生态环境的影响[J].安徽农学院学报,19(3):189-195.

范红丽,刘玮.天气指数保险在发展中国家的应用及启示[J].上海保险,2015(01):12-15,20.

顾均禧,1994.大气科学辞典[M].北京:气象出版社.

郭建平,高素华,潘亚茹.1995.东北地区农业气候生产潜力及其开发利用对策.气象,1995,21(2):3-9.

郭巧红,胡波,2009.浙江 40℃以上酷热高温天气统计特征分析[J].浙江气象,30(1):7-9,18.

郭巧红,朱菊忠,1999.一次西向特大暴雨天气过程的高空气流结构分析[J].浙江气象科技,20(1):20-23

郭水连,吴春燕,郭卫平.2010.江西宜春引种安吉白茶的气候适应性分析[J].茶叶科学技术,(3):34-37.

何红艳,郭志华,肖文发,等,2005.利用 GIS 和多变量分析估算青藏高原月降水,生态学报,25(11):2932-2938.

何泽能,钟志华,高阳华,等,2014.喷雾降温外场试验结果的初步分析[J].气象科学,34(4):85-92.

黑岩郁夫,吴永璞,1993.日本利用间歇喷水法进行茶园防霜[J].喷灌技术,31:46-48.

侯渝嘉,彭萍,李中林,等,2008.不同遮阴水平对夏秋季茶叶原料品质的影响[J].南方农业,2(9):12-14.

胡永光,2011.基于气流扰动的茶园晚霜冻害防除机理及控制技术[D].镇江:江苏大学.

胡永光,梁远发,MAHMOOD Ashraf,等,2018.春茶采摘末期遮阴对其生长和品质的影响[J].农业机械学报,49(1):283-289.

黄海涛,许永妙,张伟,等,2014.遮阳网覆盖方式对茶园霜冻害防御效果的比较研究[J].杭州农业与科技,229(6):40-41.

黄玲琳,1993.地形对降水增幅作用的机理探讨[J].浙江气象科技,14(2):11-14.

黄寿波,1981.茶树生长的农业气象指标[J].中国农业气象,2(3):54-57.

黄寿波,1984.试论生态环境与茶叶品质的关系[J].生态学杂志,3(2):12-16.

黄寿波,范兴海,姚国坤,1993.丛栽茶树树冠小气候及其对新梢生育和生化成分的影响[J].应用生态学报,4(1):99-101.

黄寿波.1986.我国茶树光合潜力的探讨[J].中国茶叶,6(4):15-18.

霍海红,黄翔,李成成,2011.浅谈高压喷雾直接蒸发冷却和其在世园会中的应用[J].制冷,30(3):64-69.

江丰,2017.春茶采摘末期遮阴栽培及环境调节技术[D].镇江:江苏大学.

姜润,钱半吨,蒋文妍,等,2014."白叶1号"茶树品种在溧阳开采期预测研究[J].茶叶,40(3):134-137.

姜晓剑,刘小军,黄芬,2010.逐日气象要素空间插值方法的比较[J].应用生态学报,21(3):624-640.

姜燕敏,金志凤,李松平,等,2015.浙南春茶开采前后气象条件分析及开采期预报[J].中国农业气象,36(2):212-219.

金志凤,胡波,严甲真,等,2014a.浙江省茶叶农业气象灾害风险评价[J].生态学杂志,33(3):771-777.

金志凤,黄敬峰,李波,等,2011.基于GIS及气候-土壤-地形因子的浙江省茶树栽培适宜性评价[J].农业工程学报,27(3):231-236.

金志凤,王治海,姚益平,等,2015.浙江省茶叶气候品质等级评价[J].生态学杂志,34(5):1456-1463.

金志凤,姚益平,2017.江南茶叶生产气象保障关键技术研究[M].北京:气象出版社.

金志凤,叶建刚,杨再强,等.2014b.浙江省茶叶生长的气候适宜性[J].应用生态学报,25(4):967-973.

蒯志敏,2010.影响碧螺春茶叶采摘的天气类型分析[J].中国农业气象,31(S1):104-106.

赖建红,2016.安吉白茶产业转型期的思考与探索[J].中国茶叶,(3):10-11.

李成成,黄翔,霍海红,2011.喷雾降温蒸发冷却技术在西安世界园艺博览会应用的可行性分析[J].制冷空调与电力机械,32(3):5-8.

李法然,1998.梅雨锋暴雨环境场中高空三支气流的结构及作用[J].浙江气象科技,19(2):8-12.

李法然,2000.天荒坪地形对暴雨增幅作用的成因分析[J].浙江气象科技,21(1):23-27.

李仁忠,金志凤,杨再强,等,2016.浙江省茶树春霜冻害气象指标的修订[J].生态学杂志,35(10):

2659-2666.

李时睿,王治海,金志凤,等.2017.茶叶霜冻害精细化预警—以浙江省松阳县为例[J].生态学杂志,36(10):2979-2987.

李湘阁,闵庆文,余卫东,1995.南京地区茶树生长气候适应性研究[J].南京气象学院院报,18(4):572-577.

李秀香,冯馨,2016.加强气候品质认证,提升农产品出口质量[J].国际贸易,(7):32-37.

李旭群,1990.苏南茶区春茶开采期预测[J].气象科学,(2):213-214.

李亚春,王友美,巫丽君,等.2014.2013年春季低温霜冻对苏南茶树影响的评估[J].江苏农业科学,42(8):248-250.

李倬,贺龄萱,2005.茶与气象[M].北京:气象出版社.

梁轶,柏秦凤,李星敏,等,2011.基于GIS的陕南茶树气候生态适宜性区划[J].中国农学通报,27(13):79-85.

刘春涛,刘彬,徐晓亮,等,2018.茶树晚霜冻害等级标准的应用与探讨[J].中国茶叶,40(12):34-36.

刘国成.2007.基于模糊数学的农业气候适宜度划分研究及应用[J].吉林农业大学学报,29(4):460-463.

柳建英,1998.北雁荡山的台风暴雨[J].浙江气象科技,19(3):17-18.

龙振熙,2014.气温对茶叶品质以及采摘时期的影响[J].贵州气象,38(5):36-39.

陆恒,2012.安吉白茶地理标志品牌管理研究[D].杭州:浙江农林大学.

陆文渊,钱文春,赖建红,等,2012.安吉白茶品质的气候成因初探[J].茶叶科学技术,53(3):37-39.

马树庆,袁福香,1997.吉林省粮食生产的农业自然资源利用率研究[J].中国农业气象,18(2):24-27.

马兴祥,邓振镛,李栋梁,等,2005.甘肃省春小麦生态气候适宜度在试生种植区划中的应用[J].应用气象学报,16(6):820-827.

马雪莲.2016.浅析我国政策性农业保险的运行情况与发展对策[J].现代经济信息,(34):357.

马于茗,陈捷,金志凤,等,2021.基于AquaCrop模型的茶叶产量和开采期预报[J].中国生态农业学报(中英文),29(8):1339-1349.

茆康前,2013.茶园防霜风机叶型优化设计与性能试验[D].镇江:江苏大学.

缪强,金志凤,羊国芳,等,2010.龙井43春茶适采期预报模型建立及回归检验[J].中国茶叶,32(6):22-24.

倪玲.2015.基于AquaCrop模型的冬小麦灌溉制度研究[D].杨凌:西北农林科技大学.

聂小飞,李恒鹏,黄群彬,等.2013.天目湖流域丘陵山区典型土地利用类型氮流失特征[J].湖泊科学,25(6):827-835.

庞茂鑫,斯公望,1991.浙江省6月份大暴雨气候统计及其主要天气型分析[J].浙江气象科技,(4):11-16.

钱杭园,杨小微,孙文,2009."安吉白茶"的品牌构建及其特点[J].农家之友(理论版),9:4-8.

邱新法,仇月萍,曾燕,2009.重庆山地月平均气温空间分布模拟研究[J].地球科学进展,24(6):621-628.

仇永炎,1984.全国寒潮中期预报文集[M].北京:气象出版社.

全国茶叶标准化技术委员会,2013a. 茶 游离氨基酸含量测定:GB/T 8314—2013[S]. 北京:中国标准出版社.

全国茶叶标准化技术委员会,2013b. 茶 水浸出物含量的测定:GB/T 8305—2013[S]. 北京:中国标准出版社.

全国茶叶标准化技术委员会,2013c. 茶 水分测定:GB/T 8304—2013[S]. 北京:中国标准出版社.

全国农业气象标准化委员会,2017a. 茶树霜冻害等级:QX/T 410—2017[S]. 北京:气象出版社.

全国农业气象标准化委员会,2017b. 茶叶气候品质评价:QX/T 411—2017[S]. 北京:气象出版社.

全国气象防灾减灾标准化技术委员会,2012b. 风力等级:GB/T 28591—2012[S]. 北京:中国标准出版社.

全国气象防灾减灾标准化委员会,2012a. 降水量等级:GB/T 28592—2012[S]. 北京:中国标准出版社.

全国气象防灾减灾标准化委员会,2017a. 寒潮等级:GB/T 21987—2017[S]. 北京:中国标准出版社.

全国气象防灾减灾标准化委员会,2017b. 冷空气等级:GB/T 20484—2017[S]. 北京:中国标准出版社.

全国原产地域产品标准化工作组,2006. 安吉白茶:GB/T 20354—2006[S]. 北京:中国标准出版社.

孙建明,周之栩,杨咏钢,等,1999. 湖州地区大暴雨的气候特征及天气系统[J]. 浙江气象科技,20(1):17-19.

孙彭龄,1992. 1991年梅汛期江淮地区特大洪涝成因分析[J]. 浙江气象科技. 13(2):6-9.

孙仕军,张琳琳,陈志君,等,2017. Aqua Crop作物模型应用研究进展[J]. 中国农业科学,50(17):3286-3299.

孙淑清,高守亭,2005. 现代天气学概论[M]. 北京:气象出版社.

孙扬越,申双和,2019. 作物生长模型的应用研究进展[J]. 中国农业气象,40(7):444-459.

汤丹,赖建红,2015. 安吉白茶高效栽培技术[J]. 中国茶叶,37(4):20-21.

陶诗言,赵煜佳,陈晓敏,1958. 东亚的梅雨与亚洲上空大气环流季节变化的关系[J]. 气象学报,29(2):119-134.

汪玲玲,2013. 农产品的气候品质新名片——浙江省农产品气候品质认证工作纪实[N]. 中国气象报,2013-11-7.

汪瑛琦. 2017. 中国茶叶地理标志发展现状与安吉白茶实例分析[D]. 杭州:浙江大学.

王健任. 2018. 饮水思源不忘党恩——浙江省安吉县黄杜村捐赠白茶苗助力脱贫攻坚[J]. 中国扶贫,16:61-63.

王军锋,屠欣丞,黄继伟,等,2010. 细水雾大空间局域环境调节系统的设计及应用[J]. 排灌机械工程学报,28(3):265-270.

王俊,蒯志敏,张旭晖,2011. 江苏省春霜冻发生时空演变规律及其对春茶的影响[J]. 中国农业气象,32(S1):222-226.

王连喜,吴建生,李琪,等,2015. Aqua Crop作物模型应用研究进展[J]. 地球科学进展,30(10):1100-1106.

王明月,徐常青,韩敏,等,2016. 基于气象因子的碧螺春茶年产量预测模型[J]. 苏州科技学院学报(自然科学版),33(2):14-29.

王镇铭,2013.浙江省天气预报手册[M].北京:气象出版社.

吴文叶,2015.防霜风机扰动气流特性研究与翼型优化设计[D].镇江:江苏大学.

武翔宇,兰庆高.2012.促进我国气象指数保险发展的若干建议[J].农业经济,(3):94-95.

肖金香,穆彪,胡飞,2009.农业气象学(第二版)[M].北京:高等教育出版社.

谢金萍,小庞.2016.帐篷客:构建目的地[J].二十一世纪商业评论,(2/3):85.

徐楚生,徐莹,1995.预测名优茶开采期的研究[J].茶业通报,17(3):5-9.

徐伟燕,孙睿,金志凤.2016.基于资源三号卫星影像的茶树种植区提取[J].农业工程学报,32(S1):16-168.

薛根元,俞善贤,何凤翩,等,2004.0414号台风"云娜"的基本特征与强降水成因分析[J].科技导报,22(9):23-25.

杨俊虎,张行才,王超,2012.气象因子与春茶及中高档春茶产量的灰色关联分析[J].山西农业科学,40(1):53-55.

杨朔,2014.双凸翼型茶园防霜机设计与试验研究[D].镇江:江苏大学.

杨亚军.2005.中国茶树栽培学[M].上海:上海科学技术出版社.

杨阳,2003.春季名优茶提早开采的技术措施[J].蚕桑茶叶通讯,(1):7-9.

杨洋,黄晨,王丽慧,等,2008.世博轴喷雾降温前期调研及试验结果分析[J].制冷技术,28(1):6-10.

叶大法,吴玲红,梁韬,等,2010.世博轴高压喷雾降温技术研究与运用[J].暖通空调,40(8):86-90.

叶笃正,陶诗言,李麦村,1958.在六月和十月大气环流的突变现象[J].气象学报,29(4):249-263.

于洋,卫伟,陈利顶.2015.黄土高原年均降水量空间插值及其方法比较[J].应用生态学报,26(4):999-1006.

俞燎霓,雷媛,曹美兰,等,2007.近58年来影响和登陆浙江热带气旋统计特征分析[J].台湾海峡,2(26):13-19.

袁淑杰,谷晓平,缪启龙,等,2010.贵州高原复杂地形下月平均日最低气温分布式模拟研究[J].高原气象,29(2):384-391.

曾欣欣,2008.浙江大雪的天气气候分析和预报[J].浙江气象,29(1):11-14.

曾欣欣,任鸿翔,1987."12.10"罕见大雪过程的物理量分析[J].浙江气象科技,8(3):16-18.

张恒,鲍文,2012.农业气象灾害保险与农业防灾减灾能力构建[J].农业现代化研究,33(2):166-169,248.

张涛,2008.西北半干旱区春玉米生产力对气象因子的响应及模拟研究[D].兰州:甘肃农业大学.

张真和,李建伟,1992.遮阳网覆盖栽培技术的开发与推广[J].中国蔬菜,(3):38-40,55.

章婧,胡国稳.2020.吃水不忘挖井人致富不忘党的恩——浙江省安吉县黄杜村依托白茶产业致富和扶贫的故事[J].党建,5:23-24.

赵峰,千怀遂,焦士兴.2006.农作物气候适宜度模型研究——以河南省冬小麦为例[J].资源科学,25(6):77-82.

赵良骏,1988.关于茶树越冬及防冻技术措施的研究进展[J].茶业通报,12(3):26-27.

浙江省茶叶学会,2006.浙江茶叶[M].北京:中国农业科学技术出版社.

郑建瑜,2007.区域自然资源开发的理论与实践[D].上海:华东师范大学.

中国农科院农业气象室.1982.中国茶树气候区划[J].农业气象,(1):1-5.

中国气象局预测减灾司,2005.干旱监测及影响评价业务规定[G].北京:中国气象局:1-20.

中国气象局政策法规司,2006.热带气旋等级:GB/T 19201—2006[S].北京:中国标准出版社.

中华全国供销合作总社,2008.茶叶中茶多酚和儿茶素类含量的检测方法:GB/T 8313—2008[S].北京:中国标准出版社.

周世峰,王留运,2011.喷灌工程技术[M].郑州:黄河水利出版社.

周淑贞,1997.气象与气候学[M].北京:高等教育出版社.

朱菊忠,潘劲松,钮学新,2000.1999年梅汛期特大洪涝回顾[J].浙江气象科技,21(1):1-4.

朱兰娟,金志凤,张玉静,等,2019.西湖龙井茶开采期影响因子及预报模型[J].中国农业气象,40(3):159-169.

朱乾根,林锦瑞,寿绍文,1984.天气学原理与方法[M].北京:气象出版社.

朱霄岚,2014.防霜机茶园防霜试验及运行决策系统开发[D].镇江:江苏大学.

朱永兴,过婉珍,1993.春茶适采期预报模型的建立[J].茶叶科学,13(1):9-14.

祝成瑶,王一,李秀芬,等,2015.辽东山区次生林林窗内秋季最低温度的时空分布特征[J].生态学杂志,35(6):1411-1419.

祝启桓,张淑云,顾强民,等,1992.浙江省灾害性天气预报[M].北京:气象出版社.

大橋真,冨田正彦,小出進,1986.茶の凍霜害防止への散水氷結法利用の展開と効果:三方原におけるスプリンクラの多目的利用の一環として[J].農業土木学会誌:12.

堀川知廣,1981.茶園における散水氷結法による凍霜害防止[J].茶業研究報告,53:8-16.

Allen R G,Pereira L S,Raes D,et al.1998.Crop evapotranspiration-Guidelines for computing crop water requirements[R].FAO Irrigation and drainage paper 56,Food and Agriculture Organization of the United Nations,Rome.

Christersson L,1971.Frost damage resulting from ice crystal formation in seeding of spruce and pine[J].Physiologia Plantarum,25:273-278.

Confalonieri R,Acutis M,Bellocchi G,2009.Multi- metric evaluation of the models WARM,Crop syst,and WOFOST for rice[J].Ecological Modelling,220(11):1395-1410

Doorenbos J,Kassam A H,1979.Yield Response to Water.FAO Irrig.Drain.Pap.33[R].Rome:Food and Agriculture Organization of the United Nations.

Ghaemi A A,Rafiee M R,Sepaskhah A R,2009.Tree-temperature monitoring for frost protection of orchards in semi-arid regions using sprinkler irrigation[J].Agric.Sci.China,8(1):98-107.

Hu Y G,Zhao C,Liu P F,et al,2016.Sprinkler irrigation system for tea frost protection and the application effect[J].Intl.J Agric Biol Eng,9(5):17-23.

Kim J H,2007.Spray cooling heat transfer:the state of the art[J].International Journal of Heat and Fluid Flow,28(4):753-767.

Koc A B,Heinemann P H,Crassweller R M,et al,2000.Automated cycled sprinkler irrigation system for frost protection of apple buds[J].Appl Eng Agric,16(3):231-240.

Lu Y,Hu Y,Zhao C,Snyder R L,2018.Modification of water application rates and intermittent control for sprinkler frost protection[J].Trans ASABE 61:1277-1285.

Oliphant A J,Spronken-Smith R A,Sturman A P,et al.2003.Spatial variability of surface radiation fluxes in mountainous terrain[J].Appl Meteor,42:113-128.

Olszewski F,Jeranyama P,Kennedy C D,et al,2017. Automated cycled sprinkler irrigation for spring frost protection of cranberries[J]. Agricultural Water Management,189,19-26.

Steduto P,Hsiao T C,Raes D,et al,2009. Aqua Crop-The FAO crop model to simulate yield response to water: concepts and underlying principles[J]. Agronomy Journal,101(3): 426-437.

Snyder R L,Melo-Abreu J P,2005. Frost protection: Fundamentals,practice,and economics[M]. Rome: United Nations FAO.

Uchiyama S,Suzuki K,Tsujimoto S,et al,2008. An experiment in reducing temperatures at a rail platform[J]. Japan Society of Plumbing Engineers,(2).

附 录

附录 1 浙江省湖州市地方标准《白叶一号茶园管理技术规范》(DB 3305/T 187—2021)

1 范围

本文件规定了白叶一号茶园的育苗、建园、定植、树冠管理、肥水管理和主要病虫草害防控等要求。

本文件适用于以白叶一号茶树品种建园的茶园管理。

2 规范性引用文件

下列文件中的内容通过文中的规范性引用而构成本文件必不可少的条款。其中,注日期的引用文件,仅该日期对应的版本适用于本文件;不注日期的引用文件,其最新版本(包括所有的修改单)适用于本文件。

GB 11767 茶树种苗

GB/T 20354 地理标志产品 安吉白茶

NY/T 2019 茶树短穗扦插技术规程

NY/T 5018 茶叶生产技术规程

DB 3305/T 93 生态茶园建设与管理技术规范

3 术语和定义

下列术语和定义适用于本文件。

3.1

白叶一号 Baiye Yihao

安吉白茶茶树品种。灌木型,中叶类,主干明显,叶长椭圆型,叶尖渐突斜上,叶身稍内折,叶面微内凹,叶齿浅,叶缘平,中芽种,春季新芽玉白,叶脉绿色,叶质薄,气温高于 23 ℃时叶色渐转花白至绿色。

［来源:GB/T 20354,4.1］

4 育苗

白叶一号茶苗繁育参照 GB 11767 和 NY/T 2019。

5 建园

5.1 建园规划

按照 DB 3305/T 93 的要求。

5.2 建园顺序

应按"开垦、道路、排水沟、等高种植行"的顺序建园。

5.3 建园要求

5.3.1 道路

陡坡操作路宜为之字形,道路宜到顶,便于肥料运输和收集茶叶。

5.3.2 排水沟

排水沟依地势开,宜间距 25 m～30 m 一条。

6 定植

6.1 底肥

按等高线开种植沟,深约 50 cm,宽约 50 cm,种植沟内施底肥,每公顷施栏肥或青草等有机肥 30 t～50 t,加饼肥 1.5 t～2.0 t,施后覆土,间隔半月后种植。

6.2 时间

春季定植:2 月中旬～3 月上旬;秋季定植:10 月下旬～11 月下旬。

6.3 密度

宜单行种植,行距约 130 cm～140 cm,株距约 30 cm,每穴茶苗 2 株。

6.4 栽种

栽植时覆土至根颈处压紧,不宜将颈的部分埋入土中。随即浇足"定根水",并培土,不得在茶树周边形成水坑。

7　树冠管理

7.1　定型修剪

定型修剪一般分三次完成,第一次,在茶苗移栽定植时进行,高度控制 15 cm,宜留 4～6 叶;第二次在第二年春季,在第一次剪口(定植)上提高 10 cm～15 cm;第三次在第三年春茶时进行,在前次剪口基础上提高 10 cm～15 cm。

7.2　重修剪

重修剪每年进行 1 次,时间宜在春茶后(4 月底～5 月上旬)进行。离地 40 cm～55 cm 修剪,控制花、果。

8　肥水管理

8.1　施肥管理

8.1.1　施肥时间

追肥时间分别是 2 月中下旬(幼龄茶园),5 月上旬,6 月上旬～8 月上旬;基肥时间为 9 月下旬～10 月中下旬。

8.1.2　施肥类别

施肥分基肥和追肥分次使用,基肥采用开沟施肥或机械深施。在春茶采摘后追施一次。有水肥一体化设施的茶园可开展水肥一体化施肥。

8.1.3　施肥比例

按化肥总氮量的 40%～50%作基肥,50%～60%作追肥;有机肥、磷肥和钾肥等全部作基肥。

8.1.4　施肥量

商品有机肥 300 kg/666.7m² ～ 500 kg/666.7m² 或饼肥 150 kg/666.7m² ～ 200 kg/666.7m²。配施化肥,施氮肥(N)10 kg/666.7m² ～12 kg/666.7m²,磷肥(P_2O_5) 3 kg/666.7m² ～4.5 kg/666.7m²,钾肥(K_2O)4.5 kg/666.7m² ～6 kg/666.7m²。

8.1.5 水分管理

应防积水，及时进行清沟和排水。

9 主要病虫草害防控

9.1 防控原则

"以防为主，综合防治"，综合运用农业、生物、物理、化学等各种防治措施创造不利于有害生物滋生和有利于各类天敌繁衍的环境条件，保持茶园生态系统的平衡和生物的多样性。

防控方法参照 NY/T 5018 执行。

9.2 草害防控

对有益草进行留养，如金毛茸草、鼠曲草等，参照 DB 3305/T 93 执行。结合中耕除去杂草，采用人工或机械除草。春茶后的修剪枝条可铺茶行，减少杂草生长。

附录 2　气象行业标准《茶树霜冻害等级》(QX/T 410—2017)

1　范围

本标准规定了茶树霜冻害的等级。

本标准适用于江南茶区开展中小叶型茶树霜冻害的监测、影响评估及防御,其他茶区和茶树品种可参照执行。

2　术语和定义

下列术语和定义适用于本文件。

2.1

小时最低气温　hourly minimum air temperature

距离地面 1.5 m 高度百叶箱中一小时内(前一个整点后到下一个整点)气温的最低值。

注:单位为摄氏度(℃),数据取一位小数。

2.2

茶园气温　tea garden air temperature

茶园内距离地面 1.5 m 高度处百叶箱内的空气温度值。

注 1:单位为摄氏度(℃),数据取一位小数。

注 2:当园内无小气候观测站时,茶园气温估算参见附录 A。

2.3

气温直减率　temperature lapse rate

垂直方向上每增加 100 m 的气温下降值。

注:单位为摄氏度每 100 m(℃/100 m),数据取两位小数。

2.4

春茶新梢生长期　growth period of spring tea shoots

春季茶树新芽开始萌动生长至对夹叶或驻芽形成的时期。

2.5

茶树霜冻　frost damage of tea plant

春茶新梢生长期间,受低温天气影响,茶园气温下降,幼嫩芽叶受到伤害的现象。

注:霜冻害防御措施参见附录 B。

2.6

芽叶受害率 percentage of frost damage on tea shoots

茶树受到伤害的芽叶占全部芽叶的百分比。

3 霜冻害等级

3.1 指标因子

表述茶树霜冻害的指标因子包括:茶园逐小时最低气温和持续小时数。

3.2 等级划分

茶树霜冻害应划分为四个等级,即轻度霜冻、中度霜冻、重度霜冻和特重霜冻。

3.3 等级判别

依据指标对霜冻害等级的判定标准见表 1。

表 1 茶树霜冻害等级判定标准及受害症状

等级	气象指标	受害症状	新梢受害率
轻度霜冻	$0 \leqslant Th_{min} < 2$ 且 $2 \leqslant H < 4$ 或 $2 \leqslant Th_{min} < 4$ 且 $H \geqslant 4$	芽叶受冻变褐色、略有损伤,嫩叶出现"麻点""麻头"、边缘变紫红、叶片呈黄褐色	$<20\%$
中度霜冻	$-2 \leqslant Th_{min} < 0$ 且 $H < 4$ 或 $0 \leqslant Th_{min} < 2$ 且 $H \geqslant 4$	芽叶受冻变褐色、叶尖发红,并从叶缘开始蔓延到叶片中部,茶芽不能展开,嫩叶失去光泽、芽叶枯萎、卷缩	$\geqslant 20\%$ 且 $<50\%$
重度霜冻	$Th_{min} < -2$ 且 $H < 4$ 或 $-2 \leqslant Th_{min} < 0$ 且 $H \geqslant 4$	芽叶受冻变暗褐色,叶片卷缩干枯,叶片易脱落	$\geqslant 50\%$ 且 $<80\%$
特重霜冻	$Th_{min} < -2$ 且 $H \geqslant 4$	芽叶受冻变褐色、焦枯;新梢和上部枝梢干枯,枝条表皮开裂	$\geqslant 80\%$
注:Th_{min} 为茶园内小时最低气温,单位为摄氏度(℃);H 为满足 Th_{min} 持续的小时数,单位为小时(h)。			

附　录　A
（资料性附录）
茶园气温的估算方法

A.1　茶园气温的估算方法

实际应用中,当茶园所在的区域没有小气候观测站时,其气温可以由式(A.1)估算:

$$T = T_0 - \frac{H - H_0}{100} \times \gamma \qquad \cdots\cdots\cdots\cdots\cdots (A.1)$$

式中:

T ——茶园气温,单位为摄氏度(℃);

T_0 ——茶园所在地气象台站观测的气温,单位为摄氏度(℃);

H ——茶园的海拔高度,单位为米(m);

H_0 ——茶园所在地气象台站的海拔高度,单位为米(m);

γ ——茶园所在地气温直减率,单位为摄氏度每 100 米(℃/100 m)。

A.2　不同坡向气温直减率

不同坡向气温直减率见表 A.1。

表 A.1　不同坡向气温直减率(γ)

山名	海拔高度 m	坡向	气温直减率 ℃/100 m		
			一月	四月	年
天目山	1477	北坡	0.36	0.43	0.45
	1455	南坡	0.41	0.45	0.47
括苍山	1174	北坡	0.47	0.43	0.51
	1174	南坡	0.49	0.44	0.53
	1366	东坡	0.48	0.43	0.51
	1324	西坡	0.48	0.48	0.54
注:表 A.1 中为浙江 2 个高山,其他山区参照应用。					

附　录　B

（资料性附录）

茶园霜冻害防御措施

B.1　灾前防控措施

B.1.1　抢摘

霜冻发生前,对可采摘的芽叶进行抢摘。

B.1.2　覆盖

霜冻发生前,在茶树蓬面覆盖遮阳网、无纺布、稻草等。

B.1.3　喷水防霜

即将出现霜冻时,使用喷灌设备对茶树蓬面进行喷水,直至白天茶园温度上升。

B.1.4　熏烟防霜

根据风向、地势、面积设堆,气温下降茶树可能会受害时点火生烟。

B.1.5　风扇防霜

在低温来临前,开启防霜风扇。

B.2　灾后补救措施

B.2.1　整枝修剪

受轻度霜冻的茶园不修剪,中度霜冻的轻修剪,重度或特重霜冻危害的应深修剪。深修剪时,受害部位应剪干净。

B.2.2　浅耕施肥

受冻茶树修剪后,待气温回升应进行浅耕施肥,及时补充速效肥料或喷施叶面肥,如尿素、复合肥等,并配施一定的磷、钾肥。

附录 3　安吉县安吉白茶核心产区分布图

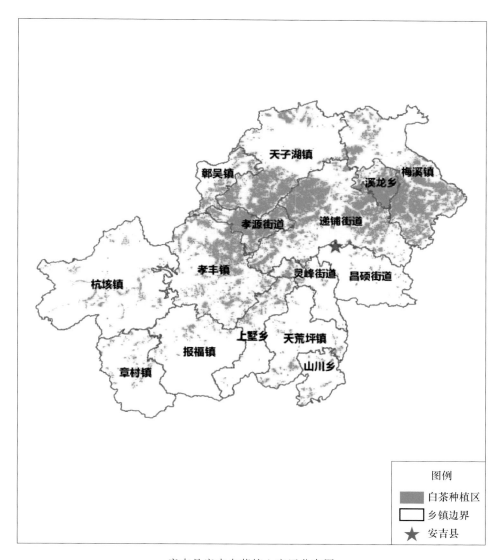

安吉县安吉白茶核心产区分布图